塑料模具设计与制造

主　编　王基维

副主编　谢力志

参　编　刘立刚　陈吉祥　陈国兴

主　审　姜家吉

哈尔滨工业大学出版社

图书在版编目(CIP)数据

塑料模具设计与制造/王基维主编.—哈尔滨:哈尔滨工业大学出版社,2020.8(2024.1 重印)
ISBN 978-7-5603-9023-9

Ⅰ.①塑… Ⅱ.①王… Ⅲ.①注塑-塑料模具-设计-高等职业教育-教材②注塑-塑料模具-制造-高等职业教育-教材 Ⅳ.①TQ320.66

中国版本图书馆 CIP 数据核字(2020)第 159191 号

策划编辑 李艳文 范业婷
责任编辑 范业婷 谢晓彤 李佳莹
封面设计 屈 佳
出版发行 哈尔滨工业大学出版社
社 址 哈尔滨市南岗区复华四道街 10 号 邮编 150006
传 真 0451-86414749
网 址 http://hitpress.hit.edu.cn
印 刷 哈尔滨圣铂印刷有限公司
开 本 787mm×1092mm 1/16 印张 15 字数 354 千字
版 次 2020 年 8 月第 1 版 2024 年 1 月第 2 次印刷
书 号 ISBN 978-7-5603-9023-9
定 价 58.00 元

前　　言

本教材是编者在多年模具设计与制造从业经验和多轮模具项目化教学实践的基础上，按照“工作工程导向”的思路编写的。教材的目标是通过5个注塑模具设计与制造项目的完成，培养学生的专业能力、方法能力和职业能力，使学生达到注塑模具岗位群职业能力的要求。

本教材具有以下特点：首先，突出实用性和职业性，书中的项目都是由学校教师和企业工程师共同协商确定的，是企业的真实项目或近些年职业技能大赛题目，教学过程也完全按照企业模具设计与制造流程进行组织，书中的知识和技能与企业需求高度一致；其次，项目组织的过程中充分考虑学生的认知特点和潜在的教学规律，项目的难度由浅入深，涉及的知识点由少到多，后一个项目和前一个项目既有知识的部分重叠，又有足够的新内容供学生学习；再次，教材的内容突出基础理论知识的应用和实践能力的培养，基础理论教学以应用为目的，以“必需、够用”为度，实践能力在“做中教，做中学”，实现“教、学、做”的统一。

本教材可作为高等职业院校、高等专科学校和成人高等学校模具设计与制造专业以及机械类、机电类相关专业的教材，也可供从事模具设计与制造的工程技术人员自学以及工作时参考。

本教材由深圳信息职业技术学院王基维担任主编，上海润品科技公司谢力志担任副主编。全书共5个项目，项目1由深圳信息职业技术学院王基维编写，项目2由上海润品科技公司谢力志编写，项目3由上海润品科技公司刘立刚编写，项目4由深圳信息职业技术学院陈吉祥编写，项目5由深圳信息职业技术学院陈国兴编写。全书由深圳信息职业技术学院姜家吉主审。

由于编者水平有限，书中有不妥之处在所难免，敬请广大读者批评指正。

编者

2020年8月

目　　录

项目1　放大镜模具设计与制造

1.1　设计任务

零件名称:放大镜,如图1-1所示。
材　　料:PMMA
外形尺寸:67.4 mm×42.25 mm×8.16 mm
型 腔 数:1×2
生 产 量:5万件/年
技术要求:
(1)产品不允许出现凹痕及熔接痕。
(2)产品未注公差为±0.1 mm,未注圆角为$R0.3$。
(3)产品未注表面粗糙度Ra为0.2 μm,且周边拔模角为1°。
(4)产品表面不允许有顶针印痕、夹水纹及气泡。
(5)产品不可变形,以保证稳定的放大倍数和透光质量。

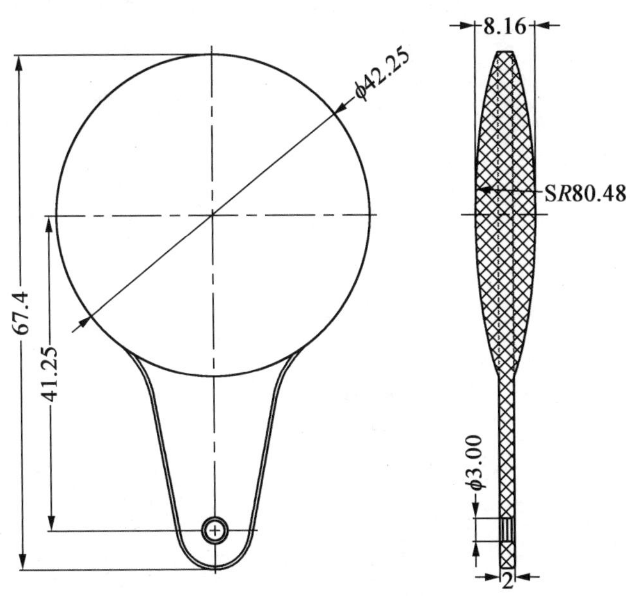

图1-1　放大镜零件图

1.2　放大镜注塑模具方案的确定

1.2.1　产品注塑工艺性分析

1. 产品形状

(1)如图 1－1 所示,整个产品无内、外倒扣,故不需要设计侧向抽芯。

(2)产品分型线在产品中间,容易导致产品粘前模,故设计时应考虑以下方案。

方案一:将产品处于型腔周边的拔模角做到不小于 3°,处于型芯周边的拔模角做到 0.5°,这是确保产品留后模的方法之一。

方案二:因产品胶位较浅,可将设计的流道位于后模处,开模时,通过流道拉住产品,以防止产品粘前模。

本产品为防止粘前模,采用方案二中的浇口拉住产品的方式。防止产品周边上下不对称的拔模导致放大镜的透光效果受到影响。

(3)产品外形尺寸为 67.4 mm×42.25 mm×8.16 mm,且要求一模两腔,产品材料采用 PMMA,适用于侧浇口成型,可依此推算出模具类型及模具规格,为模具报价提供数据参考。

(4)产品厚度不均匀,手柄部位的厚度为 2 mm,透镜中间部位最厚处为 8.16 mm。注塑成型后,产品有产生收缩的风险。处理方法有以下 2 种。

方案一:与客户沟通,采用试验模检验产品结构设计是否可行。

方案二:从模具上改善,例如将浇口部位选择在胶位较厚处,加强胶位较厚处的冷却,以及厚胶与薄胶处采用光顺过度等。

2. 产品材料

材质为聚丙烯酸甲酯,又名 PMMA,俗称亚克力,是透光率极好的材料。但它的流动性较差,在浇口设计上需要采用侧浇口、扇形浇口或护耳式浇口。另外,产品工作部位不能有顶针印痕,为了保证产品脱模,故可考虑将顶针放于手柄上。

3. 型腔数及产量

本套模具要求一模两腔,产量为 50 000 件/年,属于中小批量生产,受胶料的性能限制,本套模具采用侧浇口,不能实行全自动化生产。

小结:通过对产品的形状、材料、型腔数量的分析可知,产品的壁厚不均匀,局部厚度偏厚,需要通过注塑工艺调整;产品外形结构简单,无倒扣部位,尺寸精度一般,但产品表面粗糙度要求很高,要求达到镜面级别;拔模斜度、圆角设计合理;材料为 PMMA,流动性较差;在浇口设计上需要采用侧浇口、扇形浇口或护耳式浇口。另外,产量为 50 000 件/年,属中小批量。综合以上,采用注塑工艺生产可以达到产品的质量及产能要求。

1.2.2　模具总体方案

模具类型确定的条件一般包含以下三种。

1. 模具结构

本产品上无倒扣,故只需要设计一次分型即可,不需要设计其他抽芯机构,符合选用大水口模具条件。

2. 进胶方式

材料为PMMA,透明,流动性差,适用于侧浇口成型,且产品要求一模两腔,符合选用大水口模具条件。

3. 顶出方式

本套模具生产的产品为透明件,产品工作表面不能有顶针印痕,但手柄上可放置顶针,且产品胶位较浅。所以顶出方案也符合选用大水口模具条件。

综合三者的分析,本套模具优先确定采用大水口模架中的CI型模架。原因是CI型模架方便上模(将模具安装到注射机上生产),CI型模架采购速度快,使用普遍。

大水口模架是模架类型中最为简单的一种。除此之外,还有以下类型的模具。

细水口:决定选用的条件是进胶方式为点浇口;

假细水口:没有水口料推板的细水口,决定选用的条件是在型腔部分有抽芯动作;

热流道模具:由产品大小、产量及客户要求决定的;

倒装模:决定选用的条件是顶出机构设计在定模部分;

推板模:决定选用的条件是顶出机构采用推板顶出;

直身模:决定选用的条件由注射机上导柱之间的距离决定,如果距离足够,一般选用“工”字模。

1.3　放大镜模具设计

1.3.1　成型机构设计

1. 分型面的确定

(1)外围分型面的确定。

根据塑件结构形式,为了保证产品上下对称关系,故将分型面选在产品的中间部位,但这种方式容易造成产品粘前模的可能性,所以,在塑件周围拔模的时候可以将处在前模部分的拔模角度取大值,处在动模部分的拔模角度取小值;另外,也可以将浇口设计在动模处,开模时由水口料拉住产品,使之留在动模。分型面的选取如图1-2所示。

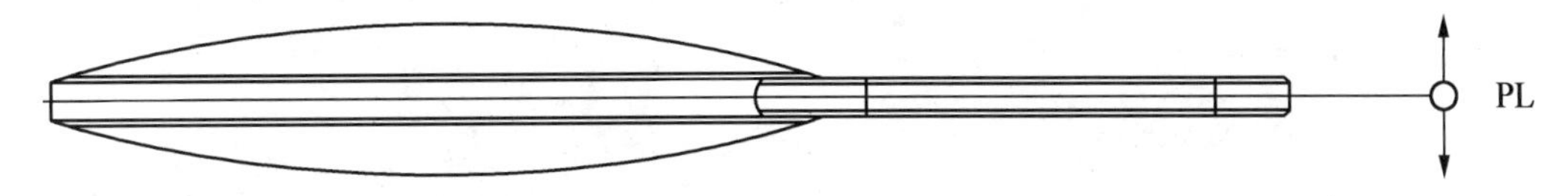

图1-2　分型面的选取

(2)孔部位分型面的确定。

处在手柄部位的圆孔特征如图1－3所示,上下两端均倒有圆角,分型面选在孔的中间部位,这样可以保证产品的外观。

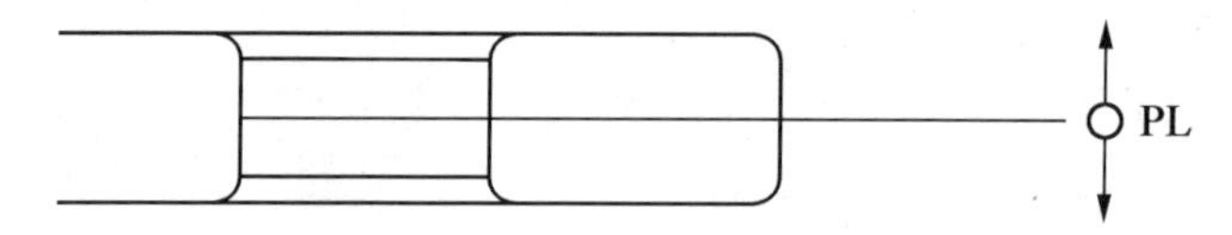

图1－3　孔部位的分型面选取

2. 成型位的制作方式

(1)整体式结构(原身留)。

如图1－4所示,整体式就是指将成型产品的部位直接做到定模板(简称A板)或动模板(简称B板)上。这种制作方式的优点是模具结构稳定,所生产的产品尺寸可靠,减少了加工成本;其缺点是因模具体积大而导致加工与维修困难,材料成本增加。所以此种方式常用于结构简单的产品生产,如脸盆等,也可根据客户要求来定。

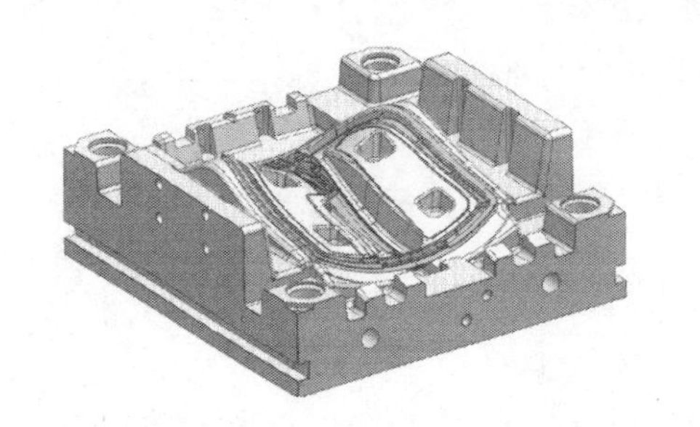
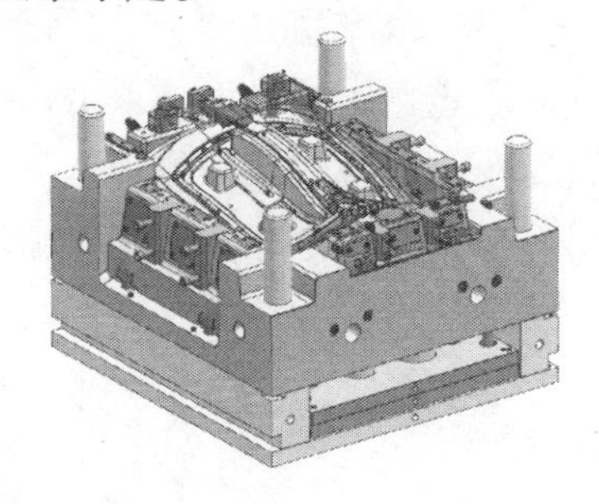

图1－4　整体式模具

(2)镶拼式。

如图1－5所示,镶拼式就是指将成型位用一块好的钢材制作,再在定模板或动模板上开框,然后将前者镶入到A板或B板的制作方式。常将镶入A板的成型位称为型腔(Cavity Insert),也称为凹模、母模仁、前模仁、前模Core等,主要用于制作成型产品的外表面。同理,将镶入到B板的成型位称型芯(Core Insert),也称为凸模、公模仁、后模仁、后模Core等,主要用于制作成型产品的内表面。

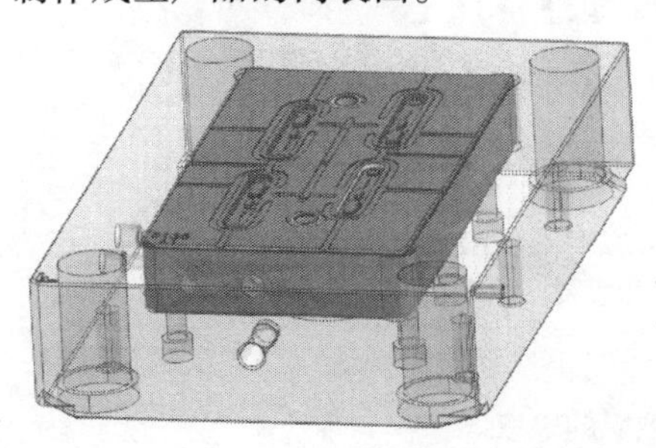
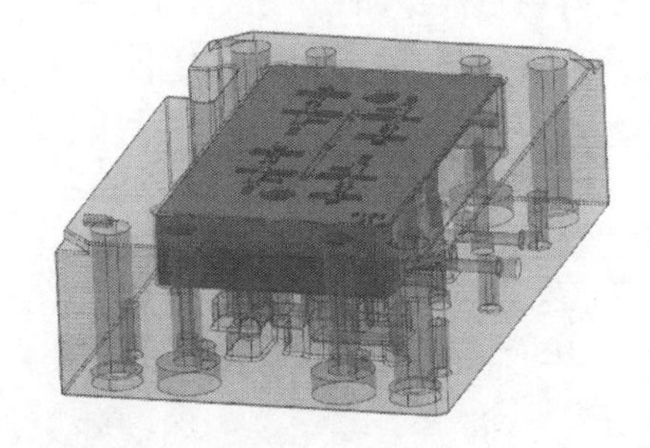

图1－5　镶拼式模具

这种制作方式的优点是节约了钢材成本,方便了模具的加工与维修;其不足之处是所生产产品的尺寸稳定性有所下降,加工工序增加,延长了模具的制造周期及其加工成本,另外,对产品上骨位与柱位的排气也没有明显的改善。所以这种制作方式制成的模具多用于产品尺寸精度要求不高的场合,如玩具、生活用品等。

(3)组合镶拼式。

如图1－6所示,组合镶拼式是指在镶拼式的基础上,再将模仁拆分成小的镶件。因此,模仁将会由许多小的镶件组合而成,即称为组合镶拼式。

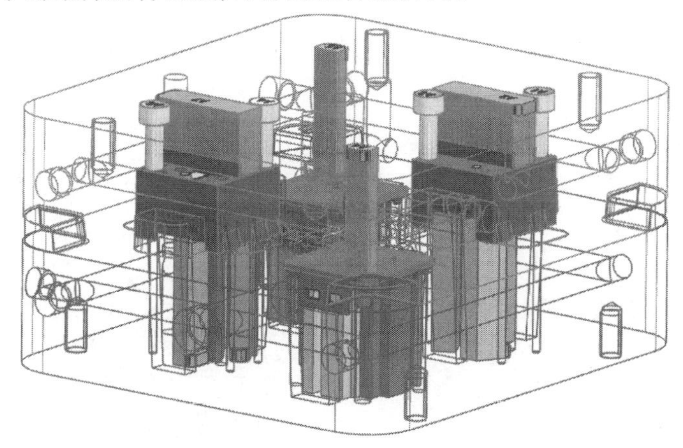

图1－6　组合镶拼式模具

这种制作方式的优点是方便了模具的加工与维修,解决了模具上深骨位部分的困气问题,避免了型芯或型腔整体偏大的问题。同样,增加了模具制造与组装的加工工序,延长了模具的制造周期及其加工成本。这种制作方式制成的模具多用于产品尺寸精度要求较高的场合,如端子、电动机等工业用品中。

根据以上模具制造方式的介绍,再结合产品结构(产品无装配尺寸,且产品结构简单)及客户要求,本套模具上,前后模成型位的制作决定采用镶拼式,如图1－7所示。

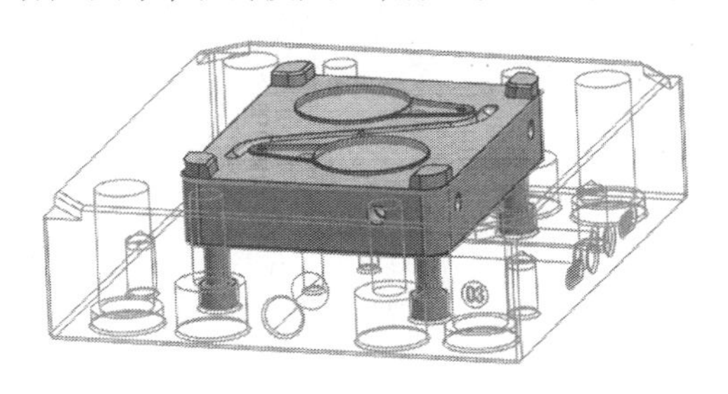

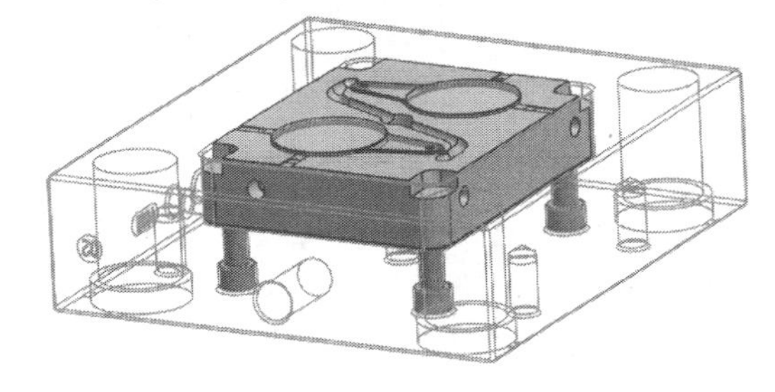

图1－7　镶拼式制作方式

3. 确定型腔数量和排列方式

型腔数量主要根据产品的产量、塑料类型、客户要求来决定。在有了型腔数量后,模具设计师根据产品的进胶方式、产品布局原则来进行产品排列。

(1)型腔数量的确定。

本套模具中的塑件精度要求不高,为单件使用产品,如果型腔数越多,则生产效率越高。

但模具尺寸会变大,模具成本增加。

模具中采用了一模两腔的布局,这个在企业里面一般不由模具设计师决定,而是由客户以及产品工程师决定。

(2)型腔排列形式的确定。

当确定了模具的型腔数量后,还要同客户确定产品的进胶方式以及进胶位置,然后就可以型腔排列了。型腔排列一般应遵循以下原则:

①排位时,根据产品的要求和进胶方式,产品的排放尽量使流道长度短。

②一套模里出多个不同的产品时,应遵循先大后小、见缝插针(图1-8(a))的原则。在产品摆放时,应满足大近小远(大的产品离主流道近,小的产品离主流道远)。同一产品上,大端应离主流道近,小端应离主流道远(图1-8(b)),产品高度相近的原则。

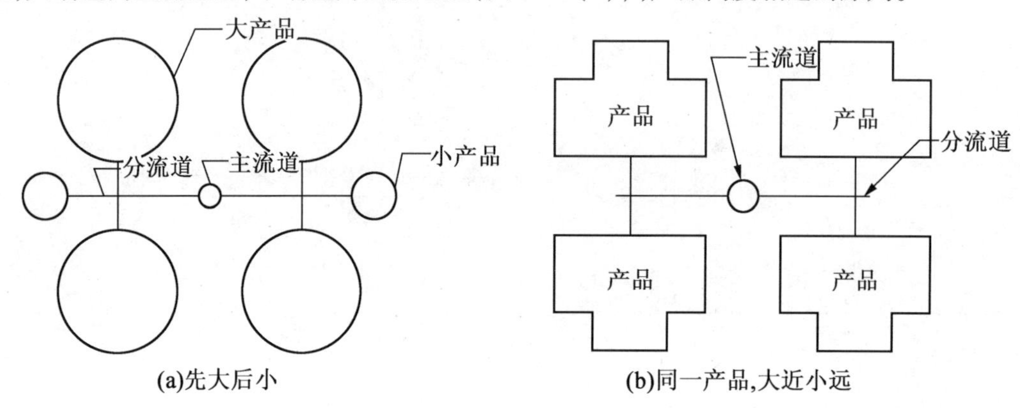

图1-8　产品排布

③在精密模具上,型腔数量尽量不要超过4腔。

④产品排布时,应考虑节省钢料(此处所说的节省钢料是要保证型芯零件强度的前提下节省钢料),如图1-9所示。

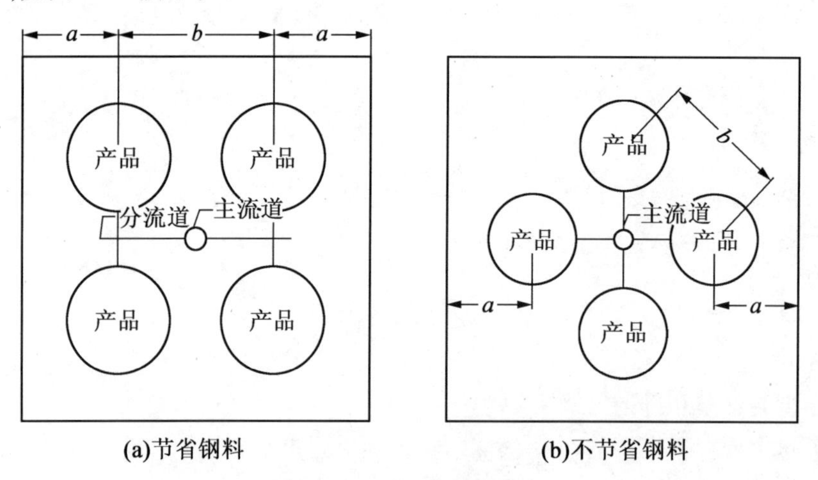

图1-9　排布应节省钢料

⑤产品的排位优先采用平衡式排布,这样有利于注射机调整。当采用非平衡式排布时,应通过改变浇口的大小来调整注塑平衡,如图1－10所示。

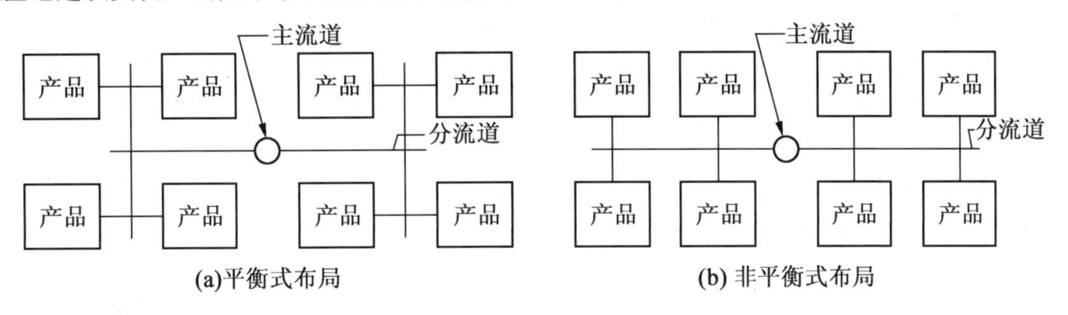

图1－10　多腔产品进胶方式

⑥产品布置还应做到进胶量对称,如图1－11所示。

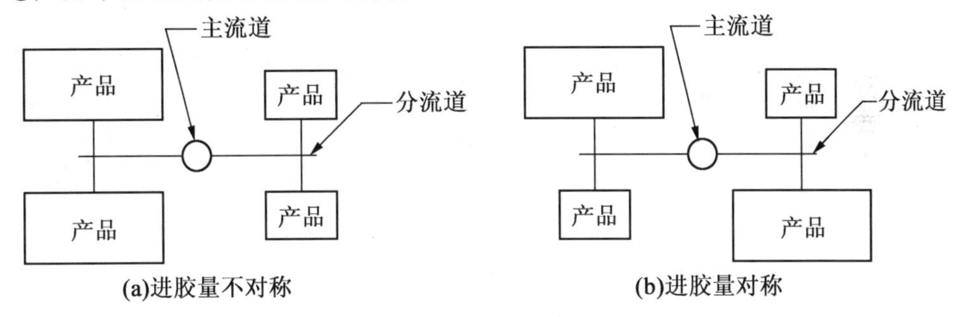

图1－11　进胶量要对称

⑦对于一套模内有多个同样的产品排位时,能平移时尽量不要旋转。因为放电加工时,平移排位可以直接移动电极再放电,如果旋转排位,放完一侧时,它需要把电极旋转一下,再放另一侧,这样既耗时又耗力。

⑧分型面是平面的放在中间,是斜面或者弧面的尽可能放在外侧;有需要出行位的地方靠外侧,这样能使排位更紧凑,方便行位出模。

⑨做司筒的位置要避开顶棍孔。

⑩排位时应满足模具结构零件,如锁紧块、行位、斜顶等的空间要求。同时,应保证模具结构件有足够强度;与其他模坯零件无干涉;行位、斜顶行程须满足出模要求;有多个行位、斜顶时应无相互干涉。

图1－12为根据模具型腔的排布原则,再结合产品结构及进胶方式,确定的本套模具型腔的排布方案。

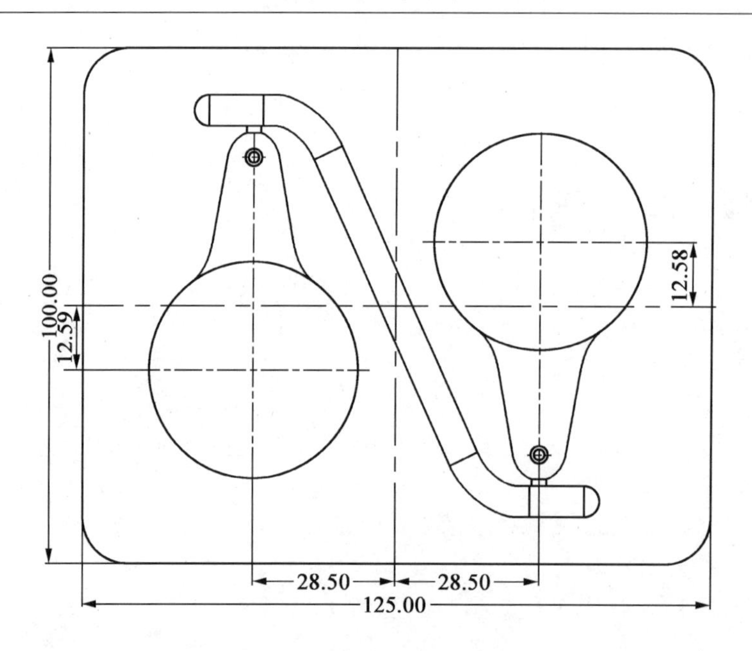

图 1－12　产品型腔的排布

4. 成型零件设计

本套模具的成型零件为前模型腔与后模型芯，需要设计的内容有成型零件的长、宽和高的尺寸，型腔与型芯的固定方式，避空角的设计。

（1）型芯与型腔的长度、宽度及高度的确定如图 1－13 所示。

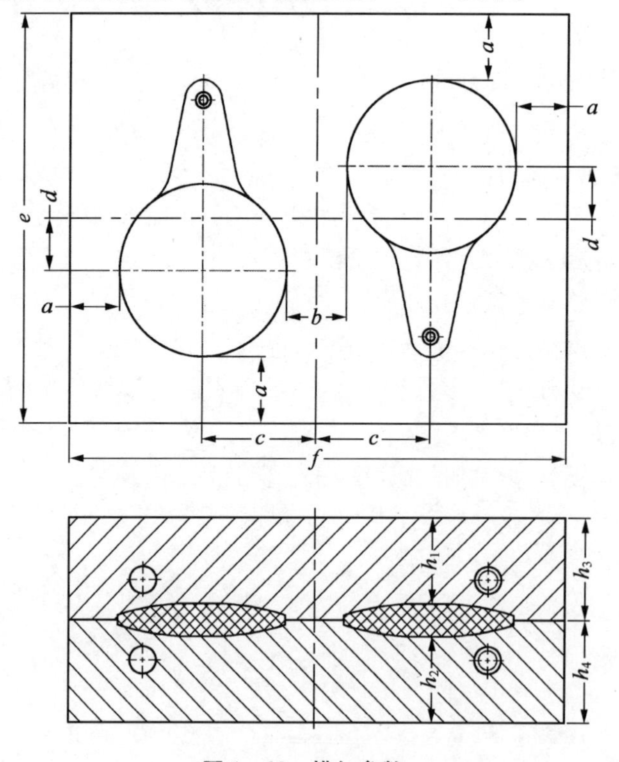

图 1－13　模仁参数

说明：

a 尺寸为塑料制品最大外形边到型腔边的距离，它的取值决定因素有水路、紧固螺钉、型腔深度。按照作者设计模具的经验值，a 为 20 ~ 50 mm；a 常为 30 mm，具体根据水路、型腔深度、紧固螺钉位置决定。

b 尺寸为两塑料制件之间的距离，其取值分为以下几种情况：

当两产品之间有流道时，常取 25 ~ 30 mm，具体根据流道直径大小而定；

当两产品之间没有流道时，常取 10 ~ 25 mm，特别小的产品（如纽扣），两产品之间可取到 4 mm；

当两产品之间用牛角浇口进胶时，则 b 常取 35 ~ 40 mm，根据牛角浇口大小决定；

当两产品之间要放热嘴时，常取 60 ~ 80 mm，具体根据热嘴类型及热嘴直径而定。

c 与 d 的尺寸均为产品中心或产品上基准点到模具中心的距离，这个值建议取整数即可，最终决定的尺寸为 b 尺寸。

e 与 f 分别为型腔的宽度与长度，当把 a 与 b 的尺寸确定下来后，e 与 f 的尺寸取到整数即可。但最好取成偶数值，避免加工时，分中后单边出现小数值。

h_1 为产品顶面到型腔底面的取值，常取 20 ~ 30 mm，决定因素为水路。

h_2 为产品底面到型芯底面的取值，常取 35 ~ 50 mm，决定因素为最低模具强度，这个取值起到抵抗注射压力、防止模具变形的作用。

h_3 与 h_4 分别为型腔与型芯的高度，设计时这两个尺寸取整数即可。

根据上面的分析，最终确定本套模具上，型腔与型芯的尺寸取值如图 1 – 14 所示。

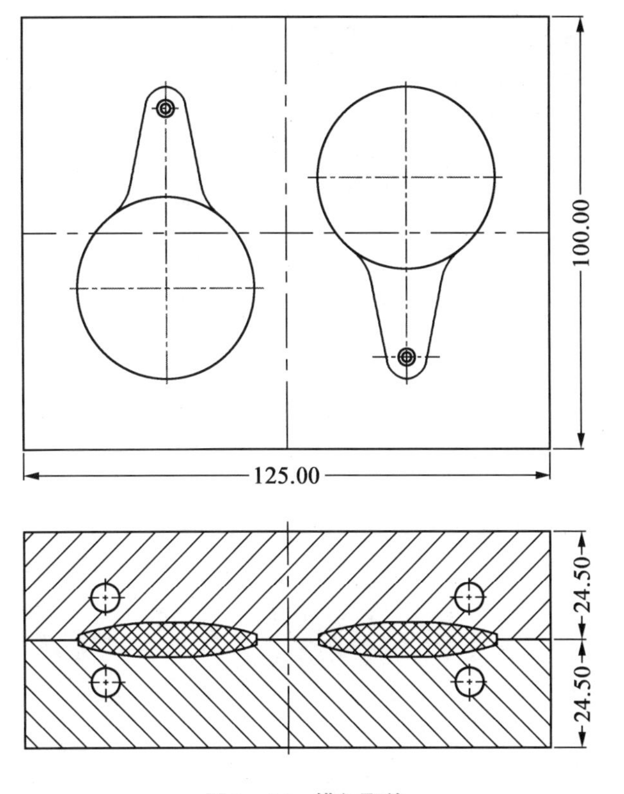

图 1 – 14 模仁取值

(2)型腔与型芯的固定方式。

型腔与型芯的固定方式为螺丝紧固。螺丝中心到型腔边的距离常取 1 ~ 1.5 倍的螺丝公称直径。两螺丝之间的距离为 150 ~ 200 mm。常用的螺丝规格为 M6、M8、M10、M12 和 M16。如图 1 – 15 所示为型芯与型腔的紧固方式。

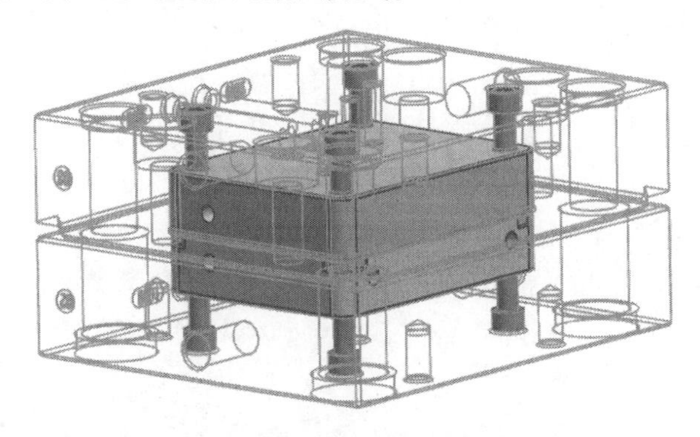

图 1 – 15　型腔与型芯采用 M8 的螺丝紧固

(3)成型零件钢材的选用。

该塑件是大批量生产,而且成型位表面要抛光成镜面,零件所选用钢材耐磨性和抗疲劳性能应良好,机械加工性能和抛光性能也应良好。因此,决定采用硬度比较高的模具钢 4Gr13,淬火后表面硬度为 HRC48 ~ 52。

5. 确定成型工艺

PMMA(聚甲基丙烯酸甲酯)具有吸湿性,加工前必须进行干燥处理。同时,PMMA 黏度大,流动性稍差,因此必须采用高料温、高注射压力进行注塑才行,其中注射温度的影响大于注射压力的影响,但注射压力提高有利于改善产品的收缩率。注射温度范围较宽,熔融温度为 160 ℃,而分解温度高达 270 ℃,因此料温调节范围宽,工艺性较好。从注射温度着手,可改善流动性;提高模温,改善冷凝过程,可以克服冲击性差、耐磨性不好、易划花、易脆裂等缺陷。(通过附表 1 可查得 PMMA 的注射工艺参数)

(1)注射量的计算。

通过计算或三维软件建模分析可知塑件体积单个约为 8.16 cm^3。按公式计算得 $1.6 \times 8.16 \times 2 = 26.112(cm^3)$。查表得 ABS 的密度为 1.05 g/cm^3。故塑料质量为 $1.05 \times 26.112 = 27.417\,6 \approx 27.4(g)$。

(2)锁模力的计算。

通过 MoldFlow 软件分析,该套模具所应具备的最大锁模力为 3.5 t,转换成力为 35 kN,如图 1 – 16 所示。

(3)注射机的选择。

结合以上条件,再通过查表(附表 2 部分 XS – Z 和 XS – ZY 系列注射机主要技术参数)选用 XS – ZY60/40 注射机。

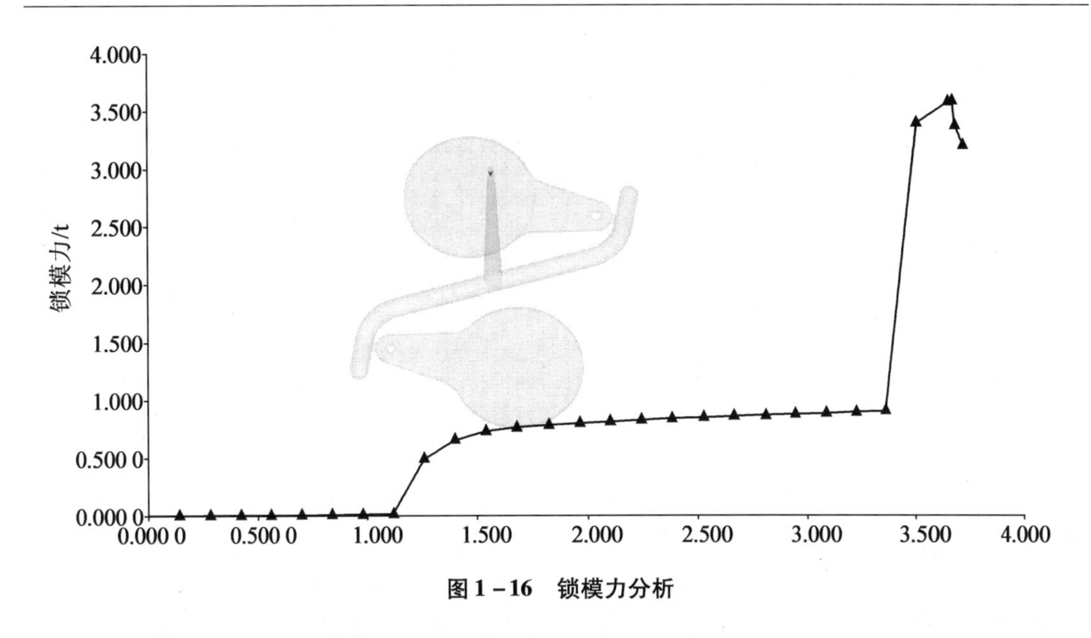

图1－16　锁模力分析

(4)注射机有关参数的校核。

①最大注射量的校核。

为了保证正常的注射成型,注射机的最大注射量应稍大于制品的质量或体积(包括流道凝料)。通常注射机的实际注射量应在注射机的最大注射量的80%以内。所选注射机允许的最大注射量为60 g,利用系数取0.8。0.8×60＝48 g,27.4 g＜48 g,故最大注射量符合要求。

②注射压力的校核。

安全系数取2,通过模MoldFlow软件分析可得最大注射压力为20.68 MPa。2×20.68＝41.36(MPa),41.36 MPa＜135 MPa①,注射压力校核合格。

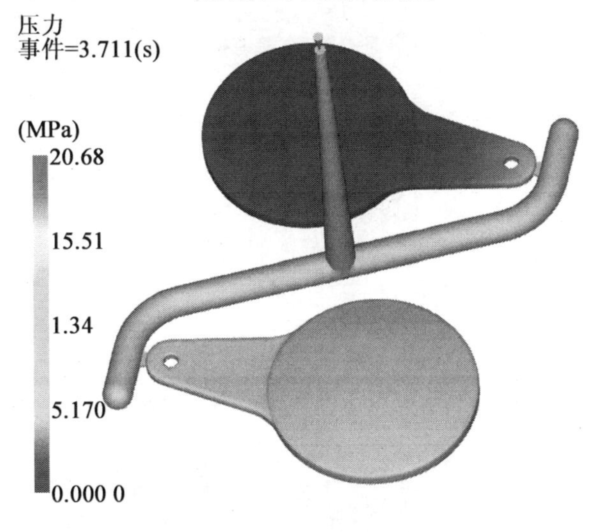

图1－17　注射压力

① 注射机的额定注射压力为135 MPa。

③锁模力校核。

前面分析的锁模力为 35 kN，安全系数取 1.2，1.2 × 35 = 42（kN），42 kN < 400 kN，锁模力校核合格。

1.3.2　浇注系统设计

1. 主流道设计

（1）根据所选注射机可知，主流道小端尺寸为

$$d = \text{注射机喷嘴尺寸} + (0.5 \sim 1)\,\text{mm} = 2.5 + 0.5 = 3(\text{mm})$$

主流道球面半径为

$$SR = \text{注射机喷嘴球面半径} + (1 \sim 2)\,\text{mm} = 15 + 1 = 11(\text{mm})$$

（2）主流道衬套形式。

本设计虽然是小型模具，但为了便于加工和缩短主流道长度，将衬套和定位圈设计成分体式，主流道衬套长度取 70.5 mm。主流道设计成圆锥形，锥角取 1°，内壁粗糙度 Ra 取 0.4 μm。衬套材料采用 T10A 钢，热处理淬火后表面硬度为 HRC53 ~ 57，如图 1 – 18 所示。

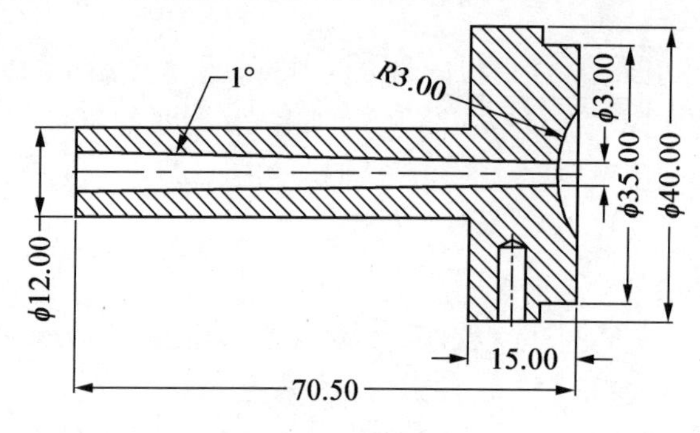

图 1 – 18　主流道衬套

2. 分流道设计

（1）分流道布置形式。

因为本套模具为一模两腔，分流道布置采用了 S 形的流道，防止熔融的塑料直接冲入模具型腔，产生内应力集中及喷射纹。分流道布置如图 1 – 19 所示。

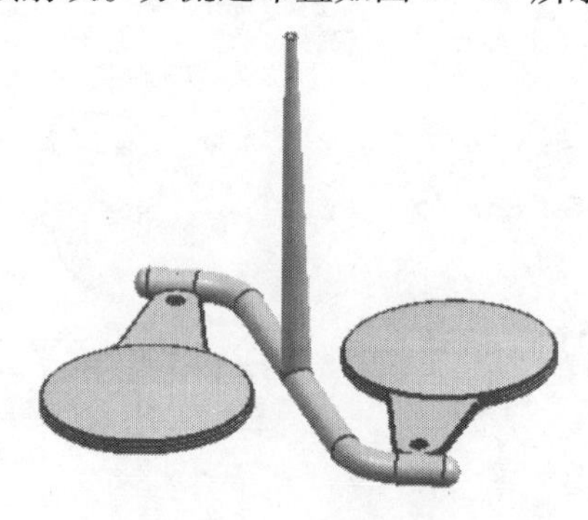

图 1 – 19　分流道布置

(2)分流道长度。

分流道分为两级,对称分布,考虑到浇口的位置,取总长为120.13 mm,如图1-20所示。

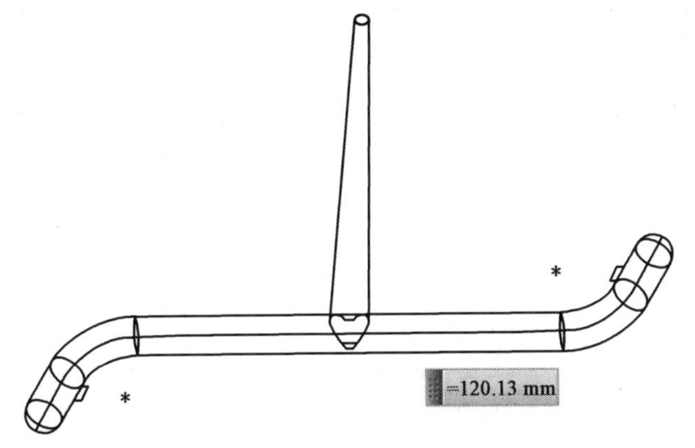

图1-20　分流道的长度分析

(3)分流道的形状、截面尺寸。

为了便于机械加工及凝料脱模,分流道的截面形状常采用加工工艺性能比较好的圆形截面。根据经验,分流道的直径一般取 $\phi2 \sim \phi12$ mm,比主流道的大端小1~2 mm。本模具分流道的半径取5 mm,以分型面为对称中心,设计在模具的分型面上。

(4)分流道的表面粗糙度。

分流道的表面粗糙度 Ra 一般取0.8~1.6 μm即可,此处取1.6 μm。

3. 浇口设计

塑件结构较简单,但表面质量要求较高,且模具采用一模两腔,就可以确定采用侧面进胶。因为塑料为PMMA,其流动性较差,根据产品大小,本套模确定采用侧浇口,其形状如图1-21所示。

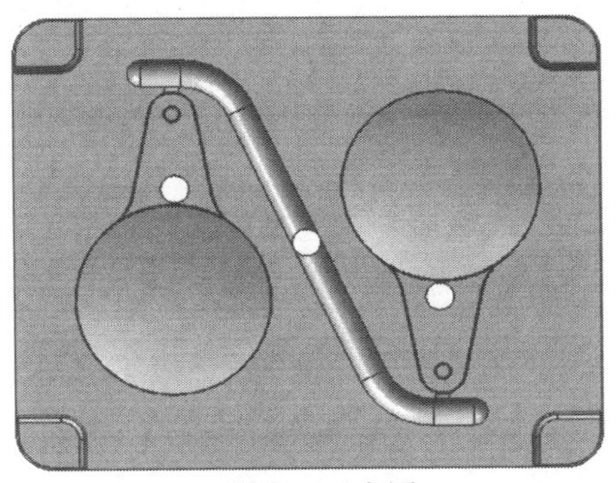

(a)侧浇口示意图

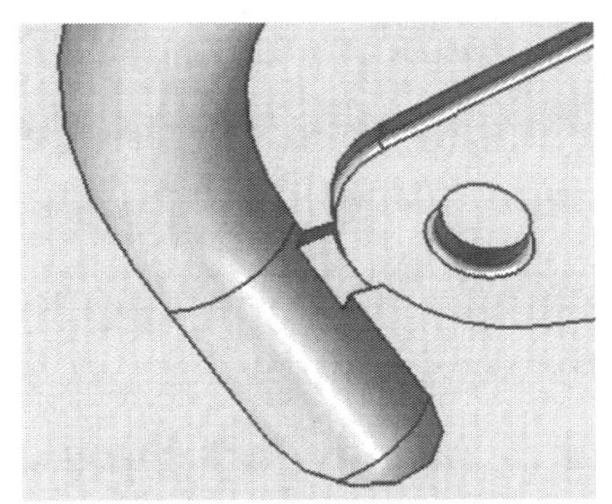

(b)侧浇口放大图示意图

图1-21　浇口

4. 冷料穴与拉料杆设计

(1)冷料穴。

本套模具设计有1级分流道,故在主流道与分流道末端均设计有冷料穴。如图1－22所示,黑色面所表达的部位均为冷料穴。

主流道末端的冷料穴直径为6 mm,深度为5 mm。分流道末端的冷料井一般超出次分流道5～8 mm,截面形状与分流道的截面形状一致。

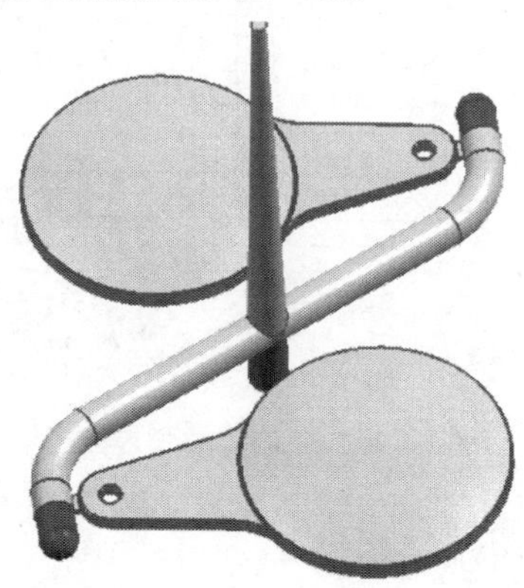

图1－22　冷料穴

(2)拉料杆。

本套模具的拉料杆直径为ϕ6 mm,采用Z形结构,其底端面固定在顶针板上。其作用是开模时拉出浇口套的水口料,其结构如图1－23所示。

图1－23　拉料杆及其装配

1.3.3　推出及复位系统设计

1. 推出机构设计

如图1－24所示,本套模具主要采用了圆推杆的顶出方式,其工作原理是顶棍推动顶针板,带动顶针板上的圆推杆将产品从模具顶出,达到脱模的目的。

(1)本套模具的推出机构分析。

本套模具中,每个型腔上面只排了1支推杆(图1－24),其原因如下:

①产品为透明件，为了保证产品的美观，不便布置多支推杆；

②前端大面为球面，具有放大作用，所以，此端面上不能布置推杆；

③产品处在模具中的胶位厚度较浅，粘模力不大，用1支推杆即可将产品顶出。

图1-24　推杆布置

(2)圆推杆。

本套模具一共采用2支$\phi 6$ mm的圆推杆，长度为89.5 mm，且端面顶在平面上，所以不需要做防转处理，如图1-25所示。

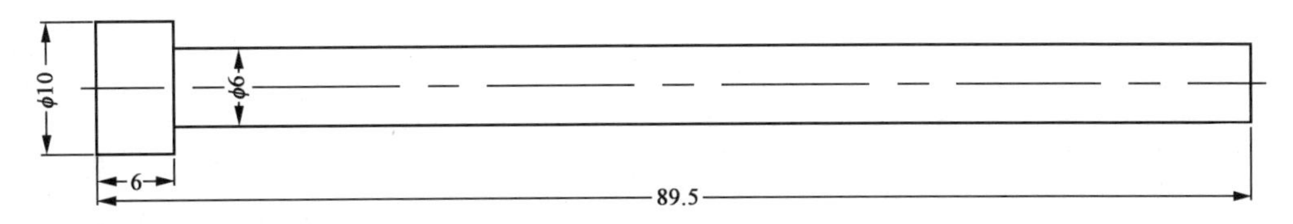

图1-25　圆推杆

2. **复位机构设计**

此套模具中的复位机构主要指顶针板的复位，用到的标准零件有弹簧与复位杆，复位机构如图1-26所示。其工作原理是当顶针板上顶棍退回之后，顶针板在4个弹簧的弹力作用下，先回到原位，直到动模与定模完全合模，借助复位杆，确保顶针复位的精度。

图1-26　复位机构

（1）复位弹簧。

本套模具采用了 4 个规格为 TF25 × 13.5 × 50 的黄弹簧，设计的预压量为 5 mm，通过软件计算得到的单只弹簧预压力为 10 N，故 4 个弹簧提供的预压力为 10 × 4 = 40 × 10 = 400（N）；通过 NX 软件分析出顶针板的质量为 4.63 kg，故所需要的力为 4.63 × 10 N = 46.3（N），故弹簧提供的预压力大于 2 倍的顶针板重力。所以可确保顶针板能复到原位。

弹簧的自由长度为 50 mm，根据黄弹簧的压缩量为 50% 计算可得，弹簧可压缩 25 mm，减去预压量，产品的高度为 8.16 mm，沉在模仁中的深度为 4.08 mm，故推算出顶出行程为 4.08 +（5 ~ 10）= 9.08 ~ 14.08（mm），压缩量 > 顶出行程，符合选型要求。

（2）复位杆。

复位杆也称回针，作用是使顶出的顶针板退回到原位。在工业模具中，复位杆是确保顶针板回到原来位置的重要零件。本套模具一共用了 4 支复位杆，其规格为 ϕ12 mm × 90 mm。复位杆属于标准件，一般随模架一起配送。

1.3.4　温度调节系统设计

通过查表 1 - 1 可得，PMMA 的注塑温度为 190 ~ 260 ℃，而模具成型温度在 40 ~ 90 ℃，为了获得较高的生产效率，模具必须设计温度调节系统。

表 1 - 1　常用的塑料温度和模具温度　　℃

胶料名称	ABS	AS	HIPS	PC	PE	PP
注射温度	210 ~ 230	210 ~ 230	200 ~ 210	280 ~ 310	200 ~ 210	200 ~ 210
模具温度	60 ~ 80	50 ~ 70	40 ~ 70	90 ~ 110	35 ~ 65	40 ~ 80
胶料名称	PVC	POM	PMMA	PA6	PS	TPU
注射温度	160 ~ 180	180 ~ 200	190 ~ 230	200 ~ 210	200 ~ 210	210 ~ 220
模具温度	30 ~ 40	80 ~ 100	40 ~ 60	40 ~ 80	40 ~ 70	50 ~ 70

1. 定模部分的水路设计

定模部分的水路采用循环式单条水路冷却，水孔直径为 ϕ6 mm，其主要构成如图 1 - 27 所示。

（1）堵头：主要是防止水渗出，可以用比水路直径大 1 mm 的铜棒、铝棒或密封管螺纹。

（2）冷却水路：水路直径为 ϕ8 mm，总长度为 381 mm。

（3）密封圈：安装在定模仁与定模板之间的接触面是为了防止水在此处渗出。其规格一般根据水路直径来选取。例如此处的水路为 ϕ6 mm，所选密封圈规格为 P9 ϕ12.8 mm × ϕ9 mm × ϕ2.4 mm。

（4）水嘴：水嘴的大小同样根据水路直径来选取：当水路直径为 ϕ6 mm 或 ϕ8 mm 时，水嘴用 PT1/8″；当水路直径为 ϕ10 mm 时，水嘴用 PT1/4″；当水路直径为 ϕ12 mm 时，水嘴用 PT3/8″，所以本套模具的水嘴采用 PT1/8″。

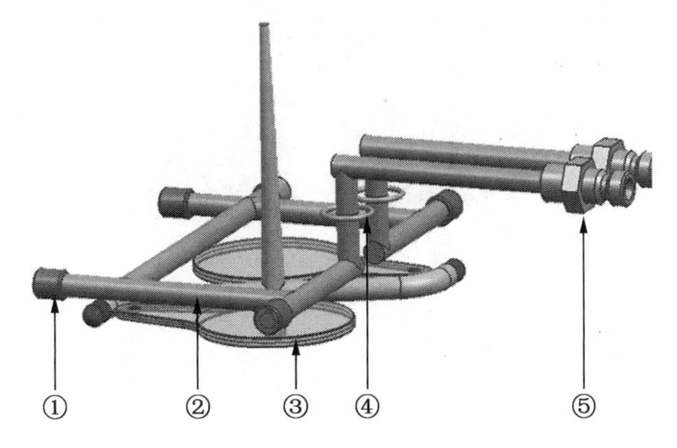

1—堵头;2—冷却水路;3—塑料制品;4—密封圈;5—水嘴

图1－27　定模水路

2. 动模部分的水路设计

如图1－28所示,动模部分的水路同样采用循环式,与定模部分的水路一致。

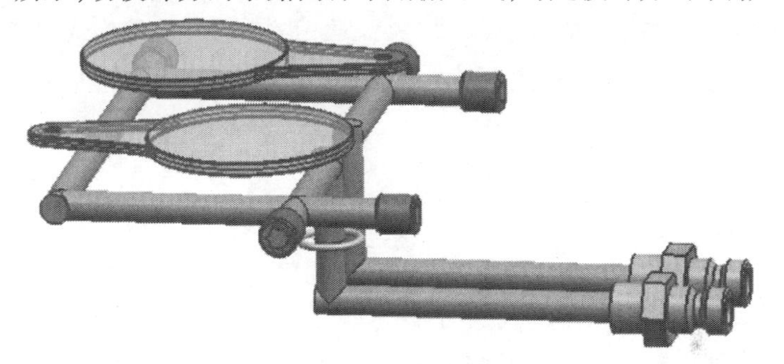

图1－28　动模水路

1.3.5　模架设计

1. 模架的选择

根据型腔的布局可看出,模具的制作方式采用镶拼式结构,定模仁的尺寸为100 mm×125 mm,考虑到模具强度、导柱、导套及连接螺钉应占的位置和采用的推出机构等各方面问题,确定选用板面为180 mm×200 mm。另外,因本套模具采用的是侧浇口,故选取结构为CI型模架,如图1－29所示。

2. 各模板厚度尺寸的确定

(1)定模板尺寸。

定模板也称A板,其高度一般根据定模仁的高度来取值,前面已经确认定模仁高度为25 mm,沉入定模板的深度为24.5 mm,考虑到水路的布置与定模板的强度,故A板厚度取50 mm。

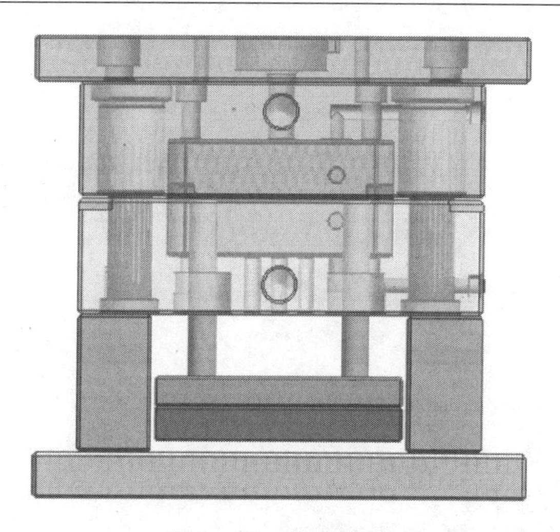

图1－29　CI型模架

(2)动模板尺寸。

动模板也称B板,其高度一般根据动模仁的高度来取值,前面已经确认动模仁高度为30 mm,沉入定模板的深度为24.5 mm,考虑到水路的布置与动模板的强度,故B板厚度取50 mm。

(3)C垫块尺寸。

C垫块也称方铁、模脚。

垫块高度＝推出行程＋推板厚度＋推杆固定板厚度＋(5～10)mm＋垃圾针高度
＝20 mm＋15 mm＋13 mm＋(5～10)mm＋5 mm＝58～63 mm

根据计算,垫块厚度取60 mm。长和宽尺寸分别取200 mm和38 mm。

其他板块的厚度均按龙记模架标准来取,从而可以确定本套模架的外形尺寸为

宽×长×高＝220 mm×200 mm×201 mm

3. 校核注射机

模具平面尺寸为220 mm×200 mm<330 mm×300 mm(拉杆间距),故合格。

模具高度为201 mm,处于注射机对模具要求的最小厚度150 mm与最大厚度250 mm之间,故合格。

模具开模所需行程＝8.16 mm＋(5～10)mm＋(80～100)mm＝93.16～118.16 mm<270 mm,故合格。

说明:

(1)注射机的装模距离最小为150 mm,最大为250 mm。

(2)本套模具的产品高度为8.16 mm。

(3)A板与B板开模距离为80～100 mm。

(4)注射机开模行程为270 mm。

所以本模具所选注射机完全满足使用要求。

4. 选用标准件

(1)螺钉。

分别用4个M10的内六角圆柱螺钉将定模板与定模座板、动模板与动模座板连接。定

位圈通过4个M6的内六角圆柱螺钉与定模座板连接。

(2)导柱导套。

本模具采用4导柱对称布置,导柱和导套的直径均为20 mm。导柱固定部分与模板按H7/f7的间隙配合。直接在模板上加工出导套孔,导柱工作部分的表面粗糙度 Ra 为0.4 μm。

1.3.6 导向机构设计

1. 模架导向机构介绍

这是一套CI型的大水口模架,只有定模板与动模板之间打开,主要导向零件为导柱与导套。4支导柱装配在动模板上,导套装配在定模板上,对模具的动模与定模起导向与定位作用。顶针板主要借助4支复位杆进行导向,从而构成了模架上的导向机构,如图1-30所示。

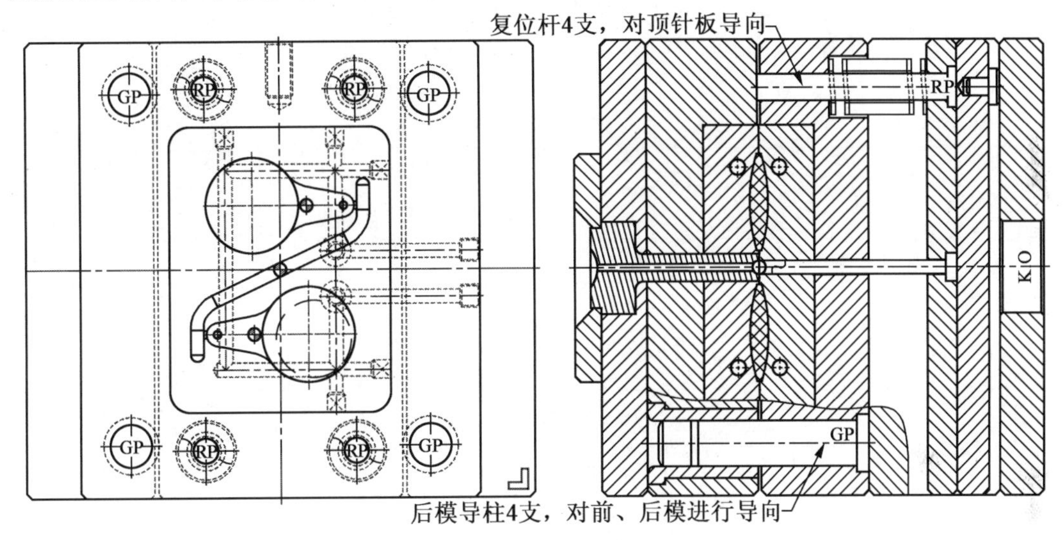

图1-30　模具导向机构

因本套模具为标准模架,故采购时,导柱、导套、复位杆由模架厂一起配送。

2. 模仁上的定位机构

模仁上的定位主要是通过设计4个角上的虎口进行定位,长与宽分别设计为16.5 mm和13.5 mm,高度为8 mm,单边的斜度设计为5°,如图1-31所示。

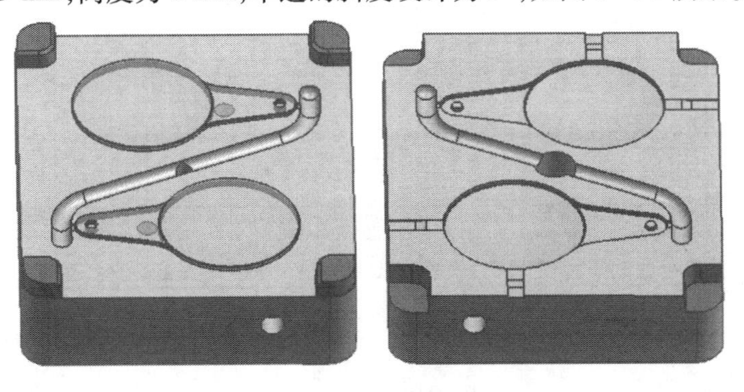

图1-31　动、定模仁的虎口设计

1.4 放大镜注塑模具制造

1.4.1 模具零件制造

1. 型腔制造

材料:P20

毛坯尺寸:125 mm × 100 mm × 25 mm(精料)

数量:1 件

型腔加工顺序为毛坯倒角—CNC—钻水孔—螺纹孔加工,其中 CNC 加工量最大,需要进行两次装夹,分别加工零件的正面与背面,表 1-2 与表 1-3 为型腔正、反面数控加工工序卡。

表 1-2 型腔正面数控加工工序卡

<table>
<tr><td colspan="2" rowspan="2">×××学院</td><td colspan="2" rowspan="2">机械加工工序卡片</td><td colspan="1">产品名称</td><td colspan="2">零件名称</td><td colspan="2">零件图号</td></tr>
<tr><td>放大镜</td><td colspan="2">型腔正面</td><td colspan="2">FDJXQ-03</td></tr>
<tr><td rowspan="2">材料</td><td>材料名称</td><td>毛坯种类</td><td>毛坯尺寸/(mm×mm×mm)</td><td>零件重</td><td>每台件数</td><td>卡片编号</td><td colspan="2">第 1 页</td></tr>
<tr><td>P20</td><td>方料</td><td>125×100×25</td><td></td><td>1</td><td></td><td colspan="2">共 1 页</td></tr>
<tr><td>加工工序图</td><td colspan="8">50.00 0.00 50.00
62.50 0.00 62.50
125.00 $^{0.00}_{-0.01}$
100.00 $^{0.00}_{-0.01}$
25.00 $^{+0.01}_{0.00}$
15.00
φ6.00</td></tr>
</table>

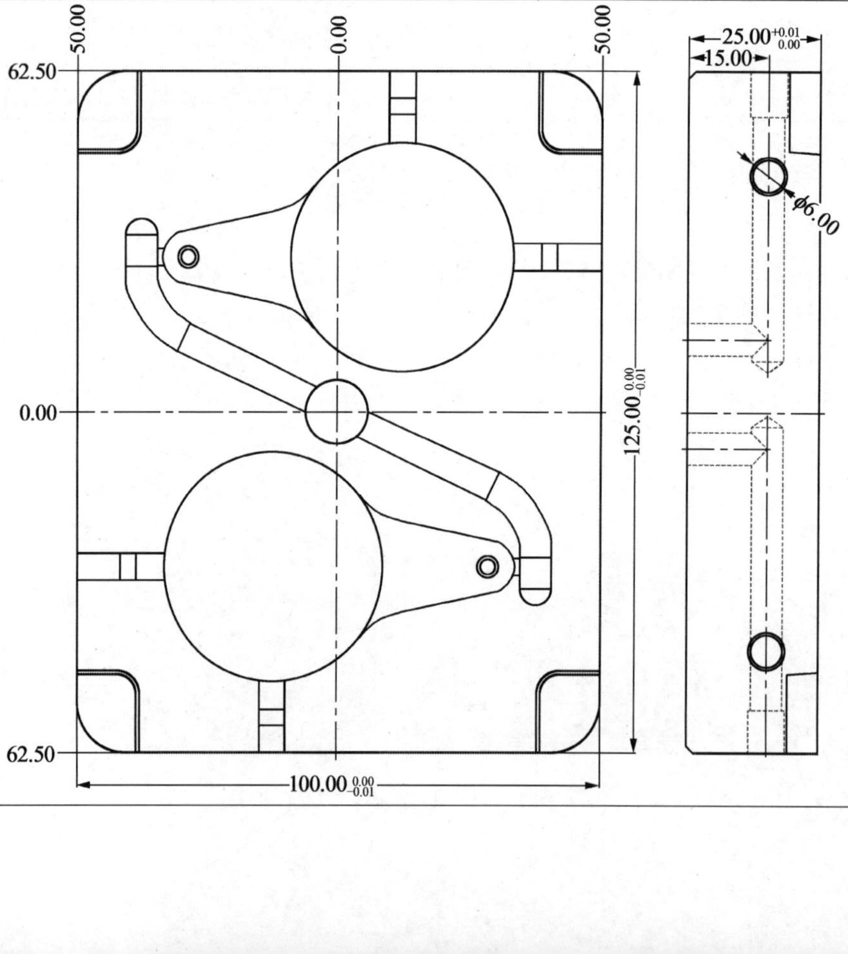

续表1-2

工序号	FDJXQZM	工序名	CNC	设备	加工中心850
夹具	平口钳	工量具	游标卡尺	刃具	

工步	工步内容及要求	刀具类型及大小	主轴转速/(r·min^{-1})	吃刀深度/mm	每刀吃刀深度/mm	进给量/(mm·min^{-1})	余量/mm	刀长/mm
1	型腔铣-粗加工	圆鼻刀D10R1	2 800	6	0.2	1 800	0.3	25
2	型腔铣-清角加工	圆鼻刀D2R0.2	3 500	6	0.1	1 800	0.3	25
3	轮廓铣-半精加工	球刀R2	3 500	4	0.2	1 500	0.1	20
4	面铣-半精加工	圆鼻刀D2R0.2	4 000	1	—	1 200	0.2	20
5	轮廓铣-半精加工	圆鼻刀D2R0.2	4 000	4	0.1	1 200	0.1	20
6	轮廓铣-半精加工	圆鼻刀D2R0.2	4 000	4	0.1	1 500	0.1	20
7	面铣-半精加工	平铣刀D8	3 500	6	—	1 500	0.1	25
8	轮廓铣-半精加工	平铣刀D8	3 500	6	0.2	1 500	0.1	25
9	轮廓铣-精加工	球刀R2	4 000	4	0.1	1 200	0	20
10	面铣-精加工	圆鼻刀D2R0.2	4 500	1	—	1 000	0	20
11	轮廓加工-精加工	圆鼻刀D2R0.2	4 500	3	0.1	1 000	0	20
12	轮廓铣-精加工	圆鼻刀D2R0.2	4 500	4	0.1	1 200	0	20
13	面铣-精加工	平铣刀D8	4 500	6	—	1 000	0	25
14	轮廓加工-精加工	平铣刀D8	4 500	6	0.1	1 000	0	25
15	平面轮廓铣-精加工	球刀R3	3 500	3	0.1	1 500	0	20
16	轮廓铣-精加工排气槽	球刀R2	4 000	4	0.2	1 500	0	20
17	轮廓铣-精加工浇口	平铣刀D3	3 500	0.5	0.1	1 500	0	20

工艺编制		学号		审定		会签	
工时定额		校核		执行时间		批准	

表 1－3　型腔反面数控加工工序卡

×××学院	机械加工工序卡片	产品名称	零件名称	零件图号
		放大镜	型腔反面	FDJXQ－03

材料	材料名称	毛坯种类	毛坯尺寸 (mm×mm×mm)	零件重	每台件数	卡片编号	第 1 页
	P20	方料	125×100×25		1		共 1 页
加工工序图							

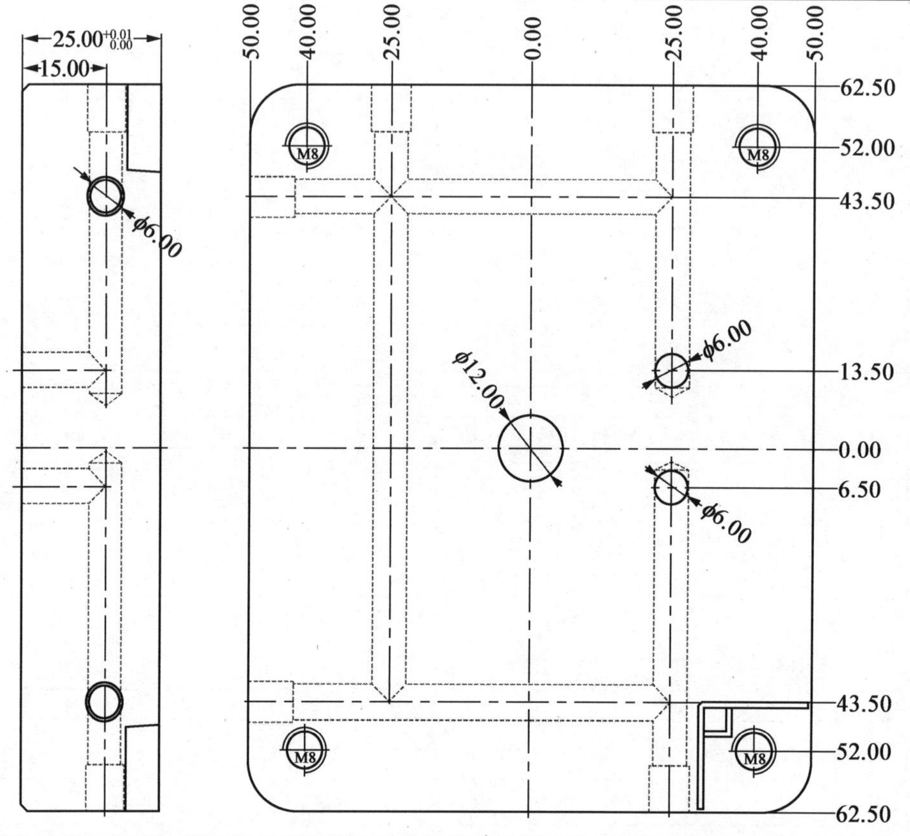

工序号	FDJXQFM	工序名	FDJXQFM－04	设备	加工中心 850
夹具	平口钳	工量具	游标卡尺	刃具	

工步	工步内容及要求	刀具类型及大小	主轴转速/(r·min^{-1})	吃刀深度/mm	每刀吃刀深度/mm	进给量/(mm·min^{-1})	余量/mm	刀长/mm
1	中心钻	中心钻 D8	1 000	2	—	100	0	20
2	钻 D6 孔	钻头 D6	650	18	1.5	35	0	45
3	钻 D7 孔	钻头 D7	600	18	2	40	0	45
4	钻 D11.8 孔	钻头 D11.8	500	30	2	45	0	45
5	铰 D12 孔	铰刀 D12	200	16	—	30	0	45
6	型腔铣	圆鼻刀 D12R1	2 800	20.1	0.2	1 800	0	30

工艺编制		学号		审定		会签	
工时定额		校核		执行时间		批准	

2. **型芯制造**

材料:S136

毛坯尺寸:125 mm×100 mm×30 mm(精料)

数量:1 件

型芯加工顺序为毛坯倒角—CNC—钻水孔—螺纹孔加工,其中 CNC 加工量最大,需要进行两次装夹,分别加工零件的正面与背面,表 1－4 与表 1－5 为型芯正、反面数控加工工序卡。

表 1－4　型芯正面数控加工工序卡

×××学院		机械加工工序卡片		产品名称	零件名称		零件图号
				放大镜	型芯正面		FDJXX－4
材料	材料名称	毛坯种类	毛坯尺寸/(mm×mm×mm)	零件重	每台件数	卡片编号	第 1 页
	S136	方料	125×100×30		1		共 1 页
加工工序图							

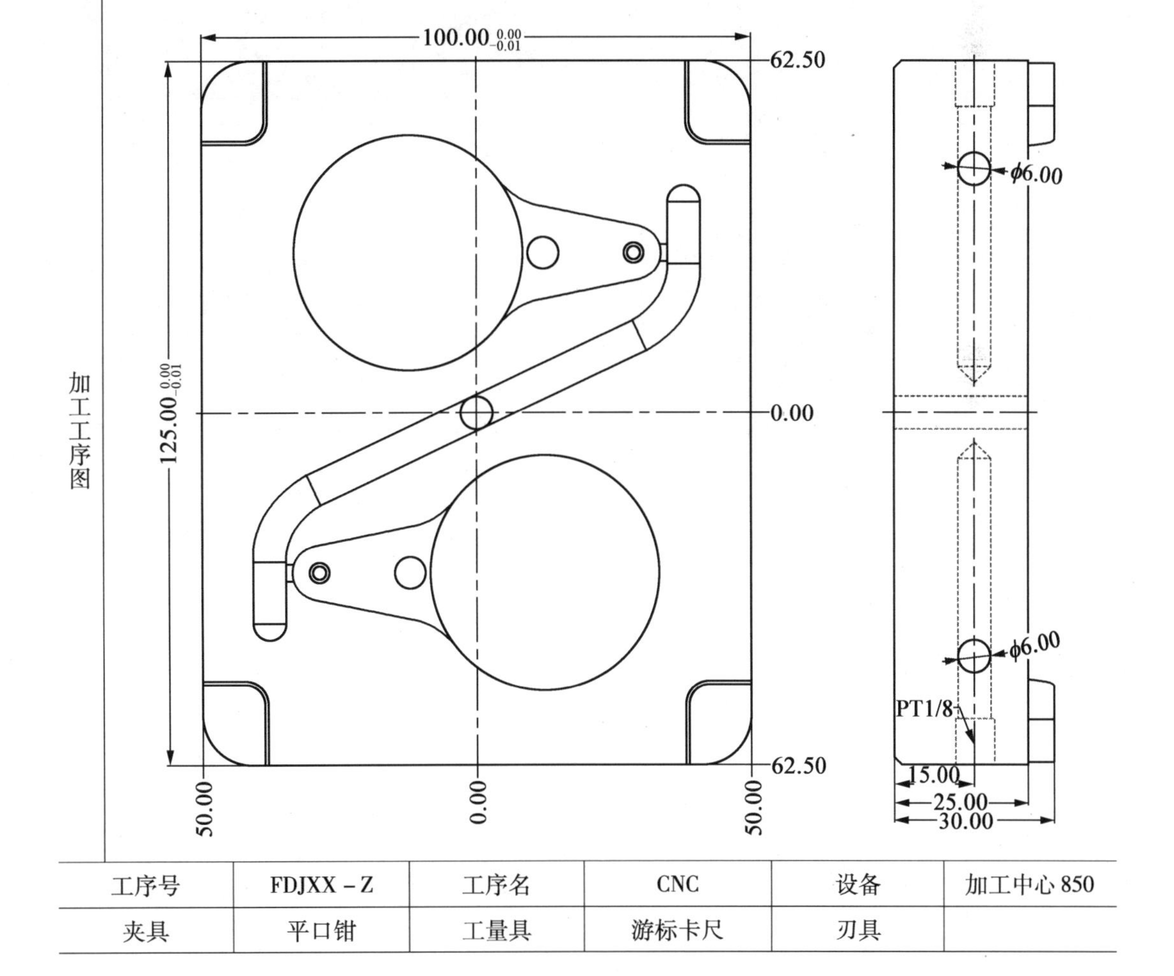

工序号	FDJXX－Z	工序名	CNC	设备	加工中心 850
夹具	平口钳	工量具	游标卡尺	刃具	

续表 1 –4

工步	工步内容及要求	刀具类型及大小	主轴转速/(r · min^{-1})	吃刀深度/mm	每刀吃刀深度/mm	进给量/(mm · min^{-1})	余量/mm	刀长/mm
1	粗加工	圆鼻刀 D16R0.8	2 000	5	0.4	1 600	0.3	30
2	粗加工	圆鼻刀 D8R0.5	2 500	9.5	0.25	1 500	0.3	30
3	清角粗加工	圆鼻刀 D2R0.2	3 000	6	0.1	800	0.3	20
4	底部半精加工	圆鼻刀 D10R0.5	2 800	5	0.1	1 000	0.1	30
5	壁半精加工	圆鼻刀 D10R0.5	2 800	5	0.2	1 200	0.1	30
6	曲面半精加工	球刀 R2	3 600	9.5	0.2	2 000	0.1	20
7	半精加工	圆鼻刀 D2R0.2	3 500	6	0.1	600	0.1	20
8	清角半精加工	圆鼻刀 D2R0.2	3 500	7	0.1	1 200	0.1	20
9	底部壁半精加工	圆鼻刀 D2R0.2	3 500	7	0.1	1 000	0.1	20
10	底部精加工	平底刀 D10	3 500	5	—	1 000	0	35
11	侧壁精加工	平底刀 D10	3 500	5	0.15	1 500	0	35
12	曲面精加工	球刀 R2	4 000	9	0.1	1 600	0	20
13	底部精加工	圆鼻刀 D2R0.2	4 000	6	0.1	600	0	20
14	曲面清角精加工	圆鼻刀 D2R0.2	4 000	7	0.1	1 000	0	20
15	轮廓精加工	圆鼻刀 D2R0.2	4 000	7	0.1	1 000	0	20
16	流道精加工	球刀 R3	3 500	8	0.08	1 000	0	30
17	进胶口精加工	平底刀 D3	4 000	5.5	0.1	800	0	20

工艺编制		学号		审定		会签	
工时定额		校核		执行时间		批准	

表1－5 型芯反面数控加工工序卡

×××学院	机械加工工序卡片	产品名称	零件名称	零件图号
		放大镜	型芯反面	FDJXX－4

材料	材料名称	毛坯种类	毛坯尺寸/(mm×mm×mm)	零件重	每台件数	卡片编号	第1页
	S136	方料	125×100×30		1		共1页

加工工序图

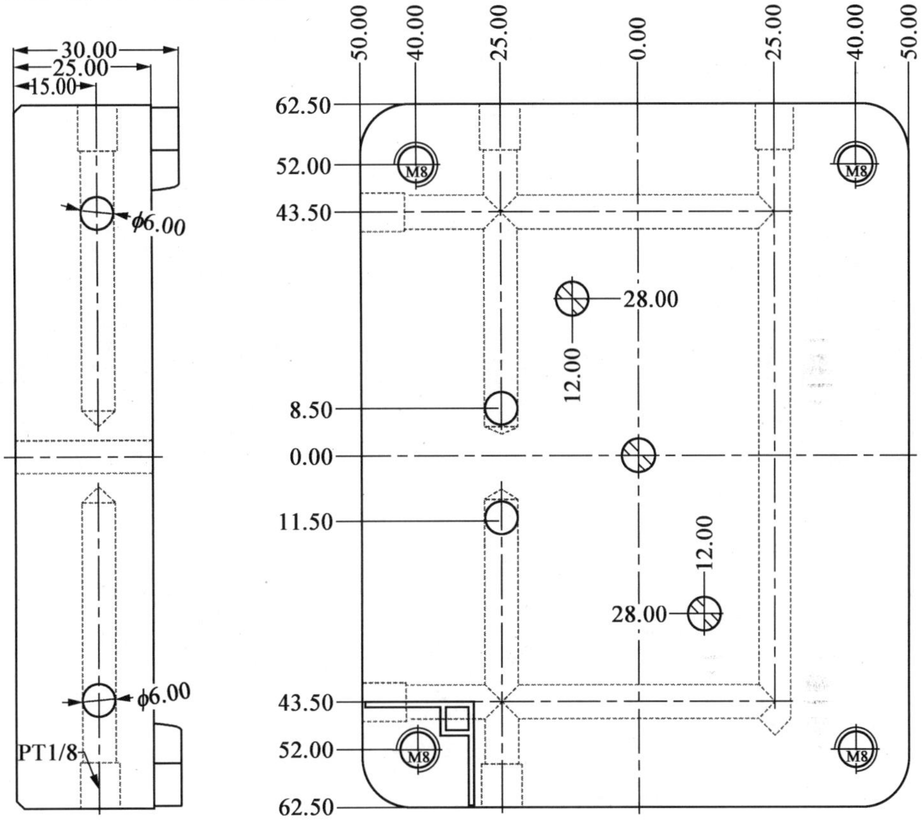

工序号	FDJXX－F	工序名	CNC	设备	加工中心850
夹具	平口钳	工量具	游标卡尺	刀具	

工步	工步内容及要求	刀具类型及大小	主轴转速/(r·min⁻¹)	吃刀深度/mm	每刀吃刀深度/mm	进给量/(mm·min⁻¹)	余量/mm	刀长/mm
1	中心钻	中心钻 D8	1 000	2	2	100	0	30
2	钻 M8 螺纹底孔	钻头 D7	600	20	1.5	50	0	45
3	钻 D6 孔	钻头 D6	600	20	1.5	40	0	45
4	钻 D6 孔	钻头 D5.9	600	30	1.5	40	0	45
5	铰 D6 孔	铰刀 D6	300	27	—	30	0	45
6	等高铣－壁加工	圆鼻刀 D12R1	2 200	26	0.3	1 500	0	35

工艺编制		学号		审定		会签	
工时定额		校核		执行时间		批准	

3. 定模板加工

材料:45#

毛坯尺寸:200 mm × 180 mm × 50 mm(精料)

数量:1 件

定模板加工顺序如下:

(1)粗铣六面, 按 200.2 mm × 180.2 mm × 50.2 mm 加工。

(2)磨平厚度 50.0 二面,精磨到位。

(3)四边尺寸精铣到位, 相邻直角面校对 90°。

(4)外轮廓倒角 $C2$。

(5)CNC。

(6)割 4 − ϕ30.0 mm 导套孔。

(7)①钻水路; ②孔倒角 $C1$; ③4 − M12 螺纹攻牙。

(8)零件检测,表 1 − 6 与表 1 − 7 为定模板的正、反面数控加工工序卡。

表 1 − 6　定模板正面数控加工工序卡

×××学院	机械加工工序卡片	产品名称	零件名称	零件图号
		放大镜	定模板正面	FDJDMB − 2

材料	材料名称	毛坯种类	毛坯尺寸/(mm × mm × mm)	零件重	每台件数	卡片编号	第 1 页
	45#	方料	200 × 180 × 50		1		共 1 页

加工工序图	
	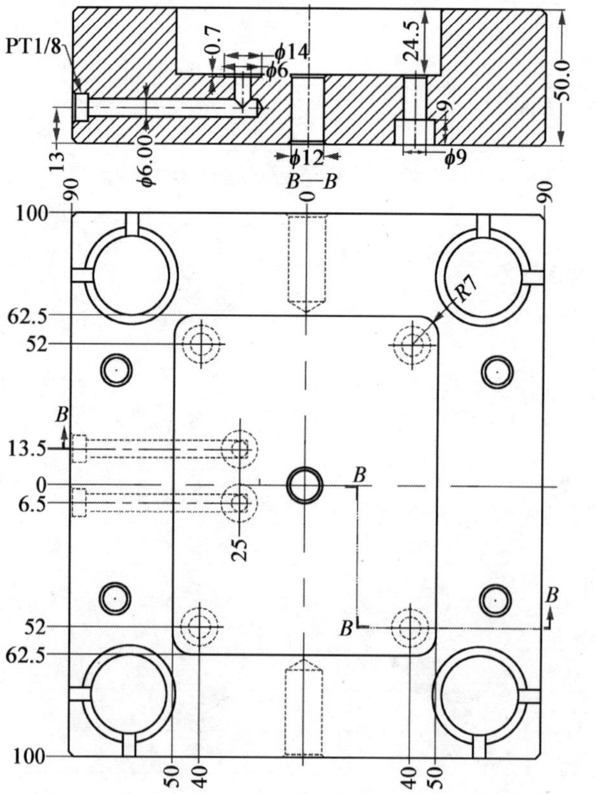

续表1-6

工序号	FDJDMB - Z	工序名	CNC	设备	加工中心850
夹具	平口钳	工量具	游标卡尺	刃具	

工步	工步内容及要求	刀具类型及大小	主轴转速/$(r \cdot min^{-1})$	吃刀深度/mm	每刀吃刀深度/mm	进给量/$(mm \cdot min^{-1})$	余量/mm	刀长/mm
1	开框	圆鼻刀D16R0.8	2 000	24.5	0.4	1 600	0.3	40
2	清料	圆鼻刀D12R1	2 500	24.5	0.3	1 800	0.3	40
3	半精底部	圆鼻刀D12R1	3 500	24.5	0.2	1 500	0.1	40
4	半精侧壁	圆鼻刀D12R1	3 500	24.5	15	1 000	0.1	40
5	精铣底部	平底刀D12	3 500	24.5	0.1	1 000	0	40
6	精铣侧壁	平底刀D12	3 500	24.5	15	800	0	40
7	中心钻	中心钻D8	1 000	27	2	100	0	35
8	钻D6孔	钻头D6	800	40	1.5	35	0	45
9	钻D14沉头	平底刀D14	800	25.2	0.7	60	0	45
10	倒角×2	倒角刀D8	2 000	27	2	1 000	0	35

工艺编制		学号		审定		会签	
工时定额		校核		执行时间		批准	

表 1 –7　定模板反面数控加工工序卡

×××学院	机械加工工序卡片	产品名称	零件名称	零件图号
		放大镜	定模板反面	FDJDMB –2

材料	材料名称	毛坯种类	毛坯尺寸/(mm×mm×mm)	零件重	每台件数	卡片编号	第 1 页
	45#	方料	200×180×50		1		共 1 页

加工工序图

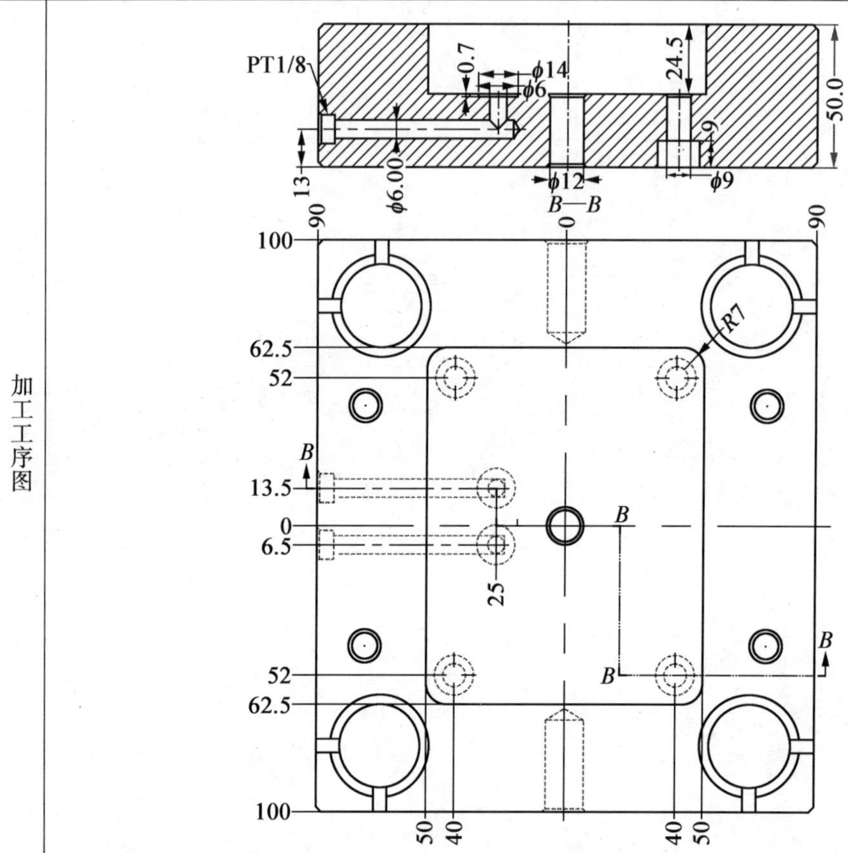

工序号	FDJDMB – F	工序名	CNC	设备	加工中心 850
夹具	平口钳	工量具	游标卡尺	刃具	

工步	工步内容及要求	刀具类型及大小	主轴转速/(r·min⁻¹)	吃刀深度/mm	每刀吃刀深度/mm	进给量/(mm·min⁻¹)	余量/mm	刀长/mm
1	中心钻	中心钻 D8	1 000	2	2	100	0	30
2	钻 M12 螺纹底孔	钻头 D10.5	600	24	3	70	0	70
3	钻线割穿丝孔	钻头 D10.5	600	55	3	60	0	70
4	钻 M8 螺丝过孔	钻头 D9	600	30	2	60	0	60
5	钻 D12 浇口套过孔	钻头 D12	700	30	3	80	0	60
6	粗铣导套沉头孔	圆鼻刀 D12R1	2 500	8.2	0.3	1 800	0.2	20
7	钻 M8 螺丝沉头孔	铣刀 D14	800	9	3	60	0	30

续表1-7

工步	工步内容及要求	刀具类型及大小	主轴转速/(r·min^{-1})	吃刀深度/mm	每刀吃刀深度/mm	进给量/(mm·min^{-1})	余量/mm	刀长/mm
8	精铣导套沉头孔	铣刀 D14	2 500	8.2	8.2	1 000	0	30
9	铣排气槽	平底刀 D6	3 500	0.15	0.15	600	0	20
10	倒角	倒角刀 D8	2 000	30	2	1 000	0	30

工艺编制		学号		审定		会签	
工时定额		校核		执行时间		批准	

4. 动模板加工

材料:45#

毛坯尺寸:200 mm×180 mm×50 mm(精料)

数量:1 件

动模板加工顺序如下:

(1)粗铣六面，按200.2 mm×180.2 mm×50.2 mm加工。

(2)磨平厚度50.0二面,精磨到位。

(3)四边尺寸精铣到位,相邻直角面校对90°。

(4)外轮廓倒角 $C2$。

(5)CNC。

(6)割4-ϕ20.0 mm导套孔。

(7)①钻水路;②孔倒角 $C1$;③4-M12螺纹攻牙。

(8)零件检测,表1-8与表1-9为动模板正、反面数控加工工序卡。

表 1-8 动模板正面数控加工工序卡

×××学院	机械加工工序卡片	产品名称		零件名称		零件图号
		放大镜		动模板正面		FDJDMB-1
材料	材料名称	毛坯种类	毛坯尺寸/(mm×mm×mm)	零件重	每台件数	卡片编号	第1页
	45#	方料	200×180×50		1		共1页

加工工序图

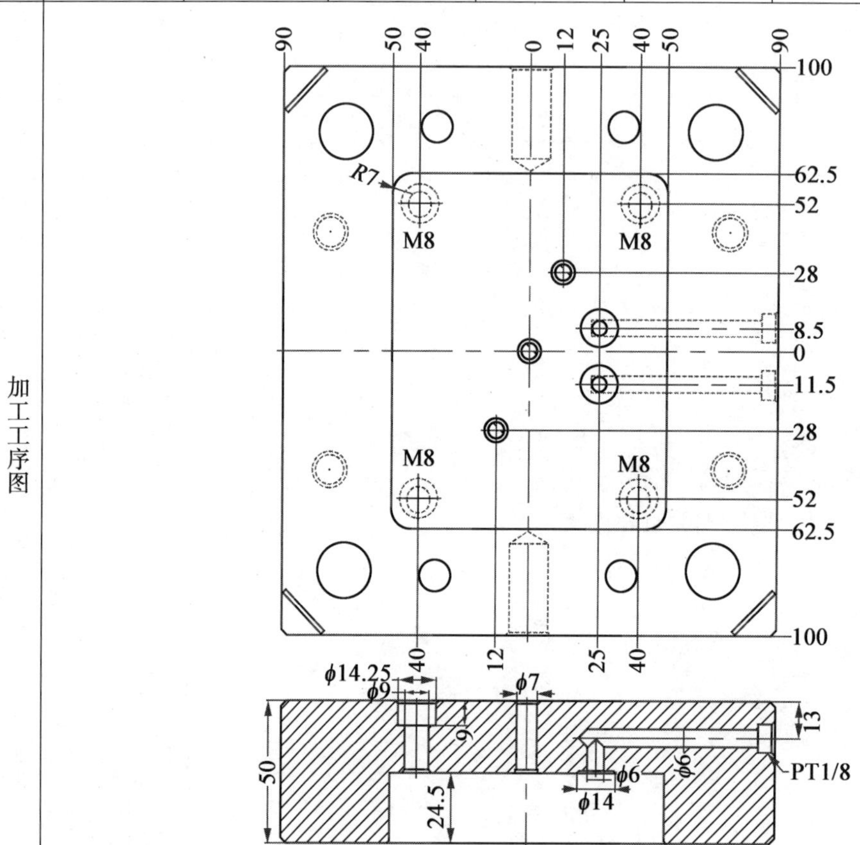

工序号	FDJDMB-Z	工序名	FDJDMB-1	设备	加工中心 850
夹具	平口钳	工量具	游标卡尺	刃具	

工步	工步内容及要求	刀具类型及大小	主轴转速/($r \cdot min^{-1}$)	吃刀深度/mm	每刀吃刀深度/mm	进给量/($mm \cdot min^{-1}$)	余量/mm	刀长/mm
1	开框	圆鼻刀 D16R0.8	2 000	24.5	0.4	1 600	0.3	40
2	清料	圆鼻刀 D12R1	2 500	24.5	0.3	1 800	0.3	40
3	半精底部	圆鼻刀 D12R1	3 500	24.5	0.2	1 500	0.1	40
4	半精侧壁	圆鼻刀 D12R1	3 500	24.5	15	1 000	0.1	40
5	精铣底部	平底刀 D12	3 500	24.5	0.1	1 000	0	40
6	精铣侧壁	平底刀 D12	3 500	24.5	15	800	0	40
7	精铣边角	平底刀 D12	3 500	24.5	0.3	1 500	0	40

续表1－8

工步	工步内容及要求	刀具类型及大小	主轴转速/(r·min^{-1})	吃刀深度/mm	每刀吃刀深度/mm	进给量/(mm·min^{-1})	余量/mm	刀长/mm
8	中心钻	中心钻 D8	1 000	27	2	100	0	35
9	钻 D6 孔	钻头 D6	800	40	1.5	35	0	45
10	钻 D14 沉头	平底刀 D14	800	25.2	0.7	60	0	45
11	倒角×2	倒角刀 D8	2 000	27	2	1 000	0	35

工艺编制		学号		审定		会签	
工时定额		校核		执行时间		批准	

表1－9　动模板反面数控加工工序卡

×××学院	机械加工工序卡片	产品名称	零件名称	零件图号
		放大镜	动模板反面	FDJDMB－2

材料	材料名称	毛坯种类	毛坯尺寸/(mm×mm×mm)	零件重	每台件数	卡片编号	第1页
	45#	方料	200×180×50		1		共1页
加工工序图							

工序号	FDJDMB－F	工序名	FDJDMB－1	设备	加工中心 850
夹具	平口钳	工量具	游标卡尺	刀具	

续表 1 – 9

工步	工步内容及要求	刀具类型及大小	主轴转速/(r · min^{-1})	吃刀深度/mm	每刀吃刀深度/mm	进给量/(mm · min^{-1})	余量/mm	刀长/mm
1	中心钻	中心钻 D8	1 000	2	2	100	0	30
2	钻 M12 螺纹底孔	钻头 D10.5	600	24	3	70	0	70
3	钻线割穿丝孔	钻头 D10.5	600	55	3	60	0	70
4	钻 M8 螺丝过孔	钻头 D9	600	30	2	60	0	60
5	钻顶针过孔	钻头 D7	650	30	2	45	0	60
6	钻 D12 回针孔	钻头 D11.8	700	55	3	80	0	70
7	铰 D12 回针孔	铰刀 D12	250	55	/	30	0	70
8	粗铣弹簧沉头孔	圆鼻刀 D12R1	2 500	18	0.3	1 800	0.2	30
9	粗铣导柱沉头孔	圆鼻刀 D12R1	2 500	6.2	0.3	1 800	0.2	30
10	钻 M8 螺丝沉头孔	铣刀 D14	800	9	3	60	0	30
11	精铣导柱沉头孔	铣刀 D14	2 500	6.2	6.2	1 000	0	30
12	精铣导柱沉头孔	铣刀 D14	2 500	18	18	1 000	0	30
13	倒角	倒角刀 D8	2 000	30	2	1 000	0	30

工艺编制		学号		审定		会签	
工时定额		校核		执行时间		批准	

注：推杆固定定模固定板，推杆垫板，动、定模固定板加工请参考加工工艺卡。

1.4.2　模具装配

1. 定模装配

(1)检查定模仁腔体的镜面部分以及运水孔是否堵塞。

(2)定模框底装入密封圈，把定模仁按照基准角(标识)装进定模框，锁紧螺丝，检查进、出水路的水嘴是否安装正确。

(3)模具定模固定板按照基准角对正定模板，装入定位圈和浇口套，注意浇口套的定位销位置，再检查出胶口是否和定模仁方向一致，锁紧定模固定板螺丝和定位圈螺丝。

(4)装模时检查每个零部件的铁屑粉尘等，可用风枪吹或碎布抹干净。

(5)定模安装完毕后，测试水路是否畅通，是否有漏水现象。定模装配图如图 1 – 32 所示。

2. 动模装配

(1)检查动模仁腔体的镜面部分以及运水孔是否堵塞。

(2)动模框底装入密封圈吗？防水密封圈，并装上导柱。动模仁按照基准角(标识)装进动模框，锁紧螺丝，检查进、出水路的水嘴是否安装正确。

(3)将推杆固定板按照基准角与动模板对齐,装上回针,再在回针上装上弹簧,最后依次把推杆和拉料杆装上。

(4)推杆垫板贴平推杆固定板,锁紧螺丝;支承柱插入撑头主孔内。

(5)在动模固定板上装上垃圾钉及模脚,再按照基准角与动模板对正。

(6)锁紧后模螺丝和撑头柱螺丝,注意模脚的外边和动模板持平。

(7)动模安装完毕后,测试水路是否畅通,是否漏水。动模装配图如图1-33所示。

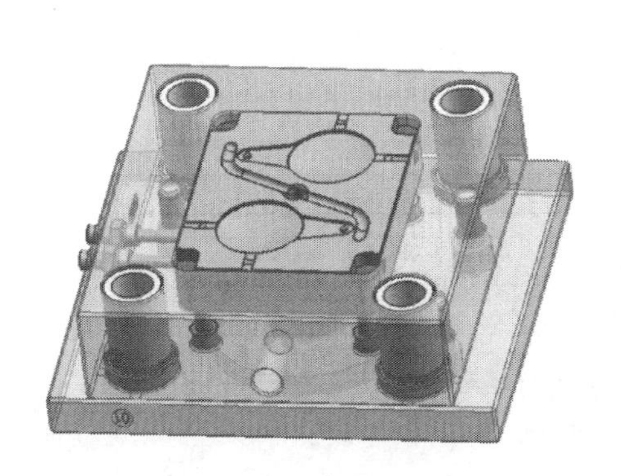

图1-32　定模装配图

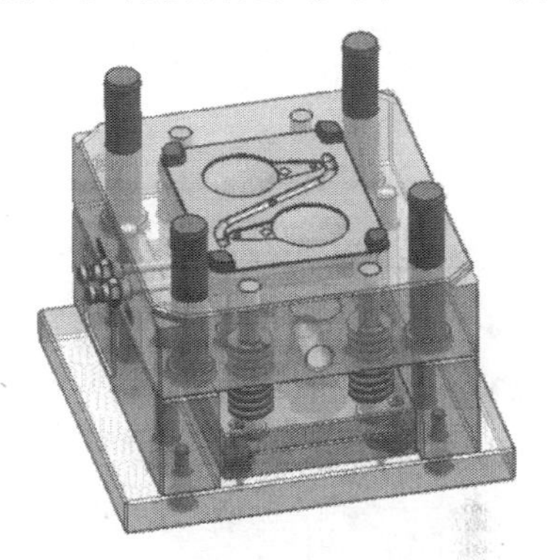

图1-33　动模装配图

3. **模具总装配**

(1)在动、定模合模之前,检查顶出是否正常。

(2)运动零件(回针、弹簧、导柱)涂上黄油增加润滑。

(3)前、后模仁喷上洗模剂清洗干净,再在模仁上喷一层薄薄的防锈剂。

(4)M12吊环锁上,整套模具装配完成,等待试模,模具总装图如图1-34所示。

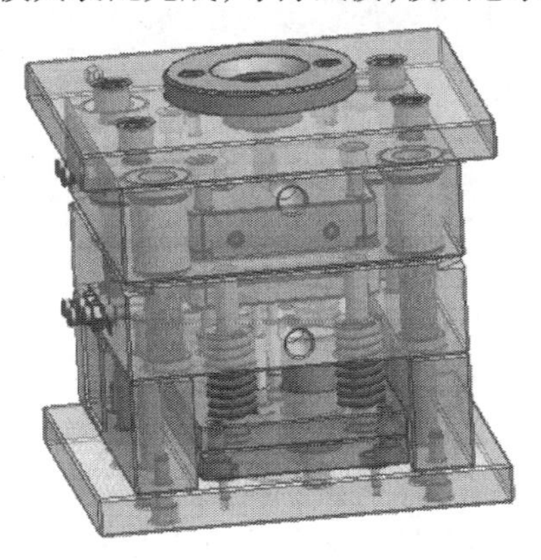

图1-34　模具总装图

1.4.3　试模

试模是模具制造中的一个重要环节,试模中的修改、补充和调整是对于模具设计的补充。对于设计较好的模具,一般经过一次试模就会成功。正常的试模次数为2~3次。

1. 试模前的准备

试模前要对模具及试模用的设备进行检验。模具的闭合高度、安装于注射机的各个配合尺寸、推出形式、开模距离和模具工作要求等要符合所选设备的技术条件。检查模具各滑动零件配合间隙适当,有无卡住及干涩现象。活动要灵活、可靠,起止位置的定位要正确。各镶嵌件、紧固件要牢固,无松动现象。各种水管接头、阀门、附件和备件要齐全。对于试模设备也要进行全面检查,即对设备的油路、水路、电路、机械运动部位、各操纵件和显示信号要检查、调整,使之处于正常运转状态。

2. 模具的安装及调试

模具的安装是指将模具从制造地点运送至注射机所在地,并安装在指定注射机的全过程。模具安装在注射机上要注意以下几个方面。

(1)模具的安装方位要满足设计图样的要求。

(2)当模具中有侧向滑动结构时,尽量使其运动方向为水平方向。

(3)当模具长度与宽度尺寸相差较大时,应尽可能使较长的边与水平方向平行。

(4)模具带有液压油路接头、气路接头和热流道元件接线板时,尽可能放置在非操作一侧,以免操作不方便。

模具在注射机上的固定多采用螺钉、压板的形式,模具固定如图 1 - 35 所示。一般采用 4 ~ 8 块压板,对称布置。

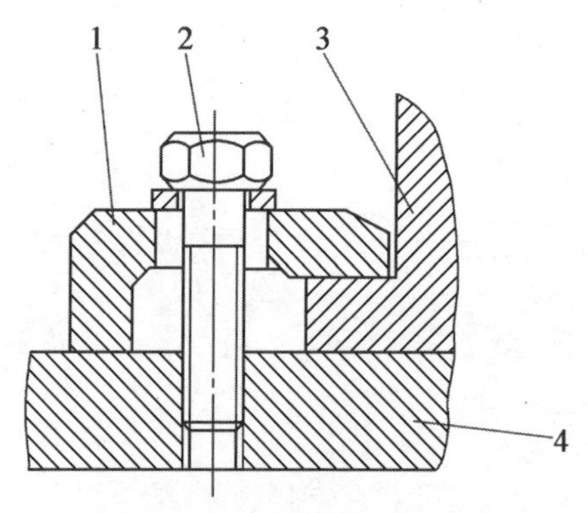

1—压板;2—螺钉;3—模具;4—注射机模板

图 1 - 35　模具固定

模具安装在注射机上后,要进行空循环调整。其目的在于检验模具上各运动机构是否可靠、灵活,定位装置是否能够有效作用,要注意以下几个方面。

(1)合模后分型面不得有间隙,要有足够的合模力。

(2)活动型芯、推出及导向部位运动及滑动要平稳、无干涉现象,定位要准确、可靠。

(3)开模时,推出要平稳,保证将塑件及浇注系统凝料推出模具。

(4)冷却水要畅通,不漏水,阀门控制正常。

3. 试模

模具安装调整后即可以进行试模。

(1)加入原料的品种、规格、牌号应符合产品图样中的要求,成型性能应符合有关标准的规定。原料一般要预先进行干燥。

(2)调整设备按照工艺条件要求调整注射压力、注射速度、注射量、成型时间和成型温度等工艺参数。

(3)试模采用手动操作,试模注射出样件。

4. 检验

通过试模可以检验出模具结构是否合理,所提供的样件是否符合用户的要求,模具能否完成批量生产。针对试模中发现的问题,对模具进行修改、调整、再试模,使模具和生产出的样件满足客户的要求,即可交付生产使用。

【拓展知识1】

拓展1-1　型腔数的表达

在工业中,当一模出多个相同的产品时,表达用“1×N”,当一模出多个不同产品时,用“1+1+1+……”表达;如果是一模出两个镜像件时,用“1+1 镜像”表达。例如,“1×1”表示1模1腔;“1×2”表示1模出2个相同的产品;“1+1”表示1模出2个不同的产品。

拓展1-2　塑料的组成

塑料的主要成分是各种各样的树脂,而树脂又是一种聚合物,但塑料和聚合物是不同的,单纯的聚合物性能往往不能满足加工成型和实际使用的要求,一般不单独使用,只有在加入添加剂后在工业中才有使用价值。因此,塑料是以合成树脂为主要成分,再加入其他各种各样的添加剂(也称助剂)制成的。合成树脂决定了塑料制品的基本性能,合成树脂的作用是将各种添加剂黏结成一个整体,添加剂是为改善塑料的成型工艺性能,改善制品的使用性能或降低成本而加入的一些物质。

塑料材料所使用的添加剂品种很多,如填充剂、增塑剂、着色剂、稳定剂、固化剂和抗氧剂等。在塑料中,树脂虽然起决定性的作用,但添加剂也有着不能忽略的作用。

1. 树脂

树脂是在受热时软化,在外力作用下有流动倾向的聚合物。它是塑料中最重要的成分,是在塑料中起黏结作用的成分(也称为黏料),决定了塑料的类型和基本性能(如热性能、物理性能、化学性能、力学性能及电性能等)。

2. 添加剂

(1)填充剂。

填充剂又称填料,是塑料中的重要成分。填充剂与塑料中的其他成分机械混合,与树脂牢固胶黏在一起,但它们之间不起化学反应。

在塑料中,填充剂不仅可减少树脂用量,降低塑料成本,而且能改善塑料的某些性能,扩大塑料的使用范围。例如在酚醛树脂中加入木粉后,既克服了它的脆性,又降低了成本。再比如聚乙烯、聚氯乙烯等树脂中加入钙质填充剂便成为价格低廉的刚性强、耐热性好的钙塑料;用玻璃纤维作为塑料的填充剂,大幅度地提高塑料的力学性能;有的填充剂还可以使塑料具有树脂所没有的性能,如导电性、导磁性和导热性等。

填充剂分为无机填充剂和有机填充剂。常用的填充剂有粉状、纤维状和片状三种形态。粉状填充剂有木料、纸浆、大理石、滑石粉、云母粉、石棉粉和石墨等;纤维状填充剂有棉花、亚麻、玻璃纤维、石棉纤维、碳纤维、硼纤维和金属须等;片状填充剂有纸张、棉布、麻布和玻璃布等。填充剂的用量通常为塑料组成的40%以下。

填充剂形态为球体或正方体的,通常可提高成型加工性能,但机械强度差,而鳞片状的则相反。粒子越细时对塑料制品的刚性、冲击性、拉伸强度、因次稳定性和外观等改进作用越大。

(2)增塑剂。

加入能与树脂相溶的,低挥发性的高沸点有机化合物能够增加塑料的可塑性和柔软性,改善其成型性能,降低刚性和脆性的添加剂。其作用是降低聚合物分子间的作用力,使树脂高分子容易产生相对滑移,从而使塑料在较低的温度下具有良好的可塑性和柔软性。例如,聚氯乙烯树脂中加入邻苯二甲酸二丁酯可得到像橡胶一样的软塑料。

但加入增塑剂在改善塑料成型加工性能的同时,有时也会降低树脂的某些性能,如塑料的稳定性、介电性能和机械强度等。因此,在增塑剂中应尽可能地减少增塑剂的含量,大多数塑料不添加增塑剂。

对增塑剂的要求:与树脂有良好的相溶性;挥发性小,不易从塑件中析出;无毒、无色、无臭味;对光和热比较稳定;不吸湿。常用的增塑剂有邻苯二甲酸二丁酯、邻苯二甲酸二辛酯、樟脑等。

(3)着色剂。

大多数合成树脂的本色是白色半透明或无色透明的,为使塑件获得各种所需色彩,在工业生产中常常加入着色剂来改变合成树脂的本色,从而得到颜色鲜艳漂亮的塑件。有些着色剂还能提高塑料的光稳定性和热稳定性,如本色聚甲醛塑料用炭黑着色后能在一定程度上有助于防止光老化。

着色剂主要分颜料和染料两种。颜料是不能溶于普通溶剂的着色剂,故要获得理想的着色性能,需要用机械方法将颜料均匀分散于塑料中。颜料按结构也可分为有机颜料和无机颜料。无机颜料热稳定性、光稳定性优良,价格低,但着色力相对较差,相对密度大,如钠猩红、黄光硫靛红棕、颜料蓝和炭黑等;有机颜料着色力高且色泽鲜艳、色谱齐全、相对密度小,缺点为耐热性、耐候性和遮盖力方面不如无机颜料,如铬黄、氧化铬、铝粉末等;染料是可用于大多数溶剂和被染色塑料的有机化合物,优点为密度小、着色力高,且透明度好,但其一般分子结构小,着色时易发生迁移,如士林蓝。

对着色剂的一般要求是着色力强;与树脂有很好的相溶性;不与塑料中的其他成分起化

学反应;性质稳定,成型过程中不因温度、压力变化而分解变色,而且在塑件的长期使用过程中能够保持稳定。

(4)稳定剂。

树脂在加工过程和使用过程中会产生老化(降解),降解是指聚合物在热、力、氧、水、光和射线等作用下,大分子断链或化学结构发生有害变化的反应。为防止塑料在热、光、氧和霉菌等外界因素的作用下发生降解和交联,在聚合物中添加的能够稳定其化学性质的添加剂称为稳定剂。

稳定剂根据发挥的作用不同,可分为热稳定剂、光稳定剂和抗氧化剂等。

①热稳定剂。

热稳定剂的主要作用是抑制塑料成型过程中可能发生的热降解反应,保证塑料制件顺利成型并得到良好的质量,如有机锡化合物,常用于聚氯乙烯,其优点是无毒,但缺点是价格高。

②光稳定剂。

光稳定剂是防止塑料在阳光、灯光或高能射线照射下出现降解性能降低所添加的物质,其种类有紫外线吸收剂、光屏蔽剂等,苯甲酸酯类及炭黑等常用作紫外线吸收剂。

③抗氧化剂。

抗氧化剂是防止塑料在高温下氧化降解的添加物,酚类及胺类有机物常用作抗氧化剂。

在大多数塑料中都要添加稳定剂,稳定剂的含量一般为塑料的0.3%～0.5%。对稳定剂的要求:与树脂有很好的相溶性;对聚合物的稳定效果好;能耐水、耐油、耐化学药品腐蚀,并在成型过程中不分解、挥发小且无色。

(5)固化剂。

固化剂又称硬化剂、交联剂,用于成型热固性塑料,线型高分子结构的合成树脂需发生交联反应转变成体型高分子结构。固化剂添加的目的是促进交联反应,例如,在环氧树脂中加入乙二胺、三乙醇胺等。

此外,在塑料中还可加入一些其他的添加剂,如发泡剂、阻燃剂、防静电剂、导电剂和导磁剂等。阻燃剂可降低塑料的燃烧性;发泡剂可制成泡沫塑料;防静电剂可使塑件具有适量的导电性能以消除带静电的现象。注塑时并不是每一种塑料都要加入全部添加剂,而是根据塑料品种和塑件使用要求按需要有选择地加入某些添加剂。

3. 塑料的分类

塑料的品种有很多,目前,世界上已制造出300多种可加工的塑料原料(包括改性塑料),常用的有30多种。塑料分类的方式也很多,根据塑料中树脂的分子结构和受热后表现的性能可分成两大类:热塑性塑料和热固性塑料。

(1)热塑性塑料。

热塑性塑料中树脂的分子结构呈线型或支链型结构,常称为线型聚合物。它在加热时可塑制成一定形状的塑件,冷却后保持已定型的形状。如再次加热,又可软化熔融,可再次制成一定形状的塑件,可反复多次进行,具有可逆性。在上述成型过程中一般无化学变化,只有物理变化。由于热塑性塑料具有上述可逆的特性,因此在塑料加工中产生的边角料及废品可以回收粉碎成颗粒后掺入原料中再利用。

热塑性塑料又可分为结晶型塑料和无定形塑料两种。结晶型塑料分子链排列整齐、稳定、紧密，而无定形塑料分子链排列得杂乱无章。因而结晶型塑料一般都比较耐热、不透明和具有较高的力学强度，而无定形塑料则与此相反。常用的聚乙烯、聚丙烯和聚酰胺（尼龙）等都属于结晶形塑料，而聚苯乙烯、聚氯乙烯和 ABS 等属于无定形塑料。从表观特征来看，一般结晶型塑料是不透明或半透明的，无定形塑料是透明的。但也有例外，如聚 4－甲基戊烯－1 为结晶型塑料，却有高透明性，而 ABS 为无定形塑料，却是不透明的。

（2）热固性塑料。

热固性塑料在受热之初也具有链状或树枝状结构，同样具有可塑性和可熔性，可塑制成一定形状的塑件。当继续加热时，这些链状或树枝状分子的主链间形成化学键，逐渐变成网状结构（交联反应）。当温度升高到达一定值后，交联反应进一步进行，分子最终变为体型结构，成为既不熔化又不溶解的物质（称为固化）。当再次加热时，由于分子的链与链之间产生了化学反应，塑件形状固定下来不再变化。塑料不再具有可塑性，直到在很高的温度下被烧焦炭化，此过程具有不可逆性。在成型过程中，既有物理变化，又有化学变化。由于热固性塑料的上述特性，故加工中的边角料和废品不可回收再利用。

显然，热固性塑料的耐热性能比热塑性塑料好。常用的酚醛、三聚氰胺－甲醛、不饱和聚酯等均属于热固性塑料。热塑性塑料常采用注射、挤出或吹塑等方法成型。热固性塑料常用于压缩成型，也可以采用注射成型。由于塑料的主要成分是高分子聚合物，塑料常常用聚合物的名称命名，因此，塑料的名称大都烦琐，说与写均不方便，所以常用国际通用的英文缩写来表示。热固性塑料和热塑性塑料的缩写和名称见附表 3。

根据塑料性能及用途不同塑料可分为通用塑料、工程塑料和特种塑料等。

（1）通用塑料。

通用塑料指的是产量大、用途广、价格低且性能普通的一类塑料，通常用作非结构材料。世界上公认的六大类通用塑料有聚乙烯、聚丙烯、聚氯乙烯、聚苯乙烯、酚醛塑料和氨基塑料，其产量占世界塑料总产量的 75% 以上，构成了塑料工业的主体。

（2）工程塑料。

工程塑料泛指一些具有能制造机械零件或工程结构材料等工业品质的塑料，除具有较高的机械强度外，这类塑料的耐磨性、耐腐蚀性能、耐热性、自润滑性及尺寸稳定性等均比通用塑料优良。它们具有某些金属特性，因而在机械制造、轻工、电子、日用、宇航、导弹等工程技术部门得到广泛应用。

目前，工程上使用较多的塑料包括聚酰胺、聚甲醛、聚碳酸酯、ABS、聚砜、聚苯醚、聚四氟乙烯等，其中前四种发展最快，是国际上公认的四大工程塑料。

（3）特殊塑料（功能塑料）。

特殊塑料指那些具有特殊功能、适合某种特殊场合用途的塑料，主要有医用塑料、光敏塑料、导磁塑料、超导电塑料、耐辐射塑料、耐高温塑料等。其主要成分是树脂，有的是专门合成的树脂，也有一些是采用上述通用塑料和工程塑料用树脂经特殊处理或改性后获得特殊性能。这类塑料产量小，性能优异，价格昂贵。

随着塑料的应用范围越来越广，工程塑料和通用塑料之间的界限已难以划分，例如通用塑料聚氯乙烯作为耐腐蚀材料已大量应用于化工机械中。

4. 常用塑料

(1)聚乙烯(PE)。

①基本特性。聚乙烯塑料由乙烯单体聚合而成，按聚合时采用的生产压力的高低可分为高压、中压和低压聚乙烯三种。

低压聚乙烯又称高密度聚乙烯(HDPE)，具有较高的刚性、强度和硬度，但柔韧性、透明性较差。

高压聚乙烯又称低密度聚乙烯(LDPE)，具有较好的柔软性、耐寒性和耐冲击性，但耐热、耐光、抗氧化能力差，易老化。

聚乙烯无毒、无味，外观上是白色蜡状固体，微显角质状，柔而韧，比水轻，除薄膜外，其他制品皆不透明，有一定的机械强度，但与其他塑料相比除冲击强度较高外，其他力学性能绝对值在塑料材料中都是较低的。聚乙烯有优异的介电绝缘性，介电性能稳定，化学稳定性好，能耐稀硫酸、稀硝酸及其他任何浓度的酸、碱、盐的侵蚀；除苯及汽油外，一般不溶于有机溶剂；其透水蒸气性能较差，而透氧气、二氧化碳及许多有机物质蒸气的性能较好；聚乙烯是分子链仅由碳、氢两种元素组成的高分子烷属链烃，极易燃烧，氧指数仅为17.4，是最易燃烧的塑料品种之一。聚乙烯制品受到日光照射时，制品最终老化变脆。聚乙烯的耐低温性能较好，在 -60 ℃下仍具有较好的力学性能，但其使用温度不高，一般 LDPE 的使用温度在80 ℃左右，HDPE 的使用温度在 100 ℃左右。

②应用。聚乙烯是产量最大，应用最广的塑料品种，高密度聚乙烯可用于制造塑料管、各种型材、单丝以及承载不高的零件，如齿轮、轴承等；低密度聚乙烯常用于制作塑料薄膜、软管、塑料瓶以及电气工业的绝缘零件和电线、电缆包皮等。

③成型特点。聚乙烯的成型加工都是在熔融状态下进行的，成型时，收缩率大，在流动方向与垂直方向上的收缩差异大，易产生变形和缩孔。成型时的熔体温度一般高出聚乙烯熔融温度 30 ~50 ℃。它可采用多种成型加工，可以注塑、挤出、中空吹塑、薄膜压延、大型中空制品滚塑及发泡成型等。聚乙烯质软易脱模，制品有浅的侧凹时可强行脱模。

(2)聚氯乙烯(PVC)。

①基本特性。聚氯乙烯树脂是白色或淡黄色的坚硬粉末，纯聚合物的透气性和透湿率都较低。硬聚氯乙烯不含或少含增塑剂，有较好的抗拉、抗弯、抗压和抗冲击性能；软聚氯乙烯含有较多的增塑剂，柔软性、断裂伸长率较好，但硬度、抗拉强度较低。聚氯乙烯有较好的电气绝缘性能，聚氯乙烯电性能受电场频率的影响，只可以用作低频绝缘材料。其化学稳定性也较好，但在现有的塑料材料中，聚氯乙烯是热稳定性特别差的材料之一，对光及机械作用都比较敏感。

②应用。聚氯乙烯是世界上产量最大的塑料品种之一，由于聚氯乙烯的化学稳定性高，可用于防腐管道等；由于电气绝缘性能优良而在电气、电子工业中用于制造插座、插头、开关及电缆；在

日常生活中用于制造门窗框架、室内地板装饰材料、各种板材,家具、玩具、运动器材及包装涂层等。

③成型特点。聚氯乙烯可以采用注塑、挤出、吹塑、压延、搪塑及发泡等成型工艺。聚氯乙烯在成型温度下容易分解,所以必须加入稳定剂和润滑剂,并严格控制温度及熔料的滞留时间。

(3) 聚丙烯(PP)。

①基本特性。聚丙烯是由丙烯单体经聚合而成,无味、无毒,外观似聚乙烯,呈白色的半透明蜡状,是通用塑料中最轻的聚合物,聚丙烯强度比聚乙烯好,特别是经定向后的聚丙烯,具有极高的抗弯曲疲劳强度,可制作铰链。聚丙烯的耐热性好,可在 107 ~ 121 ℃下长期使用,在无外力作用下,使用温度可达 150 ℃。聚丙烯是通用塑料中唯一能在水中煮沸且在 135 ℃蒸汽中消毒而不被破坏的塑料。聚丙烯不受环境湿度及电场频率改变的影响,是优异的介电和电绝缘材料。聚丙烯的低温脆性明显,在有铜存在的情况下,很快发生氧化降解,使聚丙烯脆化(铜害作用),一般在聚丙烯中加入抑铜剂。

②应用。聚丙烯可用来制作医疗器具,如注射器、盒、输液袋、输血工具;一般机械零件中的各种零件以及自带铰链的盖体合一的箱壳类制件,如汽车方向盘及蓄电池壳等。

③成型特点。聚丙烯有良好的注塑成型工艺性,可以挤出成型管材、板材等型材,也可以挤成单丝,挤出吹塑薄膜,特别是双轴拉伸薄膜。吸湿性小,仅 0.01% ~0.03%,成型加工前需要对粒料进行干燥。受热时容易氧化降解,应尽量减少受热时间,并尽量避免受热时与氧接触。

(4)聚苯乙烯(PS)。

①基本特性。聚苯乙烯由苯乙烯聚合而成,是无色、无味、无毒的透明刚性硬固体,具有优良的光学性能,易燃烧,燃烧时火焰呈橙黄色,伴有浓烟,并有特殊气味。聚苯乙烯易于着色,具有良好的电学性能,尤其是高频绝缘性。同时,其热导率较小,是良好的绝热保温材料。聚苯乙烯在热塑性塑料中是典型的硬而脆塑料,并具有较高的热膨胀系数。

②应用。聚苯乙烯由于价廉易得、透明、加工性能好、绝缘性优、易印刷与着色,用途广泛。在工业上可制造仪器仪表零件、灯罩、透明模型、绝缘材料、接线盒、绝热保温材料、冷藏冷冻装置绝热层和建筑用绝热构件等。在日用品方面,可用于制造包装材料、装饰材料、各种容器和玩具等。

③成型特点。聚苯乙烯可以采用挤出、热成型、旋转模塑、吹塑及发泡等多种成型工艺制得,其中注塑、挤出、发泡是最常采用的工艺方法。聚苯乙烯吸湿率很小,成型加工前一般不需要专门的干燥工序。流动性和成型性优良,成品率高,但容易产生内应力而出现裂纹,成型制品的脱模斜度不宜过小,顶出要均匀。由于热膨胀系数高,制品中不宜有嵌件。宜用高料温、低注射压力成型并延长注射时间,以防止缩孔及变形,但料温过高容易出现银丝。因其流动性好,模具设计中大多采用点浇口形式。

(5)丙烯腈－丁二烯－苯乙烯共聚物(ABS)。

①基本特性。ABS 是由丙烯腈(A)、丁二烯(B)、苯乙烯(S)共聚生成的三元共聚物,外

观上是淡黄色非晶态树脂,不透明,具有良好的综合力学性能。丙烯腈使ABS具有较高的耐热性、耐化学腐蚀性及表面硬度;丁二烯使ABS具有良好的弹韧性、冲击强度、耐寒性以及较高的抗拉强度;苯乙烯使ABS具有良好的成型加工性、着色性和介电特性,使ABS制品的表面光洁。ABS塑料的品级:a. 通用型;b. 高耐热型;c. 电镀型;d. 透明型;e. 阻燃ABS;f. ABS合金。ABS有良好的机械强度、极好的抗冲击强度、一定的耐油性、稳定的化学性能和电气性能。ABS具有可燃性,引燃后可缓慢燃烧。

②应用。ABS广泛应用于家用电子电器、工业设备、建筑行业及日常生活用品等领域。

③成型特点。ABS易吸水,成型加工前应进行干燥处理。注射是ABS塑料最重要的成型方法,可采用柱塞式注射机。ABS在升温时黏度增加,易产生熔接痕,成型压力较高,塑料上的脱模斜度宜稍大。

拓展1-3　产品壁厚不均匀导致的缺陷及处理方式

塑料的成型工艺及使用要求对塑件的壁厚有重要的限制。塑件的壁厚过大,不仅会因用料过多而增加成本,且会给加工工艺带来一定的困难,如延长成型时间(硬化时间或冷却时间)。对提高生产效率不利,容易产生气泡、缩孔、凹陷;塑件壁厚过小,则熔融塑料在模具型腔中的流动阻力就大,尤其是形状复杂或大型塑件,成型困难,同时因为壁厚过薄,塑件强度也差。表1-10为常见的产品壁厚选取规范,塑件在保证壁厚的情况下,还要使壁厚均匀,否则在成型冷却过程中会收缩不均,不仅出现气泡、凹陷和翘曲现象,同时在塑件内部存在较大的内应力。如图1-36所示为壁厚超出尺寸范围后的修改方式,设计塑件时要求厚壁与薄壁交界处避免有锐角,过渡要缓和,厚度应沿着塑料流动的方向逐渐减小。故设计壁厚要均匀,厚薄差别尽量控制在基本壁厚的25%以内。

表1-10　常见的产品壁厚选取规范　mm

工程塑料	最小壁厚	小型制品壁厚	中型制品壁厚	大型制品壁厚
尼龙(PA)	0.45	0.76	1.50	2.40~3.20
聚乙烯(PE)	0.60	1.25	1.60	2.40~3.20
聚苯乙烯(PS)	0.75	1.25	1.60	3.20~5.40
有机玻璃(PMMA)	0.80	1.50	2.20	4.00~6.50
聚丙烯(PP)	0.85	1.45	1.75	2.40~3.20
聚碳酸酯(PC)	0.95	1.80	2.30	3.00~4.50
聚甲醛(POM)	0.45	1.40	1.60	2.40~3.20
聚砜(PSU)	0.95	1.80	2.30	3.00~4.50
ABS	0.80	1.50	2.20	2.40~3.20
PC+ABS	0.75	1.50	2.20	2.40~3.20

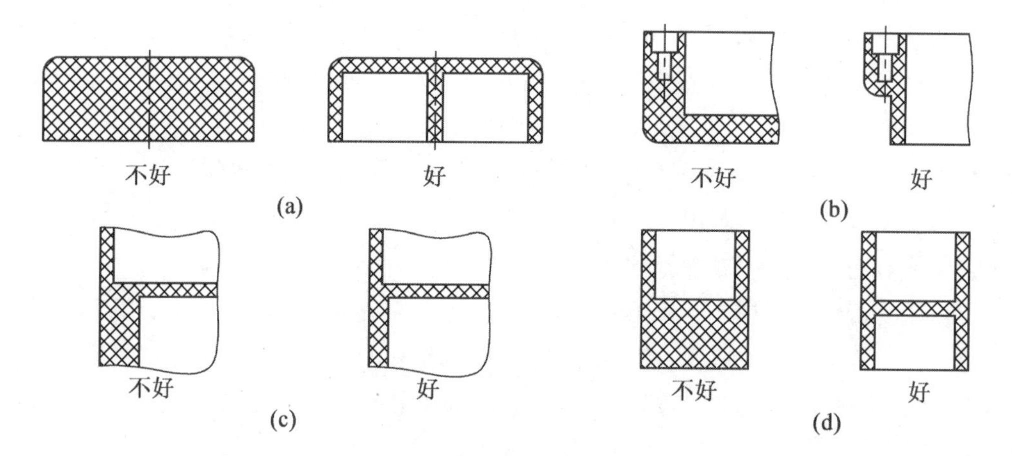

图 1-36　壁厚的修改方式

拓展 1-4　模具钢材的选取与订料

1. 常用的模具钢材特性及应用(表 1-11)。

2. 模具钢材订购

模具钢材的订购一般分为硬料与软料。硬料是指需要热处理的料,在订购时,为了防止钢料因热处理变形带来的尺寸变动,常将所订尺寸加大 0.5~1 mm。例如订购一块镶件料,实际尺寸为 20 mm×20 mm×30 mm,如果需要进行热处理,那么在订购时,就需要提供 20.5 mm×20.5 mm×30.5 mm 的尺寸;如果不需要进行热处理,一般就按精料尺寸来订购。

当需要订购线割外形料或圆棒料时,应考虑装夹位及切断尺寸,线切割与车床加工的装夹位一般需要提供 10~15 mm,线割时中间切断位的间距为 0.3~0.5 mm,车床切断位的尺寸为 3~5 mm。所以,在订购拼料时,这些尺寸都要加上去。如图 1-37 所示为订购 4 支斜顶线切割排位图,尺寸 10 mm 为装夹位,尺寸 3.01 mm 为辅助装夹位,两零件之间 0.5 mm 用于电火花线切割。

3. 常用标准件的订购

每一种标准件都有固定的型号及规格,所以,在图档进行设计时,可以向供应商索取所需要的标准件规格说明书,然后根据模具图档选取相应的型号,工业中称为选型。采购时只需要将此规格填写在采购单上即可。图 1-38(a)所示为部件采购单,图 1-38(b)所示为标准件采购单。

表1-11　模具钢材特性及应用

钢厂名称	钢厂编号	出厂状态	钢材特性	钢材用途	后处理
ASSAB（瑞典一胜百）	STAVSX S136	退火至HRC17	高纯度，高镜面度，抛光性能好，抗锈防酸能力极佳，热处理变形少	动、定模仁，模仁镶件，斜顶，滑块	淬硬至HRC52～54
	STAVSX S136H	预硬至HRC30～35			
	ORVAR 8407	退火至HRC10	热模钢，高韧性及耐热性能良好	硬模镶件，斜顶	淬硬至HRC48～52
	CALMAX 635	退火至HRC14	极佳的韧性及耐磨性，淬透及焊接性好，淬硬层达5 mm厚	需硬模要求的动、定模仁，镶件，斜顶	淬硬至HRC55～60
	IMPAX 718S	预硬至HRC30～35	预硬钢，材料纯洁度高，材质均匀，含镍约1.0%	支承柱，限位柱等	
DAIDO（日本大同）	PX88	预硬至HRC30～35	以焊接裂开敏感性低的合金成分设计，大幅度改善焊接性能	对模具要求不高的动、定模仁，镶件，斜顶	
	NAK55	预硬至HRC40～43	高硬度，易切削，回厚焊接性良好	模仁、镶件、斜顶等	
	NAK80	预硬至HRC40～43	高硬度，镜面效果特佳，放电加工良好，焊接性能极佳	非硬模的动、定模仁，镶件	
	CD11	退火至HRC25	优秀的耐磨高铬工具钢	定位块，边锁，牛角镶件	淬硬至HRC58～62
	DC53	退火至HRC25	高韧性铬钢，热处理后再加工，开裂现象少	定位块，边锁，牛角镶件	淬硬至HRC60

续表 1－11

钢厂名称	钢厂编号	出厂状态	钢材特性	钢材用途	后处理
LKM（龙记）	LKM738	预硬至 HRC30～40	优质预硬，硬度均匀，易切削加工	唧嘴，滑块，撑头，限位柱	可氮化使用
	LKM2316A	退火至 HRC21	可加硬至约 HRC47，抗腐蚀性效果特佳	适合高酸性塑料模具	需硬化处理
	LKM2510	退火至 HRC21	淬透性和耐磨性良好	滑块锁紧块、压条、耐磨块	氮化使用或淬火至 HRC50～54
SINTO（日本新东）	PM－35（透气钢）	预硬至 HRC35～40	优质预硬，有透气功能，抗锈防酸能力极佳，易切削，放电加工性能良好	容易困气且不便于开设排气槽的部位	
BRUSH WELLMAN（美国）	MOLDMAX 30（铍铜）	预硬至 HRC26～32	高强度铍铜合金，优良导热性，减少注塑的周期时间及散热效果好	无法设计水路的型芯或镶件	
黄牌	S50C－S55C	预硬至 HRC6～18	良好的机械加工及切削性特佳	顶管压板，水路连接块，模板	
国产	舞阳 718	预硬至 HRC30～37	预加硬塑胶模具钢	行程挡块，销模扣	
日立	HPM38		镜面模具钢，耐腐蚀，热处理变形小	有镜面要求的动、定模仁，镶件	淬硬至 HRC53

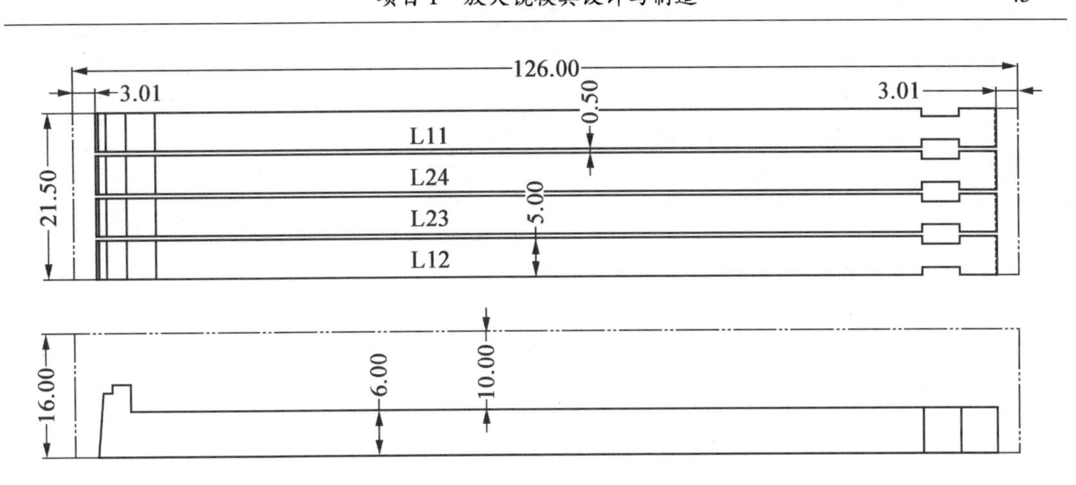

图 1－37　镶件合订

1. *** 部品 申请单

裁决	主任	
	仓库	
	部长	
	理事	

申请人：***　　　　日 期：2018.05.17

№	客户	金型 NO.	产品名称	MODEL	PART NO.	部品名称	材质	规 格	数量	单重/kg	供应商	产地	入库日期	库存	备注
1						螺丝	STD	M5 一字头	1						
2					502	直顶杆	SKD61	⌀12×385	1						
3					501	直顶杆	SKD61	⌀12×410	1						附图
4						斜顶杆导套	黄铜	⌀18×30	2						
5						弹簧垫片	STD	M6用	2						
6	****	TWS-18052	COVER-IP-LOWER	73891-65P00		顶针	SKD61	⌀8×600	2						
7						顶针	SKD61	⌀12×500	7						头部加工定位销 ϕ3
8						顶针	SKD61	⌀12×550	1						
9						顶针	SKD61	⌀12×650	5						
10						喉塞	STD	PT1/2″	65						
11						喉塞	STD	PT1/8″	10						

※备注：原材料　申请者必须在需用时间两天前发申请，对于难买的原材料最少提前四天以上发出申请※

(a)部件采购单

图 1－38　BOM 格式

裁决	主任	
	仓库	
	部长	
	理事	

1. *** 原材料 申请单

申请人：*** 日 期： 2018.07.17

№	客户	金型 NO.	产品名称	MODEL	PART NO.	材料名称	材质	规 格 长×宽×高	数量	单重 /kg	供应商	产地	入库 日期	库存	备注
1					101	型 腔	S50C	240×125×72.5	1	17.074		中国			精料 +0.05 -0
2					201	型 芯	S50C	240×125×93.5	1	22.019					
3								以下空白							
4															
5															
6	***	TWS-18089	BRKT-CONSOLE DUCT MT'G	DU2 CONSOLE											
7															
8															
9															
10															
11															
※备注：原材料 申请者必须在需用时间两天前发申请，对于难买的原材料最少提前四天以上发出申请※															

(b)标准件采购单

续图 1－38

拓展 1－5 标准模架

1. 标准模架分类

(1)模架按外形分类。

可以分为“工”字模与直身模，直身模在大水口模具中分为两类，一种是有定模固定板，一种是无定模固定板，有定模固定板的用字母“T”表示，无定模固定板的用字母“H”表示，“工”字模用字母“I”表示。

(2)模架按分型次数分类。

大水口指在开模过程中只分型一次，即模具只在 A 板与 B 板之间分开，通常也将此类模具称为两板模。

细水口指在开模过程中分型两次或两次以上。分型两次的有 GCI 等，在开模过程中除了定模固定板与 A 板分开之外，还有 A 板与 B 板分开。分型两次以上(三次)的有 FCI 或者 DCI 等，这类模具除了在 A 板与 B 板之间分开之外，还会在定模固定板与剥料板、剥料板与 A 板之间分开，通常将此类模具称为三板模。

注意：此处提到的细水口中两次或两次以上的分型都不包含推板与 B 板的分型。

2. 龙记模架型号

模架的型号在大水口与细水口中的表达方法有所不同，大水口用两个字母表示，即由表示模架型号的字母与表示模架外形的字母组成；细水口用三个字母表示，即由表示是否有剥料板的字母加上表示模架型号的字母再加上表示模架外形的字母组成；模架的型号字母用

C、A、D、B 来表示四种型号,它们所代表的意思分别如下。

C 型:该型号是模架当中最简单的一种,它代表在后模既没有推板也没有垫板,只有一块 B 板(动模板)。由其构成的 CH 型只有七块板,是标准模架中最简单的一套;如果在其上加上一块定模固定板,即构成 CT 型;如果将定模固定板与动模固定板两侧都延伸出来,即构成 CI 型,如图 1－39 所示为三种 C 型模架。

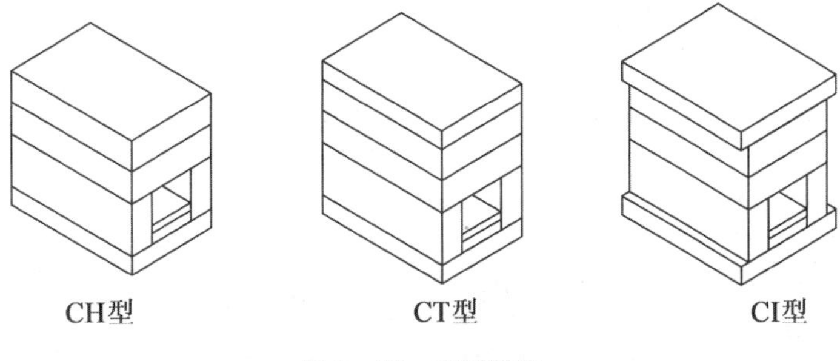

图 1－39　C 型模架

A 型:该型号的特点是在 C 型的基础上在后模加上了一块垫板,如图 1－40 所示为三种 A 型模架。

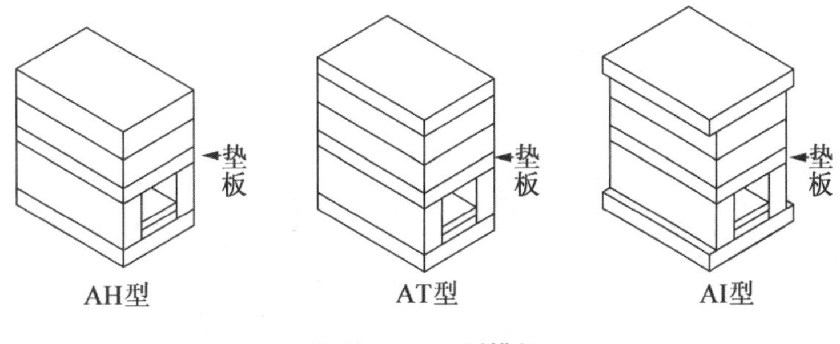

图 1－40　A 型模架

D 型:该型号的特点是在 C 型的基础上在后模加上一块推板,如图 1－41 所示为三种 D 型模架。

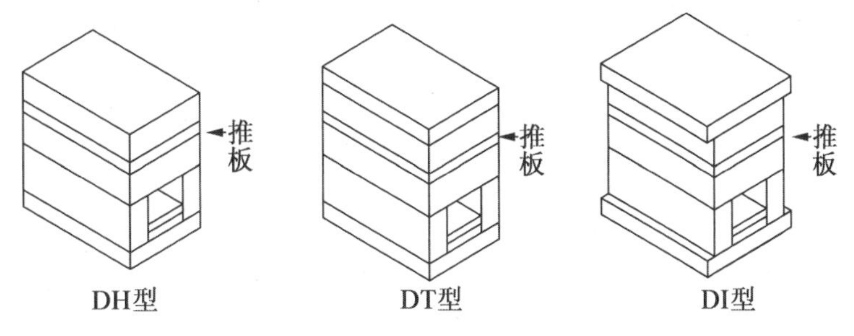

图 1－41　D 型模架

B 型:该型号的特点是在 C 型的基础上在后模加上一块推板和一块垫板,如图 1－42 所示为三种 B 型模架。

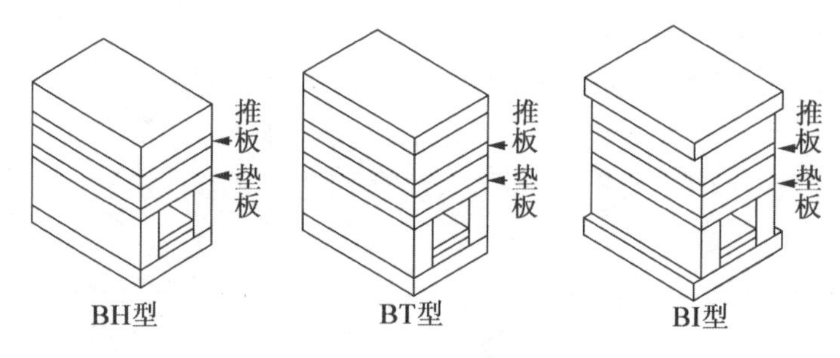

图 1-42　B 型模架

因此,可推算出构成大水口的模架的型号有

AH　BH　CH　DH

AT　BT　CT　DT

AI　BI　CI　DI

3. 细水口模架分类

细水口一般可以分为简化型细水口与通用型细水口。两者的区别是简化型细水口只在定模上有 4 支导柱,通用型细水口在动、定模上各有 4 支导柱。所以,简化型细水口主要简化了后模的导柱。

两种类型的细水口都可以分为有剥料板与无剥料板,具体分类如下。

①有剥料板的通用型细水口模架用字母“D”来表示,故有 DAI,DCI,DDI,DBI,DAH,DBH,DCH 和 DDH。

②没有剥料板的通用型细水口模架用字母“E”来表示,故有 EAI,ECI,EDI,EBI, EAH,EBH,ECH 和 EDH。

③有剥料板的简化型细水口模架用字母“F”来表示,故只有 FAI,FCI,FAH 和 FCH。

④没有剥料板的简化型细水口模架用字母“G”来表示,故只有 GAI,GCI,GAH 和 GCH。

说明:

①细水口模架必须得有定模固定板,所以直身型的都用字母“H”表示。

②有推板的模架,导柱必须装在后模。

③细水模架用三个字母表示,即由表示是否有剥料板的字母加上表示模架型号的字母再加上表示模架外形的字母组成。

拓展 1-6　模具导向

1. 合模导向装置的设计

合模导向装置是保证动模与定模或上模与下模合模时正确定位和导向的重要零件。合模导向装置主要有导柱导向和锥面定位。通常采用导柱导向,其主要零件是导柱和导套,如图 1-43 所示。有的不用导套而在模板上镗孔代替导套,该孔俗称导向孔。

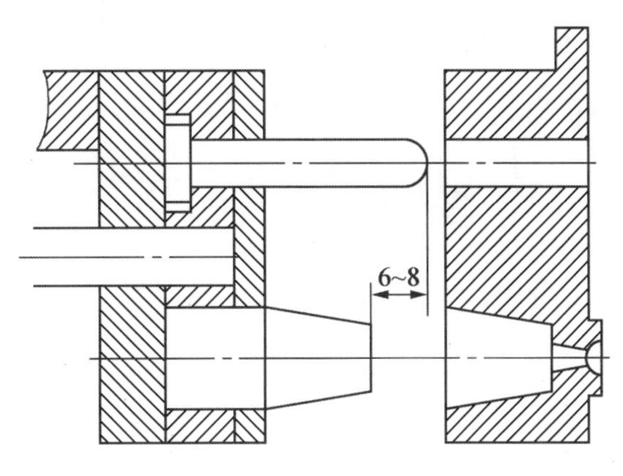

图1－43　导柱导向

（1）导向装置的形式与作用。

形式：导柱、导套导向和锥面定位。

作用：定位、导向、承受一定的侧压力。

（2）导向装置设计原则。

①合理选用导向装置类型。合模导向通常采用导柱导向，但当侧向力很大时宜采用锥面定位机构。

②导柱大小、数量及其布置（图1－44）。

a. 导柱直径尺寸按模具模板外形尺寸而定，导套的基本尺寸和与其相配合的导柱的基本尺寸相同。

b. 用于推出系统导向的导柱的直径与复位杆的尺寸相当。

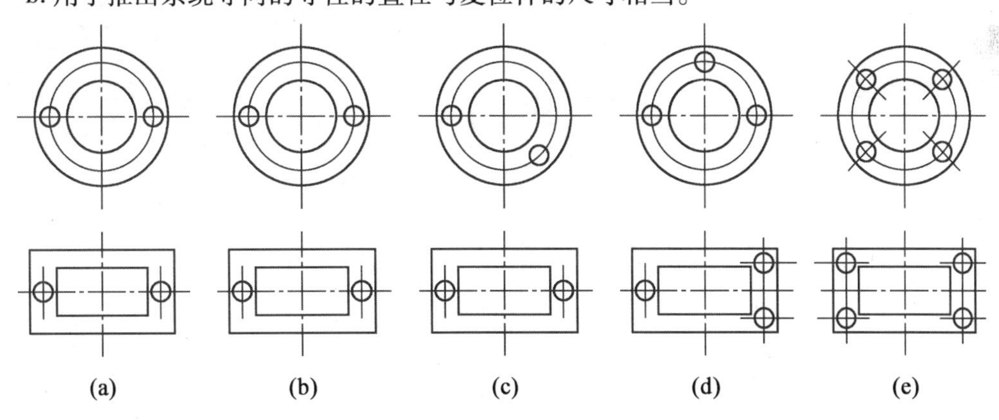

图1－44　导柱在模具上的布局

c. 注意模具的强度。孔边距要足够大，导柱孔应避开型腔板应力最大处。

d. 较好的加工工艺性。为保证同轴度，导柱固定端直径与导套固定端直径应相等。

e. 应该具有良好的导向性。导柱先导部分做成球状或锥状，导套导入部分要做倒角。

f. 有足够的耐磨性：外硬内韧。

导柱：20渗碳淬火或T8A，HRC56～60。

导套:20 渗碳淬火或 T8A,HRC50 ~ 55。

2. **导柱的结构、特点和用途**

(1)导柱的结构。

导柱一般分为台阶式、铆合式和斜导柱。

(2)特点及用途。

带头导柱:有轴向定位台阶,固定段与导向段公称尺寸相同。

带肩导柱:有轴向定位台阶,固定段尺寸大于导向段尺寸。

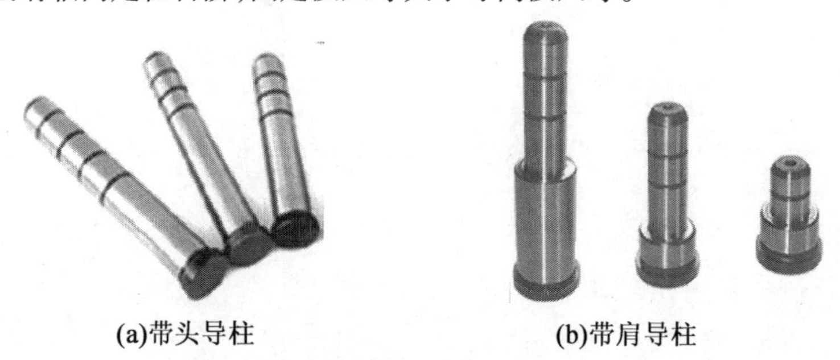

(a)带头导柱　(b)带肩导柱

图 1-45　导柱结构

3. **导套和导向孔的结构、特点及用途**

(1)导套一般分为直导套与带头导套,如图 1-46 所示,图 1-46(a)为套筒式,图 1-46(b)为台阶式,图 1-46(c)为凸台式,图 1-46(d)为带油槽。

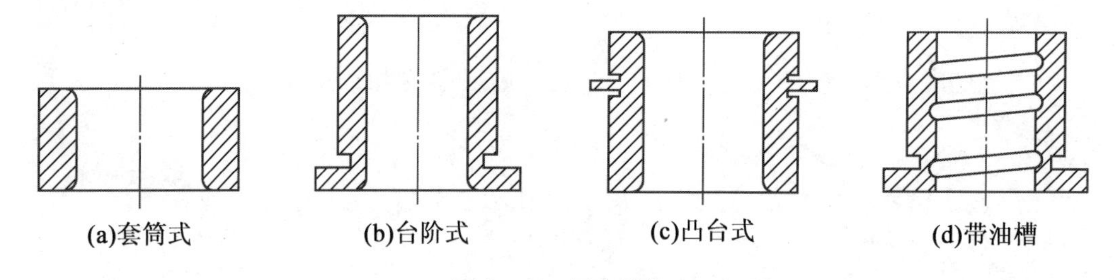

(a)套筒式　(b)台阶式　(c)凸台式　(d)带油槽

图 1-46　导套结构

(2)导套在模上的装配。

如图 1-47 所示,图 1-47(a) ~ 1-47(c)均采用螺钉固定,而图 1-47(d)采用压块固定。

4. **导向机构装配**

在大水口模具中,导柱既可以装配在定模板上,也可以装配在动模板上。标准模架中,导柱一般装配在动模部分。不过,当制品需要用机械手取件时,导柱一般装配在定模部分。在简化型细水口模具中,导柱只能装在前模。

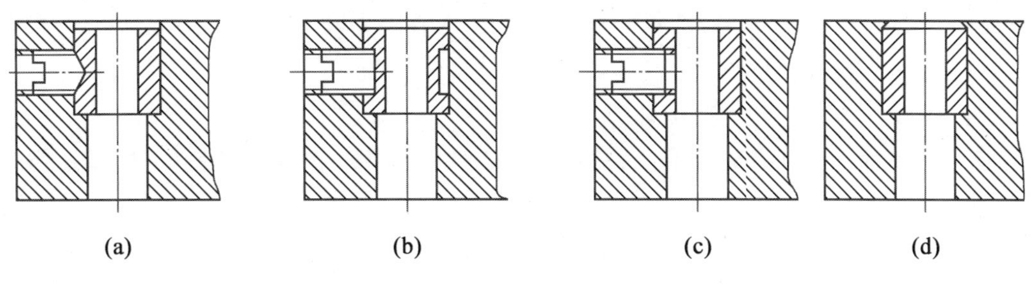

图1－47　导套固定

5. 锥面定位机构

当成型精度高的大型、薄壁和深腔塑件时，型腔内会产生较大侧压力使型芯或型腔偏移，将会导致导柱卡死或损坏。故采用锥面结构，如图1－48中的头盔模具。

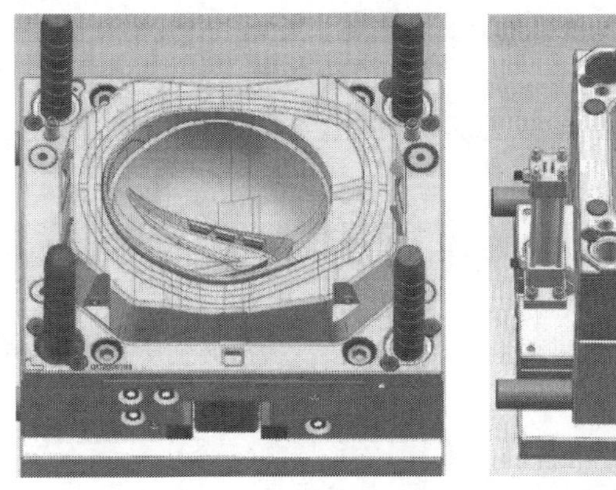

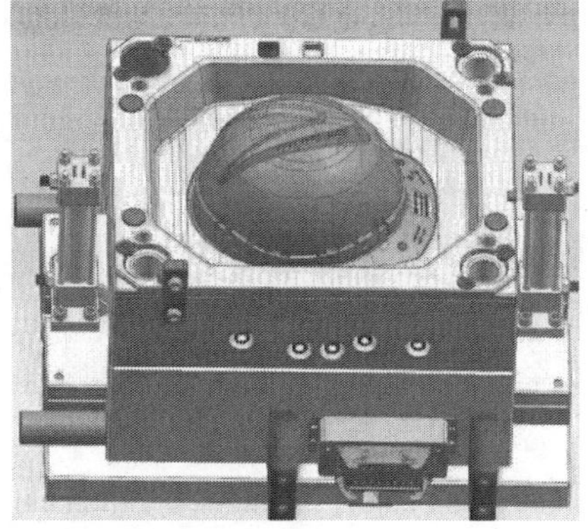

图1－48　头盔模具中采用锥面定位机构

拓展1－7　试模

1. 试模注塑事项

（1）在手动状态下进行模具厚度的调整，以调模键调整伸缩臂完全伸直为准，再锁紧前后“工”字板的螺丝。

（2）喷嘴及注射座的调整，对准定位圈的浇口套中心，保证注射熔料准确进入模具的浇注系统。

（3）调整模具的顶出距离，以模具顶针和产品水口料、机械手或人工取件的位置、安全位置为开模移动距离。

（4）填写注塑工艺卡，主要包括烘胶时间和温度、多段的溶胶温度、注射压力、保压压力、锁模压力、射胶时间和射胶量、冷却时间和顶出速度等。

（5）试模需要保留第一次与第二次注塑件，以及6个以上注塑完整的样件，给造模具负责人及设计负责人作为修改模具的参考件，以及供客户进行认定。

2. 模具验收

为确保模具能生产出合格的产品，正常投入生产，保证模具生产使用寿命，满足产品设计的生产使用要求，规范从产品质量、模具结构、注塑成型工艺要求等方面认可模具的标准，据此对模具质量进行评估验收。

(1)成型产品外观、尺寸及配合。

①产品表面不允许有缺陷，包括缺料、烧焦、顶白、白线、披峰、起泡、拉白(或拉裂、拉断)、烘印及皱纹。

②熔接痕。一般圆形穿孔熔接痕长度不大于5 mm，异形穿孔熔接痕长度小于15 mm，熔接痕强度要能通过功能安全测试。

③收缩。外观镜面不允许有收缩，不明显处允许有轻微缩水(手感觉不到凹痕)。

④变形。一般小型产品的平面不平度小于0.1 mm，外观明显处不能有气纹、料花，产品不允许有气泡。

⑤产品的几何形状，尺寸大小及精度应符合正式有效的开模图纸(或3D文件)要求，产品公差需根据公差原则，轴类尺寸公差为负公差，孔类尺寸公差为正公差，客户有要求的按要求制作。

⑥产品壁厚。产品壁厚一般要求做到平均壁厚，非平均壁厚应符合图纸要求，公差根据模具特性应做到-0.1 mm。

⑦产品配合。放大镜产品合模位错位小于0.02 mm，接触时不能有异物感。

(2)模具外观。

①模具铭牌内容完整，字符清晰，排列整齐，铭牌应固定在模脚上靠近模板和基准角的地方，铭牌固定要可靠、不易剥落。

②冷却水嘴应选用塑料块插水嘴，顾客另有要求的按要求。冷却水嘴不应伸出模架表面。冷却水嘴需加工沉孔，沉孔直径有25 mm、30 mm和35 mm三种规格，孔口倒角，倒角应一致。冷却水嘴应有进、出标记。标记的英文字符和数字高度应大于$\frac{5}{16}$in(1in = 25.4 mm)，位置在水嘴正下方10 mm处，字迹应清晰、美观、整齐且间距均匀。

③模具配件应不影响模具的吊装和存放，安装时下方应有模具站脚保护；支承腿的安装应用螺钉穿过支承腿固定在模架上，过长的支承腿可用车加工外螺纹柱子紧固在模架上。

④模具顶出孔尺寸应符合指定的注射机要求，放大镜模具为CI2020A50B50型，只需一个中心顶棍孔，模具大的话就需要多个顶棍孔。

⑤定位圈应固定可靠，圈直径有100 mm和250 mm两种，定位圈高出动模固定板10～20 mm，客户另有要求的除外。

⑥模具外形尺寸应符合指定注射机的要求。

⑦安装有方向要求的模具应在前模板或后模板上用箭头标明安装方向，箭头旁应有“UP”字样，箭头和文字均为黄色，字高为50 mm。

⑧模架表面不应有凹坑、锈迹、进出水、气、油孔等以及影响外观的缺陷。

⑨模具应便于吊装、运输，吊装时不得拆卸模具零部件，吊环不得与水嘴、油缸及预复位杆等干涉。

(3)顶出、复位效果。

①顶出时应顺畅、无卡滞、无异常声响。

②顶出距离应用限位块进行限位。

③复位弹簧应选用标准件,弹簧两端不得打磨、割断。

④顶杆不应上下窜动。顶杆上加倒钩,倒钩的方向应保持一致,倒钩易于从制品上去除。顶杆孔与顶杆的配合间隙、封胶段长度、顶杆孔的表面粗糙度应按相关企业标准要求。

⑤模架上的油路孔内应无铁屑杂物。

⑥回程杆端面平整,无点焊,坯头底部无垫片和点焊。

⑦导套底部应开制排气口。

⑧定位销安装不能有间隙。

(4)成型部分、分型面及排气槽。

①前后模表面不应有不平整、凹坑、锈迹等其他影响外观的缺陷。

②镶块与模框配合,四周圆角应有小于1 mm的间隙。

③分型面保持干净、整洁、无手提砂轮磨避空,封胶部分无凹陷。

④排气槽深度应小于塑料的溢边值。

⑤嵌件研配应到位,安放顺利、定位可靠。

⑥镶块、镶芯等应可靠定位固定,圆形件有止转,镶块下面不垫铜片、铁片。

⑦顶杆端面与型芯一致。

⑧前后模成型部分无倒扣、倒角等缺陷。

⑨筋位顶出应顺利。

⑩多腔模具的制品,左右件对称,应注明"L"或"R"。客户对位置和尺寸有要求的,应符合客户要求,一般在不影响外观及装配的地方加上,字高为$\frac{1}{8}$ in(1 in = 2.54 cm)。

⑪模架锁紧面研配应到位,75%以上面积要碰到。

⑫顶杆应布置在离侧壁较近处及筋、凸台的旁边,并使用较大顶杆。

⑬对于相同的工件应注明编号1、2、3等。

⑭各碰穿面、插穿面及分型面应研配到位。

⑮分型面封胶部分应符合设计标准。中型以下模具为10 ~ 20 mm,大型模具为30 ~ 50 mm,其余部分机加工避空。

⑯皮纹及喷砂应均匀达到客户要求。

⑰外观有要求的制品,制品上的螺钉应有防缩措施。

⑱深度超过20 mm的螺钉柱应选用顶管。

⑲制品壁厚应均匀,偏差控制在±0.15 mm以下。

⑳前模插入后模或后模插入前模,四周应有斜面锁紧并机加工避空。

(5)模具材料和硬度。

①模具模架应选用符合标准的标准模架,常用的有龙记、名利及富得巴等。

②模具成型零件和浇注系统(型芯、动定模镶块、活动镶块、分流锥、推杆和浇口套)材料采用性能高于40Cr的材料。

③成型对模具易腐蚀的塑料时,成型零件应采用耐腐蚀材料制作,或其成型面应采取防腐蚀措施。

④模具成型零件硬度应不低于 HRC50,或表面硬化处理硬度应高于 HV600。

(6)注塑生产工艺。

①模具在正常注塑工艺条件范围内,应具有注塑生产的稳定性和工艺参数调校的可重复性。

②模具注塑生产时的注射压力一般应小于注射机额定最大注射压力的 85%;模具注塑生产时的注射速度,其四分之三行程的注射速度不低于额定最大注射速度的 10% 或超过额定最大注射速度的 90%。

③模具注塑生产时的保压压力一般应小于实际最大注射压力的 85%。

④模具注塑生产时的锁模力应小于适用机型额定锁模力的 90%。

⑤注塑生产过程中,产品及水口料的取出要容易、安全(时间不超过 2 s)。

⑥带镶件产品的模具在生产时,镶件要安装方便、固定要可靠。

(7)包装、运输。

①模具型腔应清理干净喷防锈油。

②滑动部件应涂润滑油,浇口套进料口应用润滑脂封堵。

③模具应安装锁模块,规格符合设计要求。

④备品、备件、易损件应齐全,并附有明细表及供应商名称。

⑤模具水、液、气、电的进、出口应采取封口措施,防止异物进入。

⑥模具外表面喷制油漆,客户有要求的按要求处理。

⑦模具应采用防潮、防水、防磕碰包装,客户有要求的按要求处理。

⑧模具产品图纸、结构图纸、冷却加热系统图纸、零配件、模具材料、供应商明细、使用说明书、试模情况报告、出厂检测合格证及电子文档均应齐全。

(8)验收判定。

①模具应按本标准要求逐条对照验收,并做好验收记录。验收判定分合格项、可接受项和不可接受项,全部项目为合格或可接受项,则模具合格。

②不可接受项数为产品 1 项,模具材料 1 项,模具外观 4 项,顶出复位 2 项,成型部分 3 项,生产工艺 1 项,包装运输 3 项时,则判定为模具需整改。

③不可接受项数为产品超过 1 项,模具材料超过 1 项,模具外观超过 4 项,顶出复位超过 2 项,成型部分超过 3 项,生产工艺超过 1 项,包装运输超过 3 项时,则判定为不合格模具。

项目 2　肥皂盒注塑模具设计与制造

2.1　设计任务

零件名称:肥皂盒(图 2－1)
材　　料:ABS
外形尺寸:84.86 mm×56.48 mm×18.38 mm
型 腔 数:1×1
生 产 量:5 万件/年

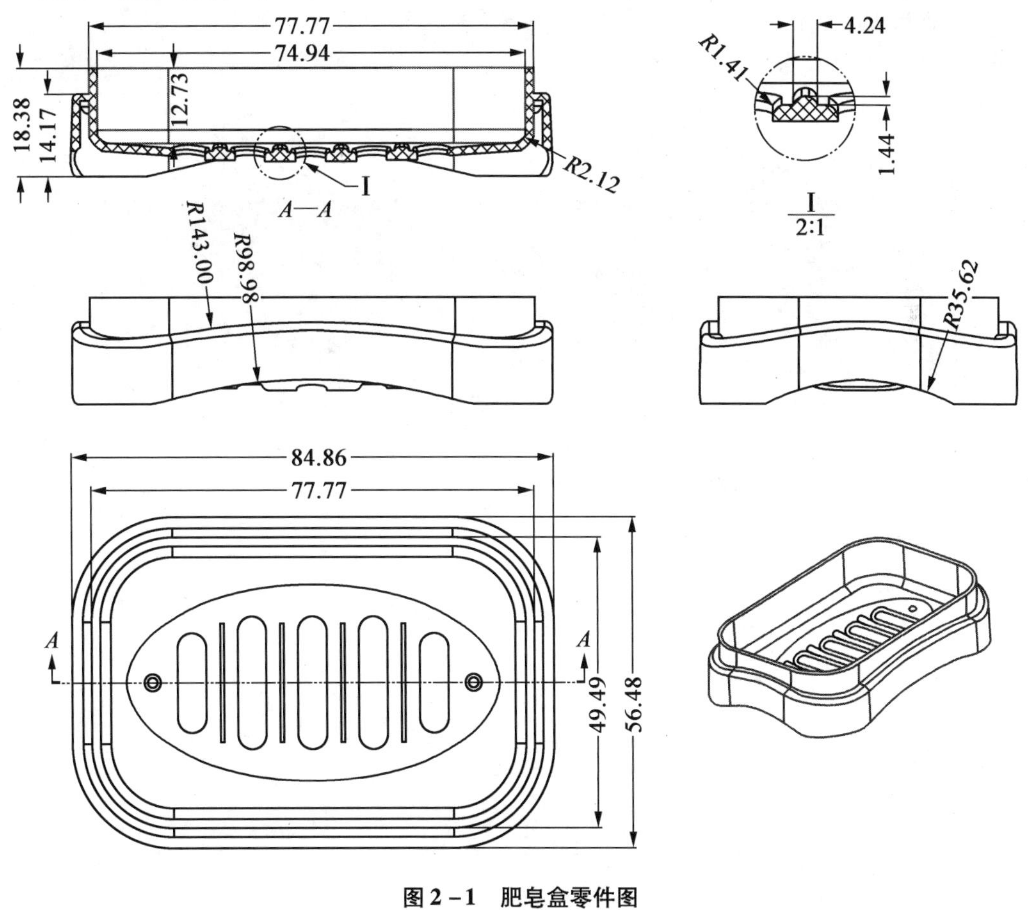

图 2－1　肥皂盒零件图

技术要求：

(1)未注圆角为 $R1$,壁厚均匀为 1.45 mm。

(2)产品表面要求光亮,未注尺寸公差精度为 MT7 级。

(3)未注拔模斜度为 1°。

2.2　肥皂盒注塑模具方案的确定

2.2.1　产品注塑工艺性分析

1. 产品形状

(1)分析方法。

通过仔细观察产品上的扣位、胶位与胶位之间的间距、胶位厚度来判断:如果产品上有扣位,扣位是否能用斜顶或滑块成型;胶位之间的间距是否足够,如果太窄,会在模具上形成薄片;产品上的胶位是否均匀,胶位较厚的地方应提出改进方案。如图 2-2 所示为本套产品的外形。

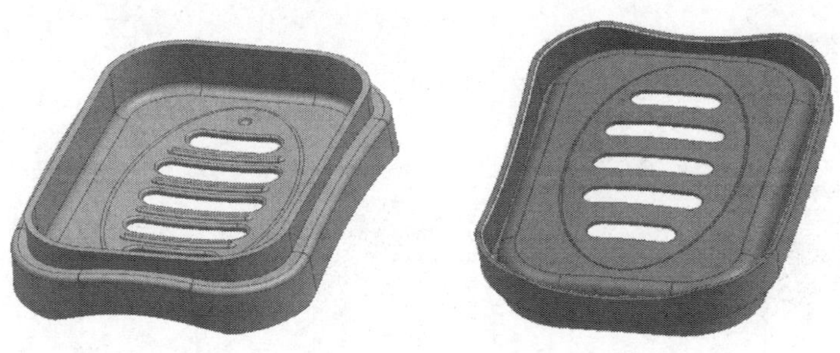

图 2-2　产品外形

(2)分析结果说明。

①产品表面大多以圆角过渡,既可以避免产品上内应力集中,也有利于模具加工,注塑时有利于塑料的流动。

②因为产品的使用性能不具有配合要求,所以产品上避免了侧向凹陷与侧孔,简化了模具结构,使模具制作简单。

③产品中间设计加强筋,增加了产品的强度。

2. 产品胶位厚度分析

(1)分析方法。

基于 NX 软件进行产品胶位厚度分析的方法。

第 1 步:启动指令及对话框设置。

第 2 步:对话框设置。

胶位厚度分析对话框,如图 2 -3 所示。

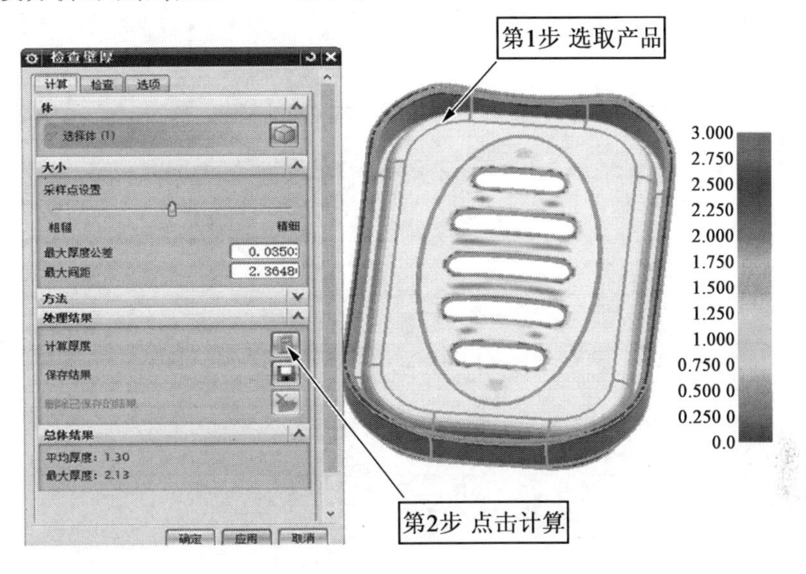

图 2 -3　壁厚检查操作步骤

(2)分析结果说明。

从分析结果看,产品的平均厚度为 1.3 mm;从彩色条来看,可以判断胶位的厚度在 1.25 ~ 1.75 mm 之间;从产品颜色的分布情况看,胶位分布均匀,只有中间设计有加强筋的位置有少许偏厚。所以可以判断,该产品胶位设计合理。

3. 产品斜率分析

(1)分析方法。

基于 NX 软件进行产品斜率分析的方法。

第 1 步:启动指令及对话框设置。

第 2 步:对话框设置。

胶位厚度分析对话框,如图 2 -4 所示。

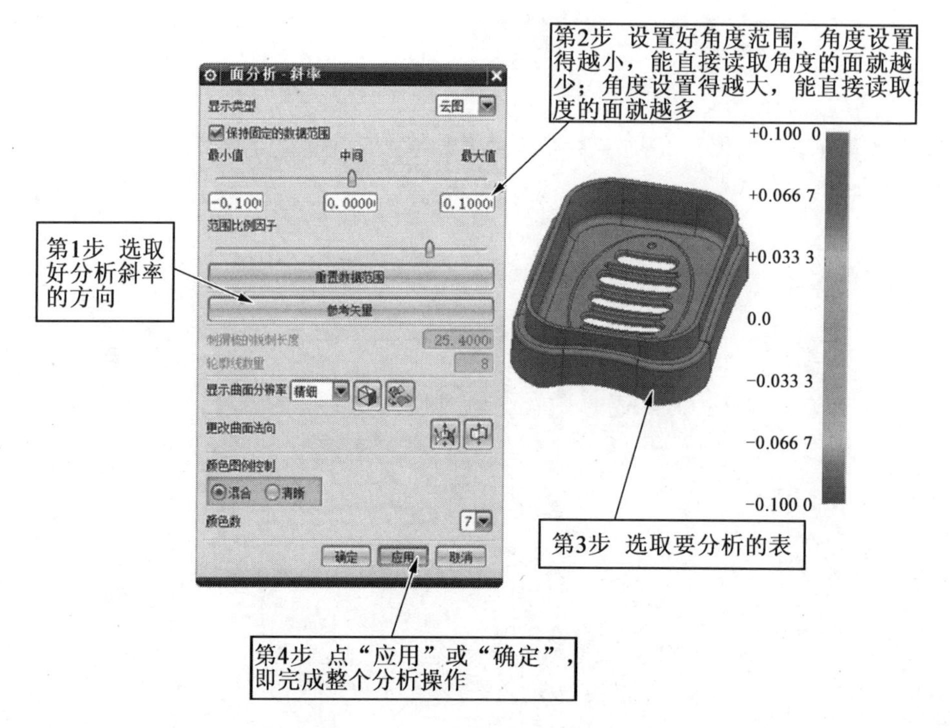

图 2－4　斜率分析操作步骤

(2)分析结果说明。

①产品表面设计有拔模斜度,且均大于 0.1°。

②整个产品没有倒扣及交叉面,简化了模具结构,产品设计符合开模要求。

4. 小结

由图 2－1 所示的肥皂盒零件图及后面的分析可知,产品壁厚均匀,厚度适中尺寸和表面粗糙度要求一般,拔模斜度、圆角设计合理,材料为 ABS,流动性好,另外产量为 5 万件/年,为中大批量。综上,产品适合使用注塑工艺进行生产。

2.2.2　模具总体设计

1. 分析塑件

该塑件结构简单,外形为长方体(长 84.86 mm、宽 56.48 mm、高 18.38 mm),4 角以大圆角过渡(半径为 17.68 mm),顶部与底部均为凹面。塑件精度为 MT7 级,尺寸精度不高,无特殊要求。塑件壁厚均匀,为 1.45 mm,属薄壁塑件,产量为 5 万件/年。塑件材料为 ABS,成型工艺性较好,可以注塑成型。

2. 确定型腔数量和排列方式

(1)型腔数量的确定。

该塑件精度要求不高,尺寸中等,考虑到模具制造成本和生产效率,定为一模一腔的模具形式。

(2)型腔排列形式的确定。

该塑件为长方体,形状规则,可以采用如图2-5所示的排列方式。

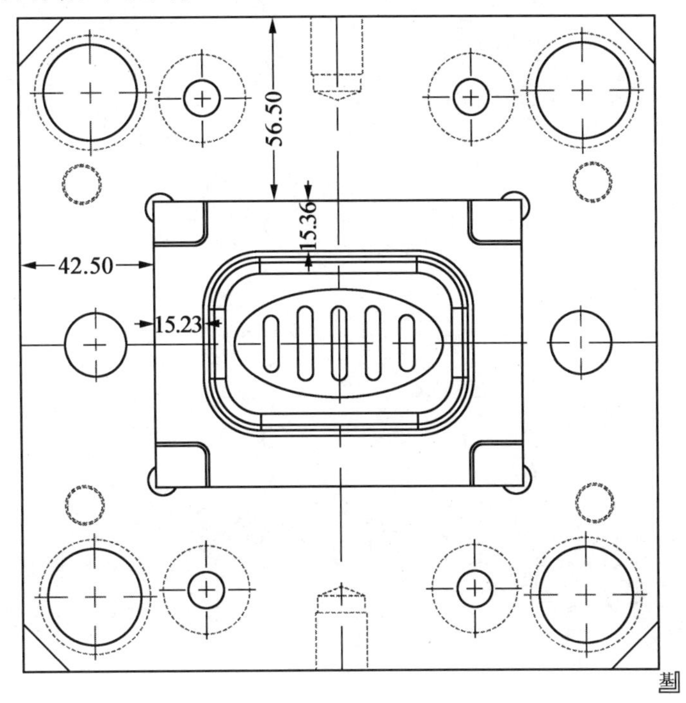

图2-5　水平方向排位尺寸

①水平方向排位尺寸。产品到模仁边的距离为15.36 mm,模仁到模板边的距离顺着模脚方向为56.50 mm,此处要留出空间布置控制机构,垂直模脚的方向为42.50 mm。

②高度方向排位尺寸。如图2-6所示,高度方向的排位尺寸主要根据塑料制品的高度来确定。根据1.3.1小节成型机构设计中的成型零件周边大小取值可以推算出型腔底面到分型面的高度为30.00 mm,型腔底到A板底面的距离为20.50 mm,故得A板的取值为50.00 mm;型芯底面到分型面的距离为20.00 mm,型芯底面到B板底面的距离为20.50 mm(在实际生产中,这个尺寸还可加厚到30.00~40.00 mm),故确定B板尺寸为40.00 mm。模脚高度主要由顶出行程决定,本套模具中的顶出行程设定为30.00 mm,故模脚高度取70.00 mm。

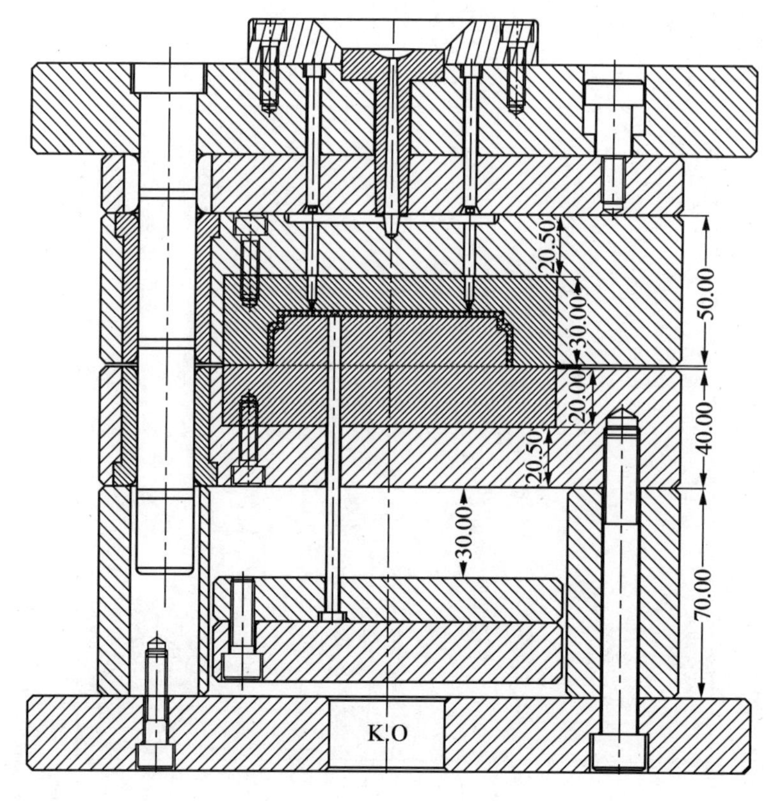

图 2 – 6　高度方向排位尺寸

3. 确定模具结构形式

当模具决定采用一模一腔后就可以确定进胶方式，从上面分析可知，浇口只能设计在产品顶面，而这样的浇口只有三种样式，分别是直浇口、点浇口和热嘴。但在这三种浇口当中，直浇口容易在产品表面产生较大的水口料印痕，热流道的造价及维护成本高，所以应选择采用点浇口进胶，从而确定模架采用多分型面的简化型细水口模架，如图 2 – 7 所示。

4. 确定成型工艺

ABS 广泛应用于家用电子电器、工业设备、建筑行业及日常生活用品等领域。其成型特点是易吸水，成型加工前应进行干燥处理；注射是 ABS 塑料最重要的成型方法，可采用柱塞式注射机。ABS 在升温时黏度增高，易产生熔接痕，成型压力较高，塑料上的脱模斜度宜稍大。ABS 注射温度参数见表 1 – 1。

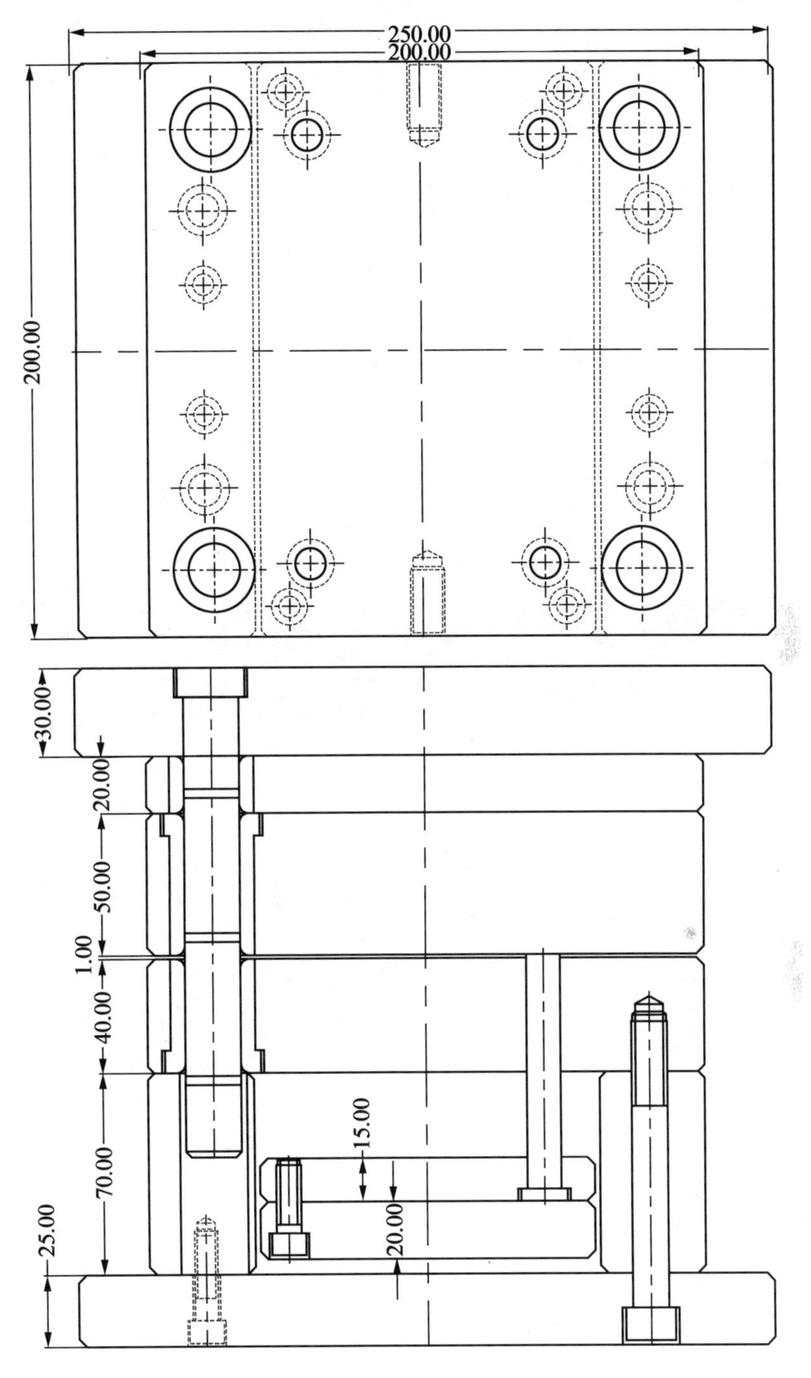

图 2-7 模架

(1)注射量的计算。

通过计算或三维软件建模分析可知单个塑件体积约为 12.46 cm^3。按公式计算得 $1.6 \times 12.46 = 19.94(cm^3)$。查表得 ABS 的密度为 1.05 g/cm^3，故塑料质量为 $1.05 \times 19.94 = 20.937 \approx 20.94(g)$。

(2)锁模力的计算。

通过 MoldFlow 软件分析,该套模具所应具备的最大锁模力为 2 t,转换成力为 20 kN。

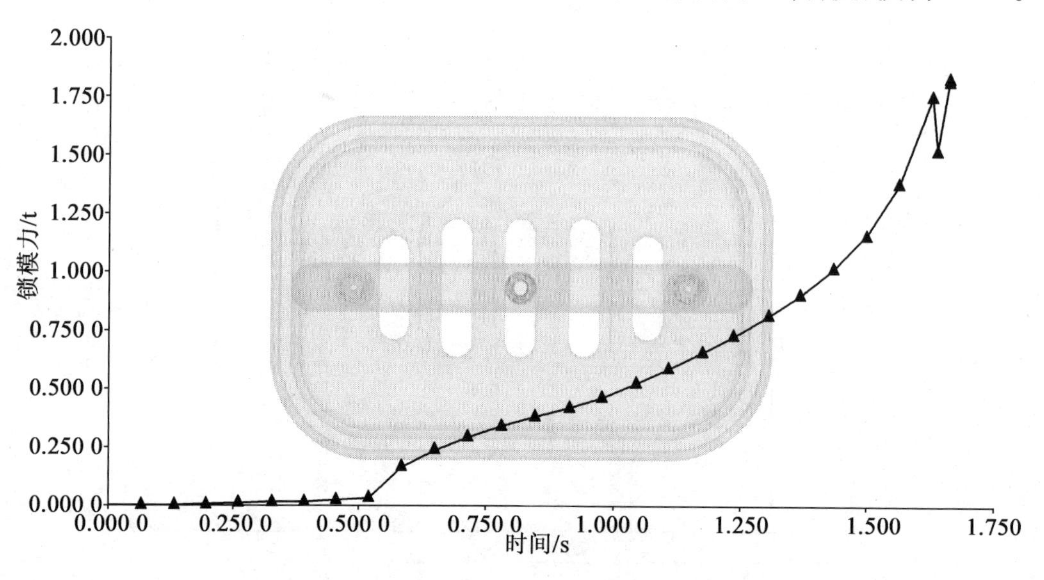

图 2-8　锁模力分析

(3)注射机的选择。

结合以上条件,通过查表可选用 XS-ZY60/40 注射机,见附表 2XS-Z 和 XS-ZY 系列注射机主要技术参数。

(4)注射机有关参数的校核。

①最大注射量的校核。为了保证正常的注射成型,注射机的最大注射量应稍大于制品的质量或体积(包括流道凝料)。注射机的实际注射量最好在注射机的最大注射量的 80% 以内。注射机允许的最大注射量为 60 g,利用系数取 0.8,$0.8\times60=48$(g),20.94 g<48 g,所以最大注射量符合要求。

②注射压力的校核。安全系数取 1.3,注射压力根据经验取为 80 MPa,$1.3\times80=104$(MPa),104 MPa<135 MPa,故注射压力校核合格。

③锁模力校核。安全系数取 1.2,$1.2\times20=24$(kN),小于 400 kN,故锁模力校核合格。

2.3　肥皂盒模具设计

2.3.1　成型零件设计

1. 分型面的确定

(1)外围分型面的确定。

根据塑件结构形式,最大截面为底部面,故分型面应选在底部,以底部面的结构作为设计分型面的依据,如图2-9所示。

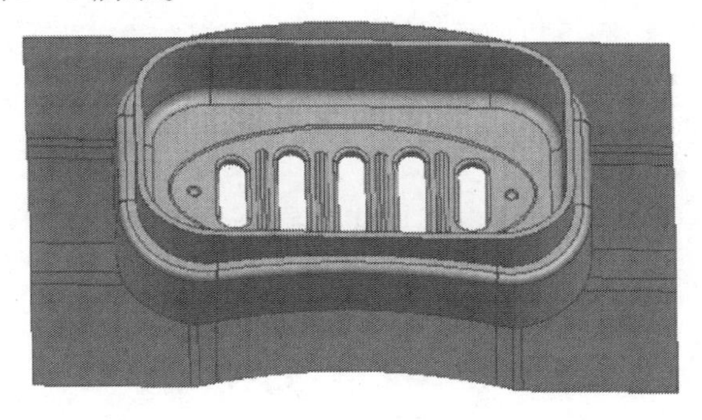

图2-9　外围分型面

(2)孔部位分型面的确定。

为保证产品外观面的光顺,孔部位分型面也选在孔的底部边缘,如图2-10所示。

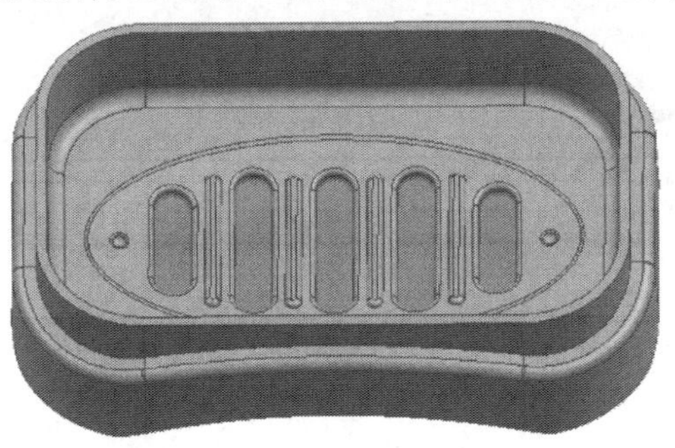

图2-10　孔部位分型面设计

(3)镶件部位分型面的确定。

模具拆分后,在前模会形成较深的骨位,使加工非常困难。所以,前模需要进行镶件拆分,如图2-11所示。

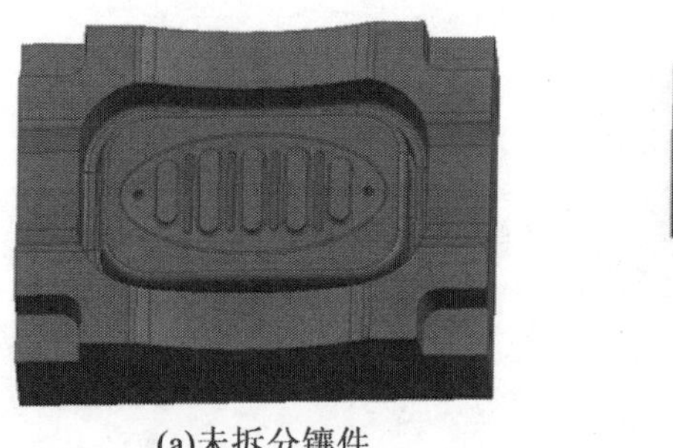

(a)未拆分镶件

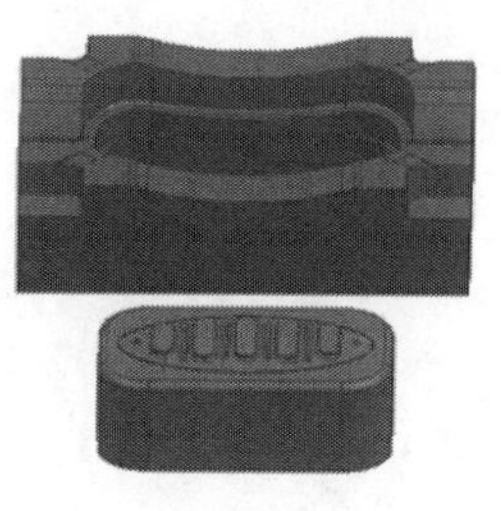

(b)拆分镶件后

图 2 – 11　镶件拆分

2. 成型零件的结构设计

本模具采用一模一腔、点浇口的成型方案，型腔和型芯均采用镶嵌结构，通过螺钉和模板相连。采用 NX 等三维软件进行分模设计，得到图 2 – 12 所示的型腔和与图 2 – 13 所示的型芯。

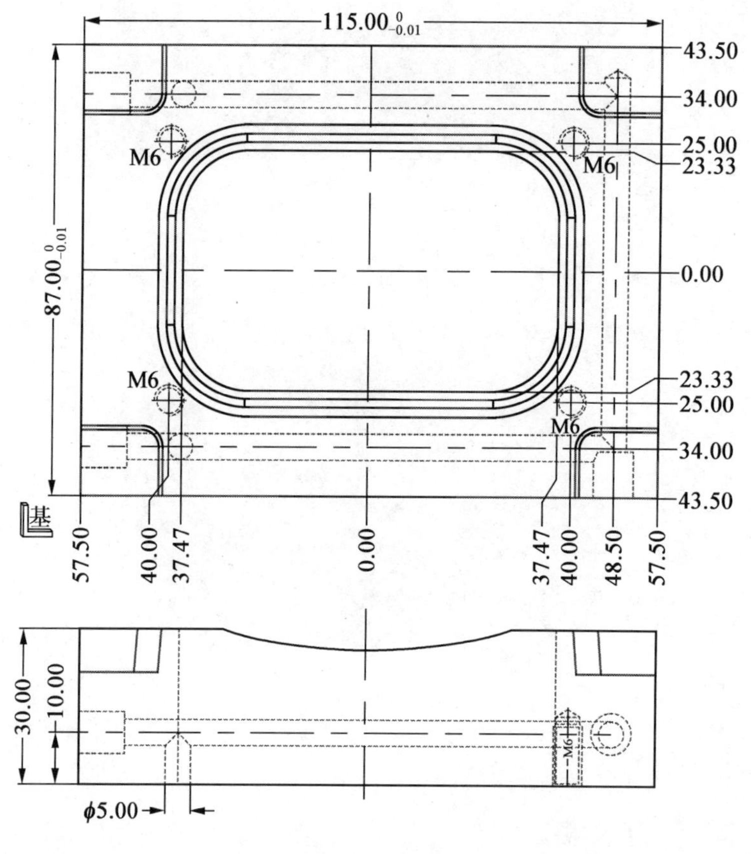

图 2 – 12　型腔

(1) 型腔。

根据塑料件设计的型腔尺寸为 115 mm × 87 mm × 30 mm，首先在保证模仁强度的情况下，布置水路与锁紧螺丝，从而确定型腔的外形尺寸。

型腔上设计的特征主要有 $\phi5$ mm 的水路以及 4 个 M6 的模仁紧固螺钉，正面设计有成型面及凹虎口，中间设计有镶件孔。

(2) 型芯。

与型腔一致，型芯的尺寸也取 115 mm × 87 mm × 32.73 mm，并在动模模板上开设相应的型腔切口。在注塑过程中，因为型芯要承受较大的注射压力，所以在高度尺寸上要保证型芯有足够的强度。

型芯上设计的特征主要有 $\phi5$ mm 的水路以及 4 个 M6 的模仁紧固螺钉、顶针孔，正面设计有成型面及凸虎口，如图 2 - 13 所示。

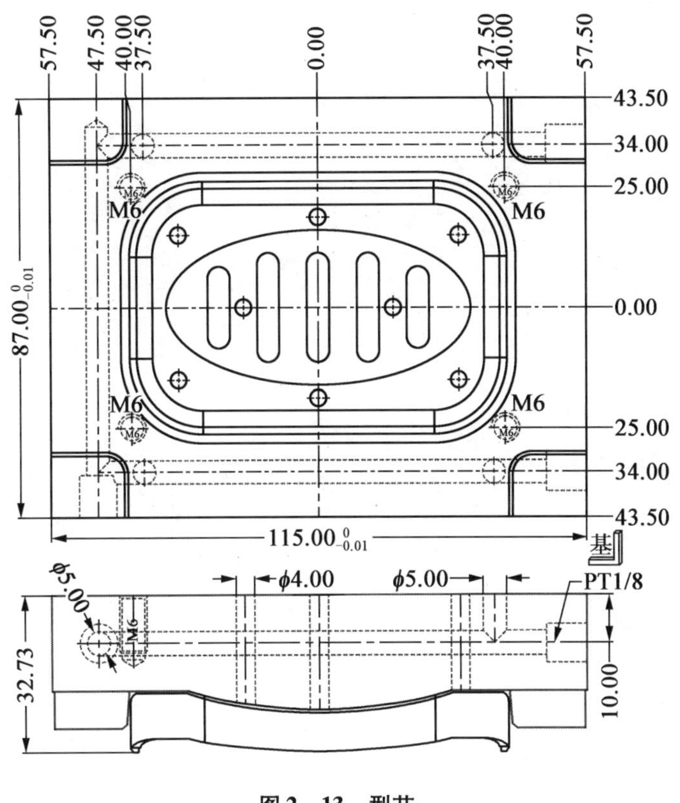

图 2 - 13　型芯

(3) 成型零件钢材的选用。

该塑件是大批量生产，成型零件所选用钢材耐磨性和抗疲劳性能应该良好，机械加工性能和抛光性能也应良好。因此，决定采用硬度比较高的模具钢 Cr12MoV，淬火后表面硬度为 HRC58 ~ 62。

2.3.2　浇注系统设计

1. 主流道设计

(1)根据所选注射机,可知主流道小端尺寸为

$$d = 注射机喷嘴尺寸 + (0.5 \sim 1)\,mm = 2\ mm + 0.5\ mm = 2.5\ mm$$

主流道球面半径为

$$SR = 注射机喷嘴球面半径 + (1 \sim 2)\,mm = 10\ mm + 1\ mm = 11\ mm$$

(2)主流道衬套形式。

本设计虽然是小型模具,但为了便于加工和缩短主流道长度,将衬套和定位圈设计成分体式,主流道衬套长度取 55 mm。主流道设计成圆锥形,锥角取 4°,内壁表面粗糙度 *Ra* 为 0.4 μm,衬套材料采用 T10A 钢,热处理淬火后表面硬度为 HRC53 ~57,如图 2 -14 所示。

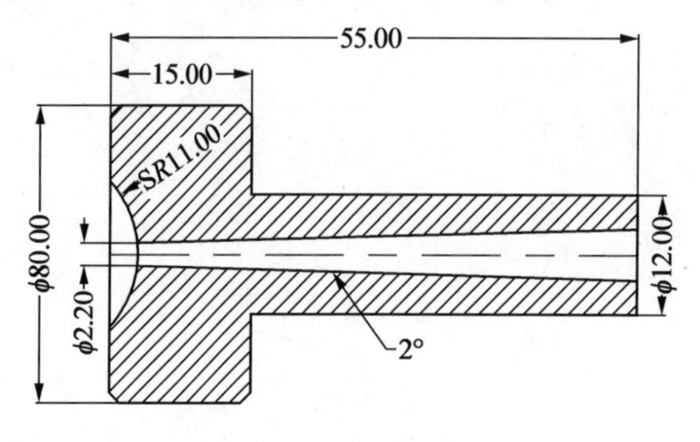

图 2 -14　主流道设计

2. 分流道设计

(1)分流道布置形式。

如图 2 -15 所示,因为本套产品采用 2 点进胶,所以分流道设计成一字形,然后连接与之垂直的次分流道。

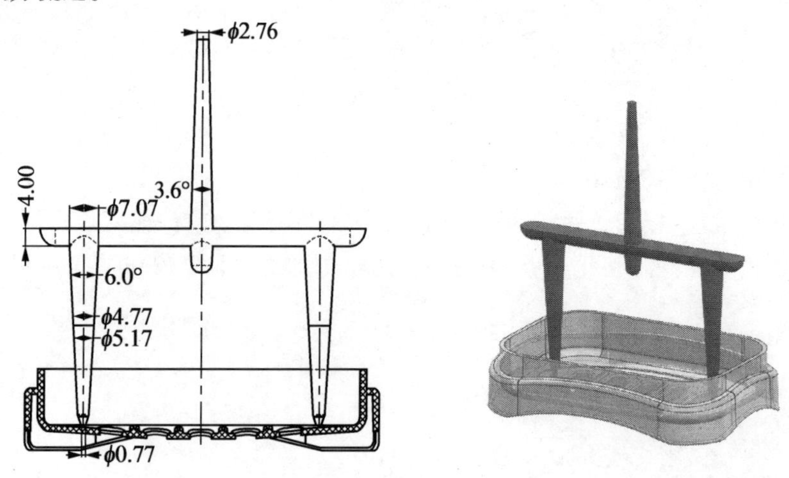

图 2 -15　分流道设计

(2)分流道长度。

分流道分为两级,对称分布,考虑到浇口的位置,取总长为70 mm。第二级长度为45 mm。

(3)分流道的形状、截面尺寸。

为了便于机械加工及凝料脱模,分流道的截面形状常采用加工工艺性比较好的半圆形截面。根据经验,分流道的直径一般取2～12 mm,比主流道的大端小1～2 mm。本模具分流道的半径取4 mm,以分型面为对称中心,分别设置在定模和动模上。

(4)分流道的表面粗糙度。

分流道的表面粗糙度 *Ra* 一般取0.8～1.6 μm即可,在此取1.6 μm。

3. 浇口设计

塑件结构较简单,表面质量无特殊要求,且模具采用一模一腔,就可以确定只能从产品顶部进胶,而这样的浇口只有三种样式,分别是直浇口、点浇口和热嘴。本例选择采用点浇口进胶。它能方便地调整浇口尺寸,控制剪切速率和浇口封闭时间,是被广泛采用的一种浇口形式。本套模具浇口的截面形状尺寸如图2-16所示。

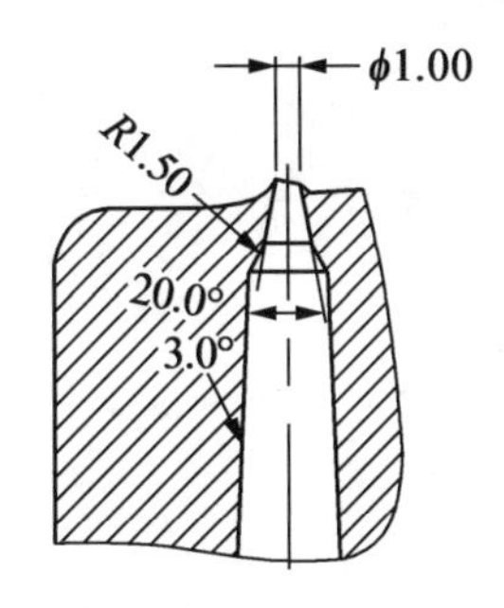

图2-16　点浇口设计参数

4. 冷料穴和水口料钩针设计

如图2-17所示,本模具设计有两级分流道,故在主流道与分流道末端均设计有冷料穴。冷料穴设置在与剥料板接触的定模板表面,主流道下面的冷料井直径稍大于主流道的大端直径,取6 mm,长度取为8～10 mm,单边设计3°～5°斜度。分流道末端的冷料井一般超出次分流道5～8 mm,截面形状与分流道的截面形状一致。

水口料钩针直径取5 mm。固定在定模固定板上,开模时随着剥料板与A板分开,将浇口拉断,然后再通过剥料板与定模固定板分开将水口料从剥料板上脱下来。

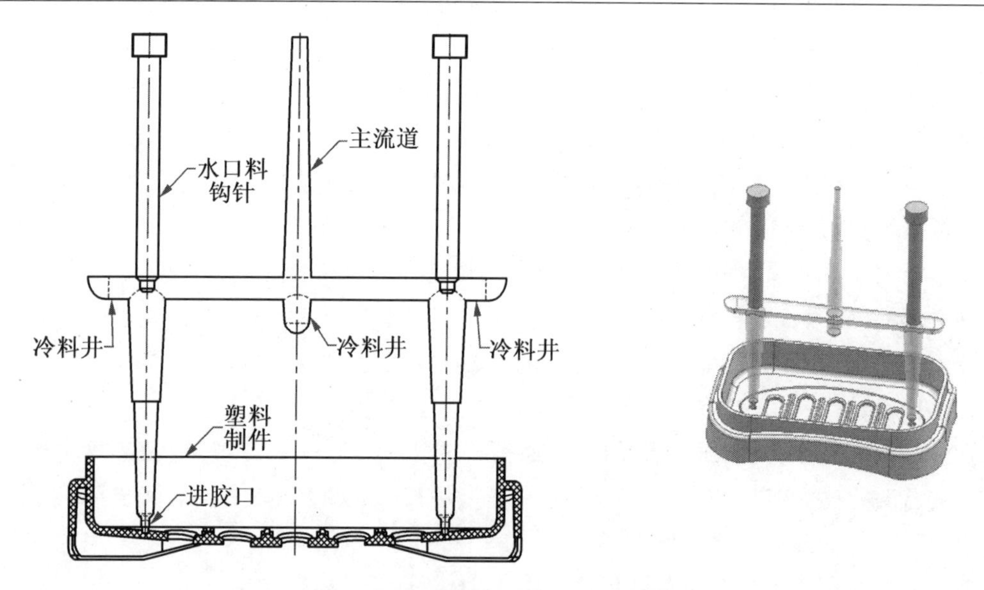

图 2－17　冷料穴和水口料钩针设计

2.3.3　推出及复位机构设计

1. 推出机构设计

如图 2－18 所示，本套模具主要采用了圆推杆的顶出方式，其工作原理是顶棍推动顶针底板，带动顶针底板上的圆推杆将产品从模具顶出，达到脱模的目的。

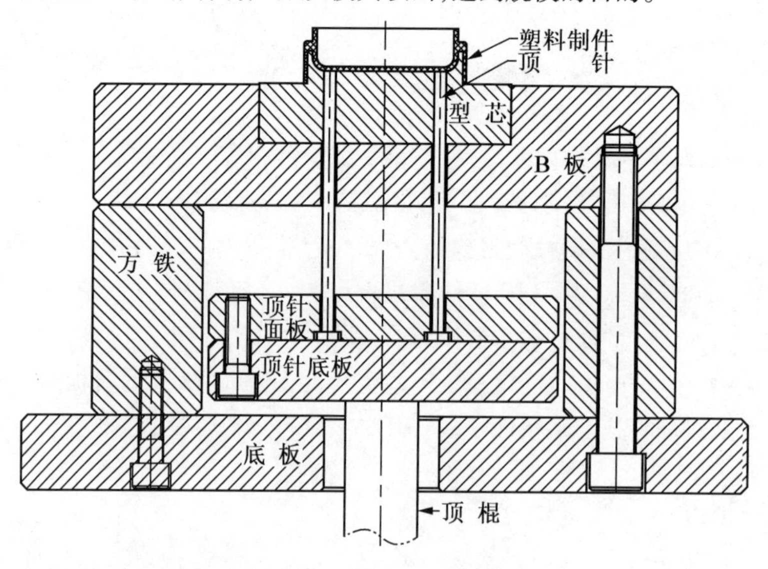

图 2－18　顶出结构介绍

(1)本套模具的推出机构分析。

如图 2－19 所示，本套模具一共排了 8 支推杆，其原因有以下几点。

①产品成型之后，由于收缩会包紧在型芯上，从包紧力的分析可以判断，产品上的 4 个

角包紧力最大，所以会优先在图2－19中的“1”“2”“3”“4”处布置4支顶针，根据水路及产品上的平面大小，再确认选取顶针直径大小，优先选用大号及同一直径型号的顶针。

②1与2，3处与4的距离较长，在图上的第5处与第6处也有一定大小的包紧力。所以，在第5处与第6处同样会各放一支顶针。两支顶针的距离建议采用6～10倍的顶针直径，同时还要参考此段位置上产品的包紧力。

③7与8这两处的粘模力不大，但考虑到整个产品的顶出力平衡，所以加了两支顶针。如果与其他对象干涉，也可以不放。

④本套模具的8支顶针，直径大小都一样，排布也遵循了对称原则。第7处与第8处的顶针布置在曲面上，在其底部做了切边防转。

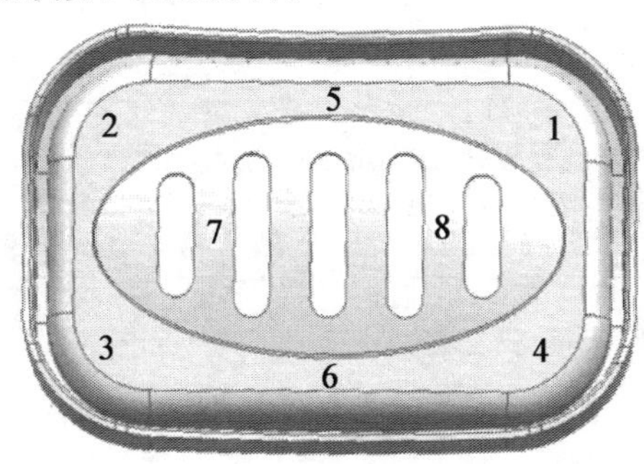

图2－19　顶针位的选取

（2）圆推杆。

本套模具采用了8支 $\phi4$ mm的圆推杆，有6支顶在产品的平面部分，故不需要设计防转结构，如图2－20所示。而另外两支推杆是顶在产品的曲面部分，故在推杆沉头部分设计有削边定位，防止其转动，如图2－21所示。

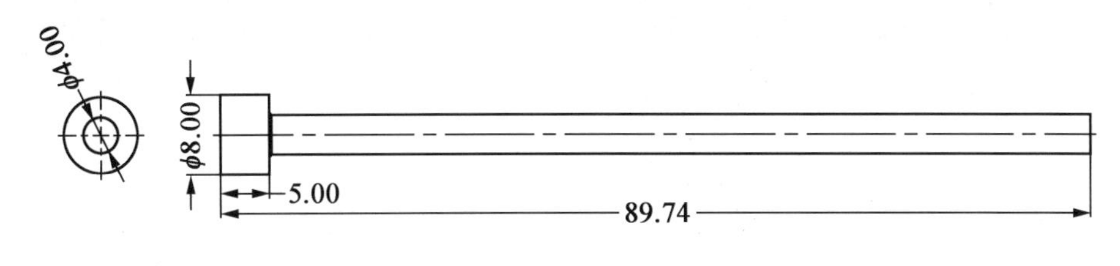

图2－20　圆推杆

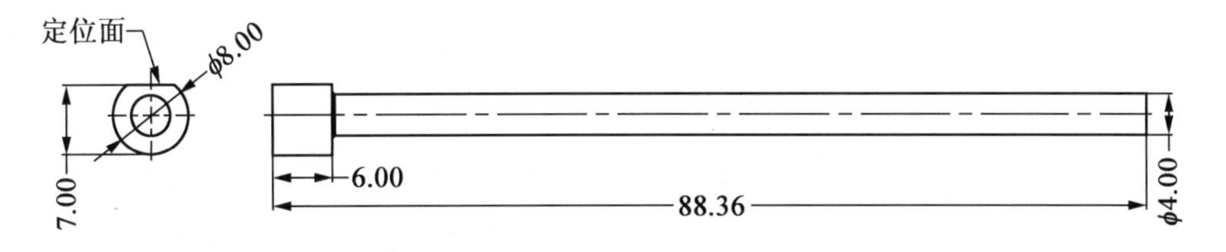

图2－21　设计有定位面的圆推杆

2. **复位机构设计**

如图 2－22 所示，此套模具中的复位机构主要指顶针底板的复位，用到的零件有复位弹簧与复位杆，其工作原理是当顶针底板上的顶棍退回之后，顶针底板在 4 支弹簧的弹力作用下，先回到原位，直到动模与定模完全合模，借助复位杆，确保顶针复位的精度。

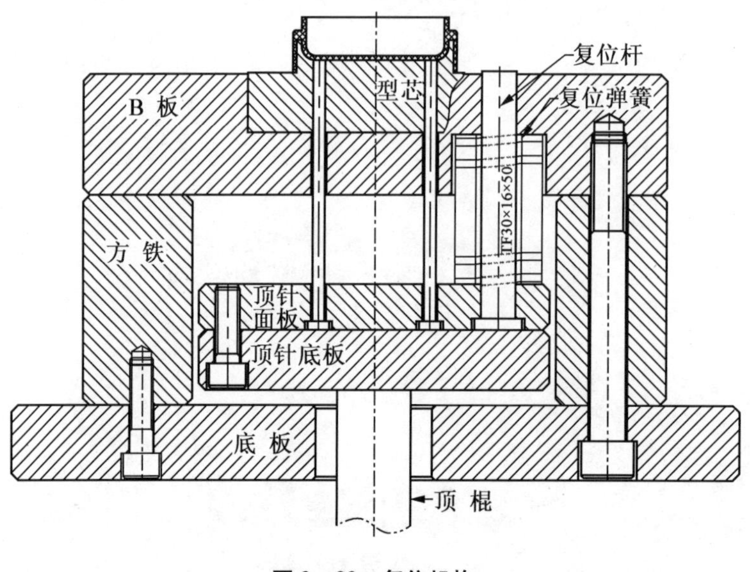

图 2－22　复位机构

(1)复位弹簧。

本套模具采用了 4 个规格为 TF25 mm×13.5 mm×60 mm 的黄弹簧(TF 表示轻小载荷，25 mm 表示弹簧外径，13.5 mm 表示弹簧内径，60 mm 表示弹簧自由长度)。设计的预压量为 10 mm，通过软件计算得到的顶出力为 16.7×4×10＝66.8×10＝668(kN)。通过 NX 软件分析出顶针底板的质量为 6.71×10＝67.1(kN)，故弹簧提供的预压力大于 2 倍以上的顶针底板质量，所以完成可确保顶针底板能复到原位。

(2)复位杆。

复位杆也称为回针，作用是使顶出的顶针底板退回到原位。在工业模具中，复位杆是确保顶针底板回到原来位置的重要零件。本套模具一共用了 4 支复位杆，其规格为 ϕ12 mm×86 mm。复位杆属于标准件，一般随模架一起配送。

2.3.4　温度调节系统设计

一般注射到模具内的塑料温度在 200 ℃左右，而塑件固化后从模具型腔中取出时其温度在 60 ℃以下。由于冷却水道的位置、结构形式、孔径、表面状态、水的流速及模具材料等很多因素都会影响模具的热量向冷却水传递，精确计算比较困难。实际生产中，通常都是根据模具的结构确定冷却水路，通过调节水温、水速来满足要求。无论多大的模具，水孔的直径都不能大于 14 mm，否则冷却水难以成为湍流状态，以致热交换效率降低。一般水孔的直径可根据塑件的平均厚度来确定。

当平均壁厚为 2 mm 时,水孔直径可取 8 ~ 10 mm;当平均壁厚为 2 ~ 4 mm 时,水孔直径可取 10 ~ 12 mm;当平均壁厚为 4 ~ 6 mm 时,水孔直径可取 10 ~ 14 mm。

本塑件壁厚均为 1.5 mm,制品总体尺寸为 86.66 mm × 56.49 mm × 18.38 mm,尺寸较小,确定水孔直径为 6 mm,并在型腔和型芯上均采用直流循环式冷却装置。由于动模、定模均为镶拼,受结构限制,冷却水路布置如图 2 – 23 所示。

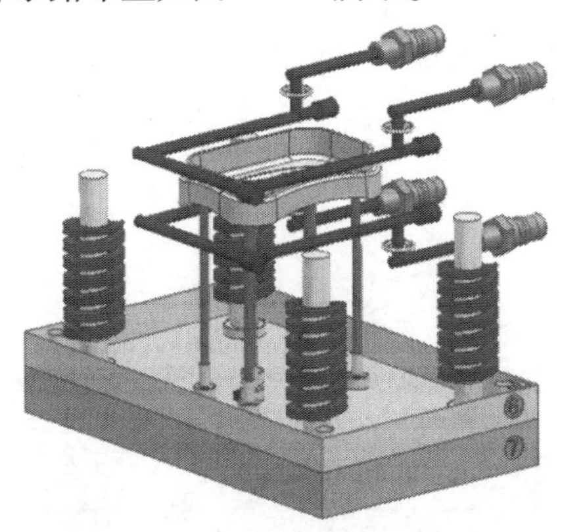

图 2 – 23　动模与定模的冷却水路

2.3.5　模架设计

1. 模架的选择

根据型腔的布局可看出模具采用一模一腔两个嵌件,嵌件的尺寸为 115 mm × 87 mm。考虑到导柱、导套及连接螺钉布置应占的位置和采用的推出机构等各方面问题,确定选用板面尺寸为 200 mm × 200 mm。另外,因本套模具采用的是点浇口,故需选取结构为 FCI 型模架,如图2 – 24 所示,定模座板和动模座板的厚度均取 25 mm。

(1)定模板(简称 A 板)尺寸的确定。

A 板为定模型腔板,塑件高度为 18.7 mm,在模板上要开设冷却水道,冷却水道离型腔应有一定的距离,因此 A 板厚度取 50 mm。

(2)动模板(简称 B 板)尺寸的确定。

B 板是型芯固定板,在模板上也要开设冷却水道,冷却水道离型腔应有一定的距离,因此 B 板厚度取 40 mm。

(3)C 垫块(简称方铁)尺寸的确定。

垫块 = 推出行程 + 推板厚度 + 推杆固定板厚度 + 避空间隙(5 ~ 10) + 垃圾针高度

= 20 + 15 + 20 + (5 ~ 10) + 5

= 65 ~ 70(mm)

根据计算,垫块厚度取 70 mm,长和宽尺寸分别取 200 mm 和 38 mm。从选定模架可知,模架外形尺寸为 200 mm × 250 mm × 236 mm。

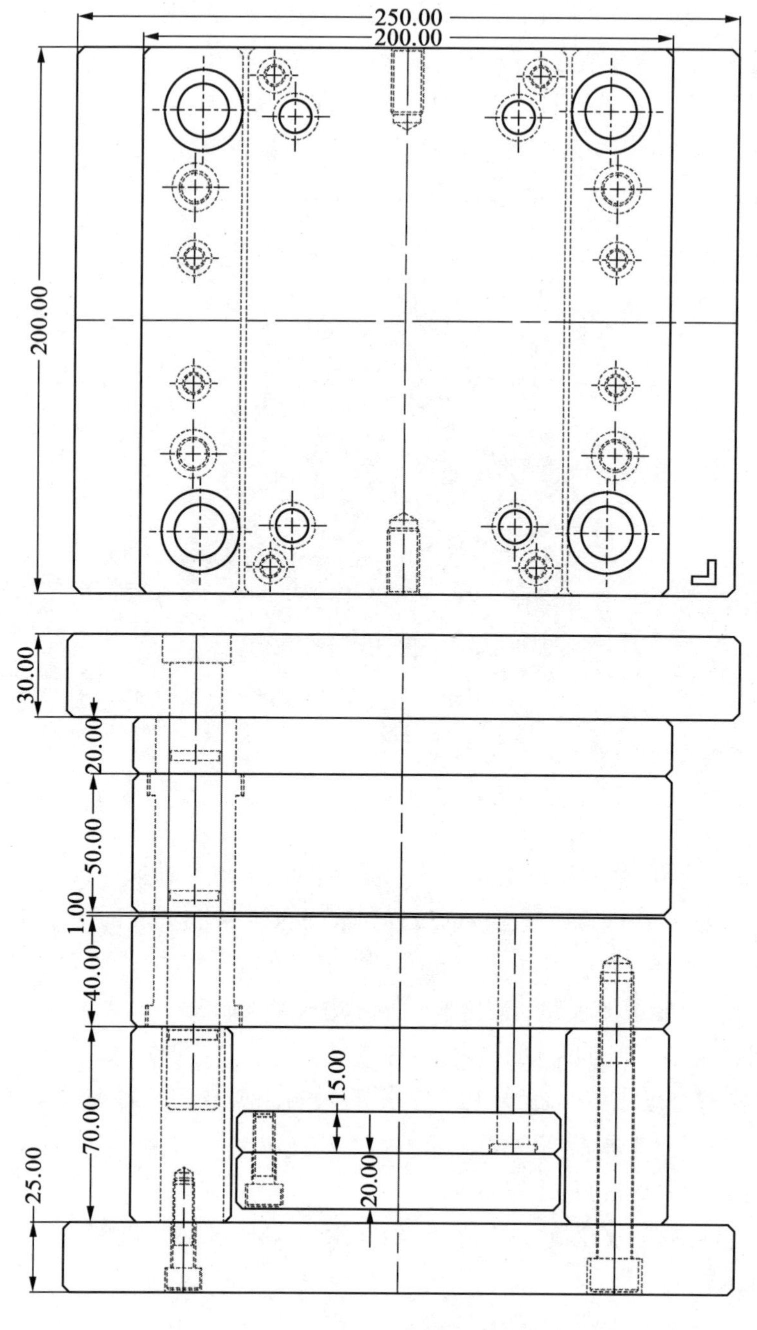

图 2－24　FCI 型模架

2. 校核注射机

模具平面的尺寸为 200 mm × 250 mm < 330 mm × 300 mm(拉杆间距)，故合格。

模具高度为 236 mm，处于注射机对模具要求的最小厚度 150 mm 与最大厚度 250 mm 之间，故合格。

模具开模所需行程：

行程 = 100 mm + 8 mm + 18.7 mm + (5 ~ 10) mm

　　= (121.7 ~ 126.7) mm < 270 mm，故合格。

综合以上数据，即可确定本模具所选注射机完全满足使用要求。

数据说明：

100 mm——取水口料的开模距离，即水口板与 A 板的开模距离；

8 mm——推掉钩料针上的水口料，即定模固定板与剥料板的开模距离；

18.7 mm——塑件高度；

5 ~ 10 mm——开模行程预留距离，以确保机械手取出水口料；

270 mm——注射机额定开模行程。

3. 选用标准件

(1) 螺钉。

分别用 4 个 M10 的内六角圆柱螺钉将定模板与定模座板、动模板与动模座板连接。

定位圈通过 4 个 M6 的内六角圆柱螺钉与定模座板连接。

(2) 导柱导套。

本模具采用 4 导柱对称布置，导柱和导套的直径均为 20 mm，导柱固定部分与模板按 H7/f7 的间隙配合。直接在模板上加工出导套孔，导柱工作部分的表面粗糙度为 0.4 μm。

(3) 推杆。

根据制品的结构特点，确定在制品上设置六根普通的圆顶杆。普通的圆形顶杆按《塑料注射模零件　第 1 部分：推杆》(GB 4169.1—2006) 选用均可满足顶杆刚度要求。查手册选用 ϕ4 mm × 100 mm 的圆形顶杆 8 根。由于工件小且精度要求不高，所以推出装置不需要设导向装置。

2.3.6　导向机构设计

1. 本套模具的导向机构组成

这是一套 FCI 型的简化细水口模架，因为定模固定板、剥料板及 A 板之间都有分型，主要导向零件为导柱与导套。4 支导柱装配在定模座板上，每个活动单元(剥料板、A 板和 B 板)上都装有导套。顶针板主要借助 4 支复位杆进行导向，从而构成了模架上的导向机构，如图 2 - 25 所示。

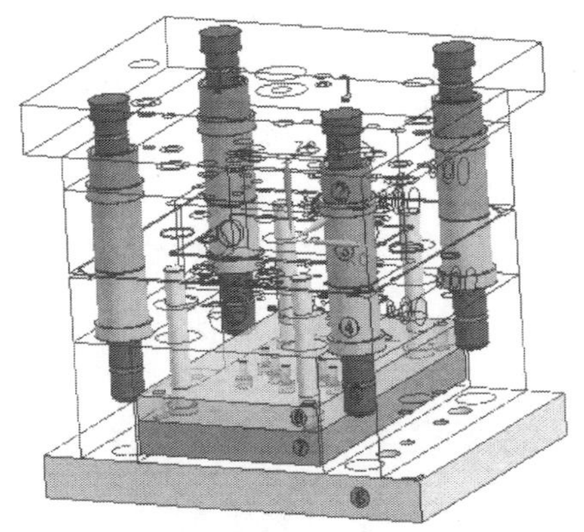

图 2 - 25　模架导向机构

2. 成型零件上的定位机构

如图 2 – 26 所示，成型零件上的定位主要是通过设计 4 个角上的虎口进行定位，长与宽分别设计为 16.5 mm 和 13.5 mm，高度为 8 mm，单边的斜度设计为 5°。

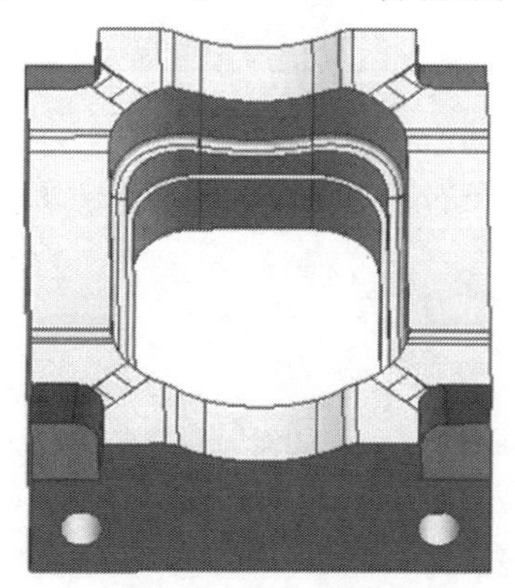

(a)型腔上面设计凹虎口

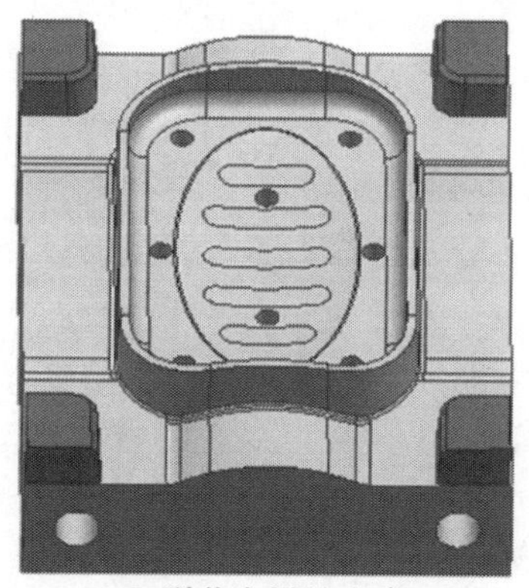

(b)型芯上设计凸虎口

图 2 – 26 模仁定位机构

2.3.7 控制机构设计

控制机构主要用于细水口中，用来控制模具的开模顺序以及距离。在细水口或简化型细水口模具上，由于开模时有多次分型，要确定好开模与合模的先后顺序及距离就需要利用控制机构中的标准件。

1. 本套模具的控制机构构成

在有剥料板的细水口或简化型细水口中，模具一般会有 3 次分型，每一次分型的距离与先后顺序应得到控制。如图 2 – 27 所示为本套模具的开模顺序及开模距离介绍。

说明：

(1) L_1 = 水口料总长 + (20 ~ 30) mm，此段距离要保证能通过机械手或人手取出水口料。本套模具中水口料的总长为 100.8 mm，故 L_1 = 120 ~ 130 mm。

(2) L_2 = 6 ~ 12 mm，要保证这段距离大于钩针上的倒扣距离。本套模具使用钩针的倒扣高度为 4 mm，故 L_2 = 8 mm。

(3) L_3 根据注射机行程而定，要保证产品顶出后，机械手能将其取出。

2. 标准件介绍

控制机构中根据零件的作用一般分为两种标准件，一种控制距离，另一种控制开模顺序。本套模具中用等高螺钉来控制距离，用尼龙扣控制开模顺序。

(1) 等高螺钉。

等高螺钉也称塞打螺钉。如图 2 – 27 所示，本套模具中的第 1 次与第 2 次的分型距离均是用等高螺钉。考虑到模具的大小及模具受力的对称，在每个分型处排了两支等高螺钉，如图 2 – 28 所示。

等高螺钉为标准件，设计时应尽量选用标准型号。

第 1 处分型：$\phi13\times130-\text{M}10-160$。第 2 处分型：$\phi10\times15-\text{M}8-45$。

说明：等高螺钉的规格及订购请参考拓展知识。

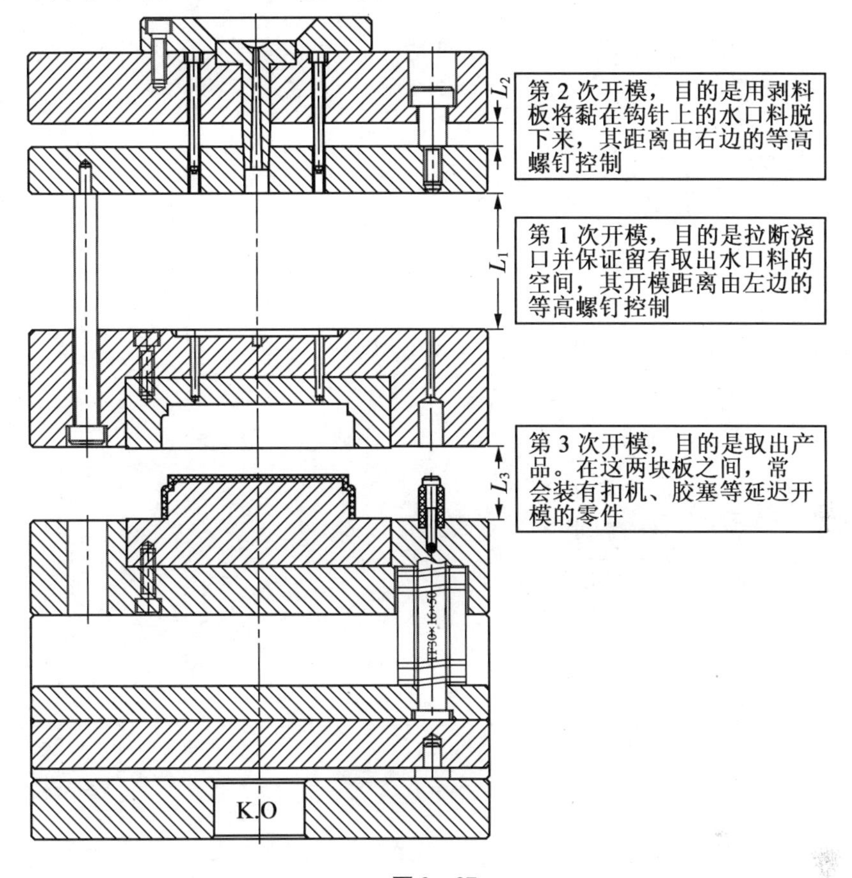

图 2－27

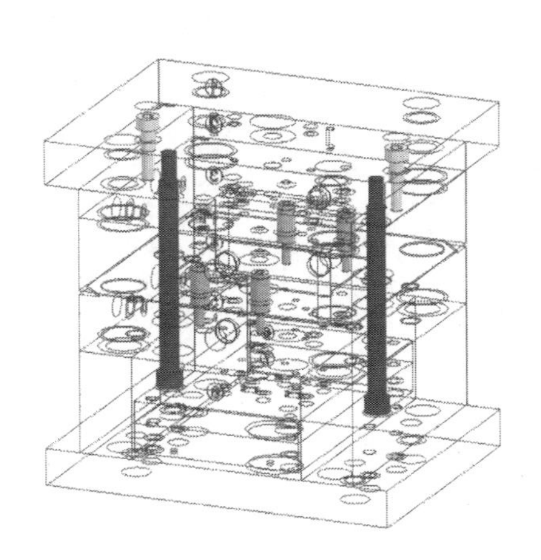

图 2－28

（2）尼龙扣。

尼龙扣也称尼龙胶塞，在模具中主要起延迟开模的作用。如图 2－28 所示，本套模共用了 4 个尼龙扣。尼龙扣也是标准件，在选型时，只要提供尼龙扣的直径即可。本套模具采用

规格为 ϕ13 mm 的尼龙扣。

2.4　肥皂盒注塑模具制造与组装

2.4.1　模具零件制造

1. 型腔制造

材料:P20

毛坯尺寸:115 mm × 87 mm × 30 mm(精料)

数量:1 件

正面加工:直接 CNC 加工

背面加工:钻螺纹孔及水孔

注:可先完成螺纹孔及水孔加工,然后再加工正面。

每完成一个面的加工后应做零件检测,以便及时修正。表 2 - 1 与表 2 - 2 为型腔正、反面数控加工工序卡。

表 2 - 1　型腔正面数控加工工序卡

<table>
<tr><td colspan="2" rowspan="2">× × ×学院</td><td colspan="2" rowspan="2">机械加工工序卡片</td><td colspan="2">产品名称</td><td colspan="2">零件名称</td><td>零件图号</td></tr>
<tr><td colspan="2">肥皂盒</td><td colspan="2">型腔正面</td><td>FZHXQ - 4</td></tr>
<tr><td rowspan="2">材料</td><td>材料名称</td><td>毛坯种类</td><td>毛坯尺寸/(mm × mm × mm)</td><td>零件重</td><td>每台件数</td><td colspan="2">卡片编号</td><td>第 1 页</td></tr>
<tr><td>P20</td><td>方料</td><td>115 × 87 × 30</td><td></td><td>1</td><td colspan="2"></td><td>共 1 页</td></tr>
<tr><td>加工工序图</td><td colspan="8"> 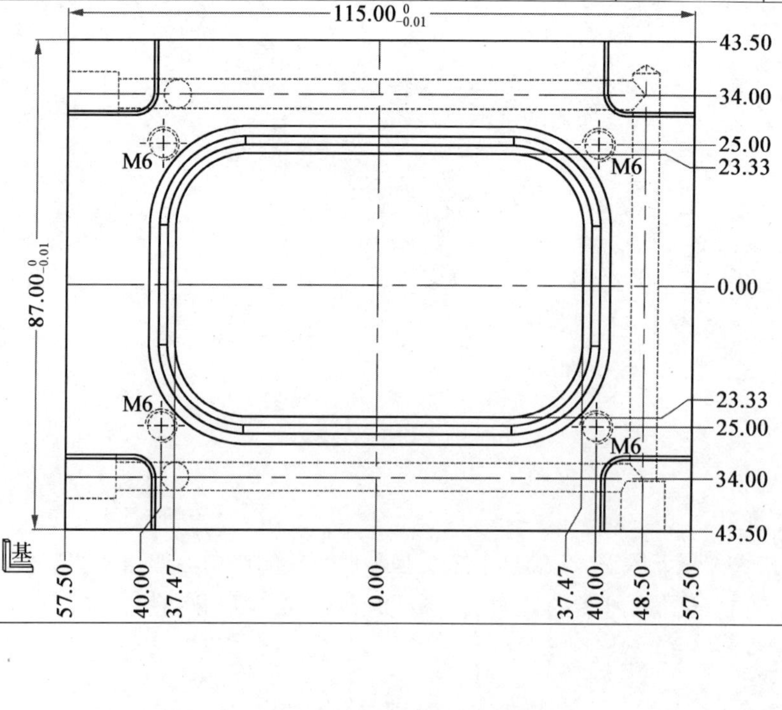$115.00_{-0.01}^{0}$；$87.00_{-0.01}^{0}$；M6；M6；M6；M6；43.50；34.00；25.00；23.33；0.00；23.33；25.00；34.00；43.50；基；57.50；40.00；37.47；0.00；37.47；40.00；48.50；57.50</td></tr>
</table>

续表 2-1

工序号	FZHXQZM		工序名		CNC		设备		加工中心 850
夹具	平口钳		工量具		游标卡尺		刃具		
工步	工步内容及要求	刀具类型及大小	主轴转速/($r \cdot min^{-1}$)	吃刀深度/mm	每刀吃刀深度/mm	进给量/($mm \cdot min^{-1}$)	余量/mm	刀长/mm	
1	粗加工	圆鼻刀 D16R0.8	2 000	30	0.4	1 600	0.3	45	
2	清料粗加工	圆鼻刀 D10R0.5	2 500	18.4	0.3	1 600	0.3	40	
3	曲面半精加工	球刀 R4	3 800	4.2	0.3	1 800	0.1	30	
4	底面半精加工	圆鼻刀 D10R0.5	3 500	8.5	8.5	1 000	0.1	40	
5	侧壁半精加工	圆鼻刀 D10R0.5	3 500	8.5	0.25	1 600	0.1	40	
6	侧壁半精加工	圆鼻刀 D10R0.5	3 500	14	0.2	1 600	0.1	35	
7	侧壁半精加工	圆鼻刀 D10R0.5	3 500	18.3	18.3	800	0.1	35	
8	侧壁半精加工	圆鼻刀 D10R0.5	3 500	30.1	30.1	800	0.1	35	
9	曲面精加工	球刀 R3	4 000	4.2	0.15	1 500	0	30	
10	底面精加工	平底刀 D10	3 500	8.5	8.5	1 000	0	35	
11	侧壁精加工	平底刀 D10	3 500	8.5	0.12	1 500	0	35	
12	侧壁精加工	平底刀 D10	3 500	18.4	18.4	800	0	35	
13	侧壁精加工	平底刀 D10	3 500	30.5	30.5	800	0	35	
14	侧壁精加工	球刀 R2	4 200	14.2	0.12	1 500	0	25	
15	清根精加工	球刀 R1	4 500	14.2	0.1	800	0	25	
工艺编制		学号		审定		会签			
工时定额		校核		执行时间		批准			

表 2－2　型腔反面数控加工工序卡

×××学院	机械加工工序卡片	产品名称	零件名称	零件图号
		肥皂盒	型腔反面	FZHXQ－4

材料	材料名称	毛坯种类	毛坯尺寸 (mm×mm×mm)	零件重	每台件数	卡片编号	第 1 页
	P20	方料	115×87×30		1		共 1 页

加工工序图

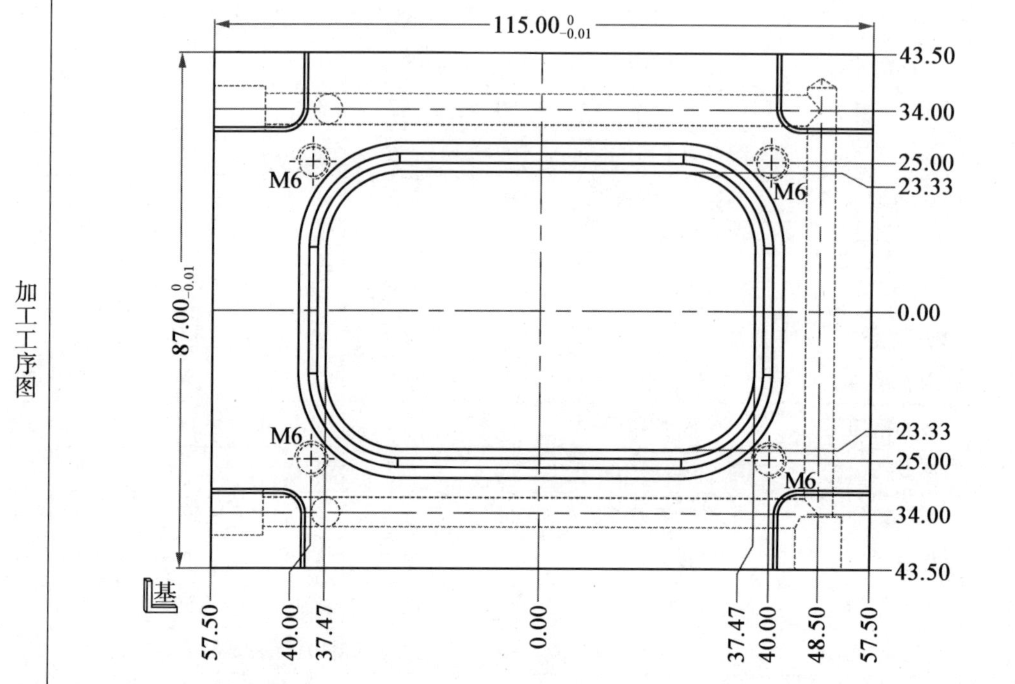

工序号	FZHXQFM	工序名	CNC	设备	加工中心 850
夹具	平口钳	工量具	游标卡尺	刀具	

工步	工步内容及要求	刀具类型及大小	主轴转速/(r·min^{-1})	吃刀深度/mm	每刀吃刀深度/mm	进给量/(mm·min^{-1})	余量/mm	刀长/mm
1	中心钻	中心钻 D8	1 000	2	/	80	0	20
2	钻 M6 螺丝底孔	钻头 D5.5	600	15	1	40	0	60
3	钻 D6 孔	钻头 D6	600	15	1	40	0	50

工艺编制		学号		审定		会签	
工时定额		校核		执行时间		批准	

2. 型腔镶件制造

材料：P20

毛坯尺寸：75 mm×46.7 mm×28 mm（精料）

数量：1 件

正面加工:直接 CNC 加工

背面加工:先钻好螺纹孔,然后电火花加工点浇口

注:可先将螺纹加工完成,然后再加工正面,最后电火花。

每完成一个面的加工后应做零件检测,以便及时修正。表 2－3 与 2－4 为定模镶件正、反面数控加工工序卡。

表 2－3　定模镶件正面数控加工工序卡

×××学院	机械加工工序卡片	产品名称	零件名称	零件图号
		肥皂盒	镶件	FZHXJ－5

材料	材料名称	毛坯种类	毛坯尺寸/(mm×mm×mm)	零件重	每台件数	卡片编号	第 1 页
	P20	方料	75×46.7×28		1		共 1 页

加工工序图

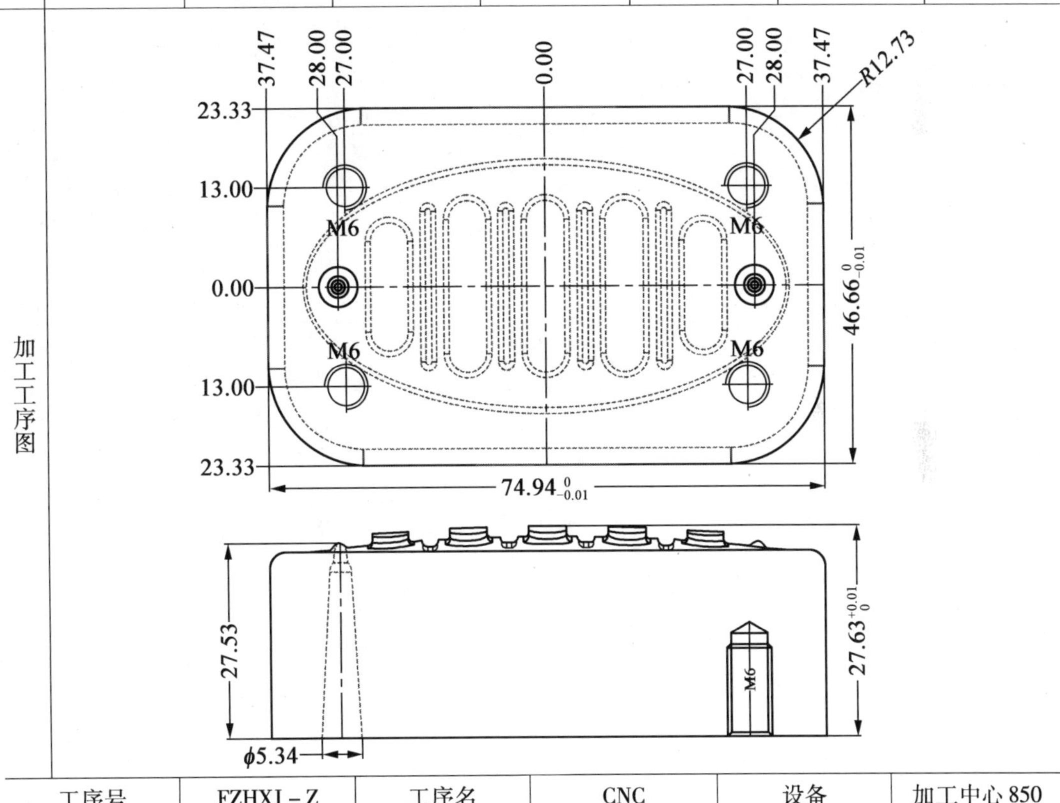

工序号	FZHXJ－Z	工序名	CNC	设备	加工中心 850
夹具	平口钳	工量具	游标卡尺	刃具	

工步	工步内容及要求	刀具类型及大小	主轴转速/(r·min^{-1})	吃刀深度/mm	每刀吃刀深度/mm	进给量/(mm·min^{-1})	余量/mm	刀长/mm
1	粗加工	圆鼻刀 D10R1	2 000	5.4	0.3	1 600	0.3	35
2	清料粗加工	圆鼻刀 D4R0.5	3 500	3.2	0.2	1 000	0.3	30
3	底面半精加工	圆鼻刀 D8R0.5	3 500	3.7	3.7	1 000	0.1	30
4	曲面半精加工	球刀 R3	3 600	5.7	0.25	1 600	0.1	30

续表 2－3

工步	工步内容及要求	刀具类型及大小	主轴转速/(r·min^{-1})	吃刀深度/mm	每刀吃刀深度/mm	进给量/(mm·min^{-1})	余量/mm	刀长/mm
5	曲面半精加工	球刀 R3	3 600	11.6	0.2	1 600	0.1	30
6	清根半精加工	球刀 R2	4 000	5.6	0.15	1 200	0.1	25
7	清根半精加工	球刀 R1	4 200	5.7	0.1	800	0.1	20
8	底面精加工	圆鼻刀 D8R0.5	3 500	0	0	1 000	0	30
9	曲面精加工	圆鼻刀 D8R0.5	3 500	42.5	42.5	800	0	30
10	曲面精加工	球刀 R2	4 000	5.7	0.12	1 600	0	20
11	清根精加工	球刀 R1	4 200	5.7	0.1	800	0	20
12	清根精加工	球刀 R0.5	4 500	5.7	0.05	500	0	20
工艺编制		学号		审定		会签		
工时定额		校核		执行时间		批准		

表 2－4　定模镶件反面数控加工工序卡

×××学院	机械加工工序卡片	产品名称	零件名称	零件图号
		肥皂盒	镶件	FZHXJ－5

材料	材料名称	毛坯种类	毛坯尺寸	零件重	每台件数	卡片编号	第 1 页
	P20	方料	75×46.7×28		1		共 1 页
加工工序图	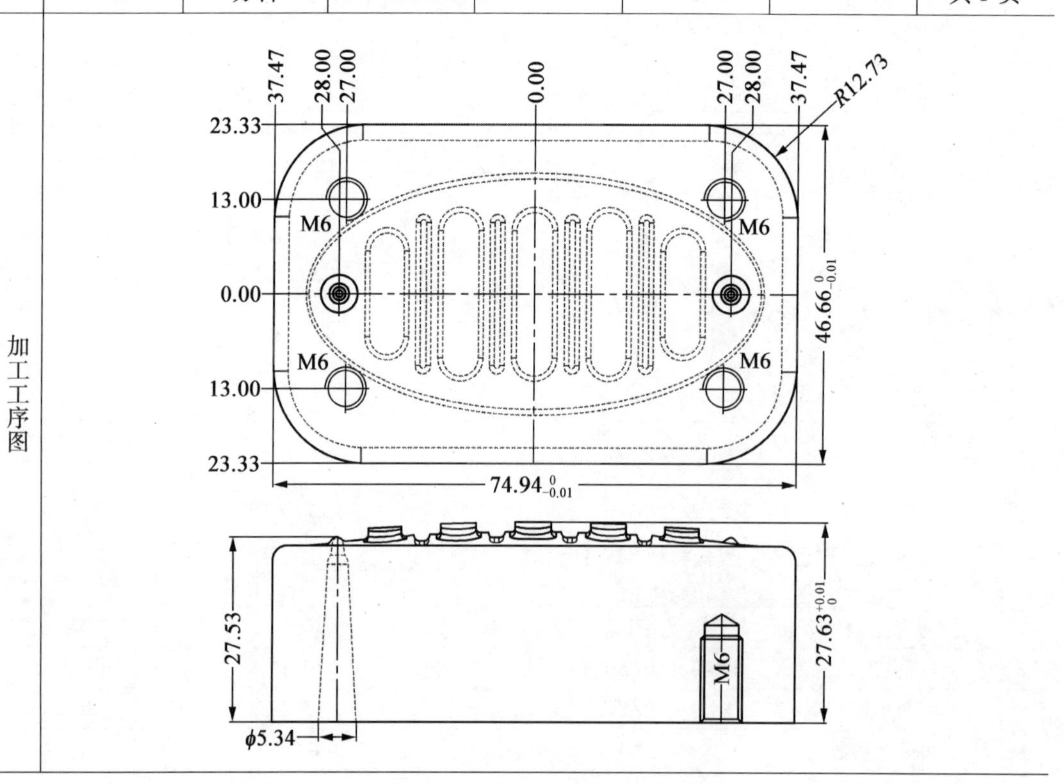						

续表 2－4

<table>
<tr><td colspan="2">工序号</td><td>FZHXJ－F</td><td>工序名</td><td>CNC</td><td>设备</td><td colspan="3">加工中心 850</td></tr>
<tr><td colspan="2">夹具</td><td>平口钳</td><td>工量具</td><td>游标卡尺</td><td>刀具</td><td colspan="3"></td></tr>
<tr><td>工步</td><td>工步内容及要求</td><td>刀具类型及大小</td><td>主轴转速/(r·min^{-1})</td><td>吃刀深度/mm</td><td>每刀吃刀深度/mm</td><td>进给量/(mm·min^{-1})</td><td>余量/mm</td><td>刀长/mm</td></tr>
<tr><td>1</td><td>中心钻</td><td>中心钻 D8</td><td>1 000</td><td>2</td><td>/</td><td>80</td><td>0</td><td>30</td></tr>
<tr><td>2</td><td>钻 M6 螺纹底孔</td><td>钻头 D5.5</td><td>600</td><td>15</td><td>1</td><td>40</td><td>0</td><td>65</td></tr>
<tr><td>3</td><td>深度轮廓加工－精加工</td><td>圆鼻刀 D12R1</td><td>3 000</td><td>24</td><td>0.3</td><td>1 500</td><td>0</td><td>50</td></tr>
<tr><td>4</td><td>精铣侧壁</td><td>平底刀 D12</td><td>3 500</td><td>23</td><td>15</td><td>800</td><td>0</td><td>50</td></tr>
<tr><td>5</td><td>倒角</td><td>倒角刀 D8</td><td>2 000</td><td>2</td><td>2</td><td>800</td><td>－0.5</td><td>30</td></tr>
<tr><td colspan="2">工艺编制</td><td></td><td>学号</td><td></td><td>审定</td><td></td><td>会签</td><td></td></tr>
<tr><td colspan="2">工时定额</td><td></td><td>校核</td><td></td><td>执行时间</td><td></td><td>批准</td><td></td></tr>
</table>

3. 型芯制造

材料：P20

毛坯尺寸：115 mm×82 mm×33 mm(精料)

数量：1 件

正面加工：直接 CNC 加工

背面加工：钻螺纹孔、水孔，顶针过孔

侧面加工：钻水孔

注：可先将水孔与螺纹加工完成，然后再加工正面。

每完成一个面的加工后应做零件检测，以便及时修正。表 2－5 与表 2－6 为型芯正、反面数控加工工序卡。

表 2－5　型芯正面数控加工工序卡

×××学院	机械加工工序卡片	产品名称	零件名称	零件图号
		肥皂盒	型芯正面	FZHXX－6

材料	材料名称	毛坯种类	毛坯尺寸/(mm×mm×mm)	零件重	每台件数	卡片编号	第 1 页
	P20	方料	115×87×33		1		共 1 页

加工工序图

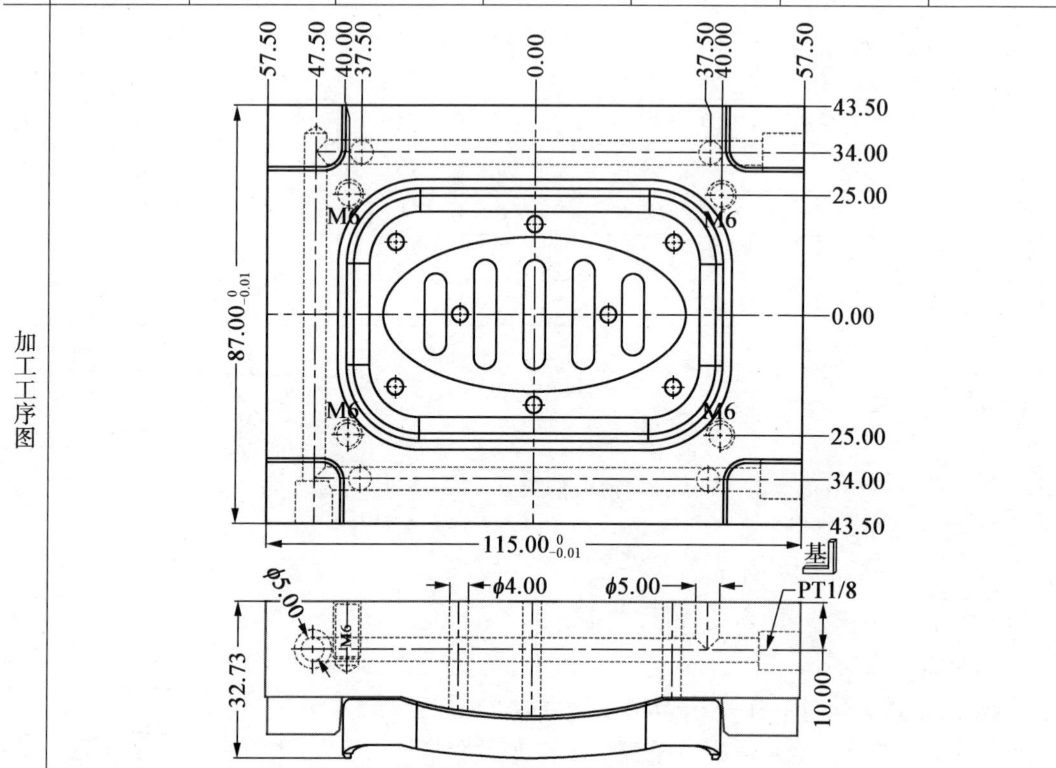

工序号	FZHXX－Z	工序名	CNC	设备	加工中心 850
夹具	平口钳	工量具	游标卡尺	刃具	

工步	工步内容及要求	刀具类型及大小	主轴转速/(r·min⁻¹)	吃刀深度/mm	每刀吃刀深度/mm	进给量/(mm·min⁻¹)	余量/mm	刀长/mm
1	粗加工	圆鼻刀 D16R0.8	2 000	12	0.4	1 600	0.3	40
2	清料粗加工	圆鼻刀 D10R0.5	2 500	12	0.3	1 600	0.3	35
3	底面半精加工	圆鼻刀 D8R0.5	3 600	5	5	1 000	0.1	30
4	底面半精加工	圆鼻刀 D8R0.5	3 600	13	13	1 000	0.1	30
5	底面半精加工	圆鼻刀 D8R0.5	3 600	8.8	8.8	1 000	0.1	30
6	侧壁半精加工	圆鼻刀 D8R0.5	3 600	13	0.2	1 500	0.1	30
7	曲面半精加工	圆鼻刀 D8R0.5	3 600	8.8	0.2	1 500	0.1	30
8	侧壁半精加工	圆鼻刀 D8R0.5	3 600	13	0.2	1 500	0.1	30
9	曲面半精加工	球刀 R3	3 800	3.4	0.25	1 600	0.1	35

续表 2-5

工步	工步内容及要求	刀具类型及大小	主轴转速/$(r \cdot min^{-1})$	吃刀深度/mm	每刀吃刀深度/mm	进给量/$(mm \cdot min^{-1})$	余量/mm	刀长/mm
10	曲面半精加工	球刀 R3	3 800	13	0.25	1 600	0.1	35
11	曲面半精加工	球刀 R3	3 800	10.6	0.25	1 600	0.1	35
12	清根半精加工	球刀 R2	4 200	13	0.12	1 200	0.1	20
13	清根半精加工	球刀 R1	4 200	13	0.1	800	0.1	20
14	底面半精加工	圆鼻刀 D8R0.5	3 800	5	5	1 000	0	40
15	底面半精加工	圆鼻刀 D8R0.5	3 800	13	13	1 000	0	40
16	底面半精加工	圆鼻刀 D8R0.5	3 800	8.8	8.8	1 000	0	40
17	侧壁半精加工	圆鼻刀 D8R0.5	3 800	13	0.15	1 500	0	40
18	曲面半精加工	圆鼻刀 D8R0.5	3 800	8.8	0.15	1 500	0	40
19	曲面精加工	球刀 R3	4 000	3.4	0.15	1 800	0	35
20	侧壁精加工	球刀 R3	4 000	13	0.15	1 800	0	35
21	曲面精加工	球刀 R3	4 000	13	0.15	2 000	0	35
22	曲面精加工	球刀 R3	4 000	10.6	0.15	2 000	0	35
23	清根精加工	球刀 R2	4 200	13	0.12	1 200	0	25
24	清根精加工	球刀 R1	4 500	13	0.1	800	0	20
25	清根精加工	球刀 R0.5	4 500	13	0.05	500	0	20
26	侧壁精加工	平底刀 D10	3 800	13	0.12	1 500	0	35

工艺编制		学号		审定		会签	
工时定额		校核		执行时间		批准	

表 2－6　型芯反面数控加工工序卡

×××学院	机械加工工序卡片	产品名称	零件名称	零件图号
		肥皂盒	型芯反面	FZHXX－6

材料	材料名称	毛坯种类	毛坯尺寸/(mm×mm×mm)	零件重	每台件数	卡片编号	第 1 页
	P20	方料	115×87×33		1		共 1 页
加工工序图							

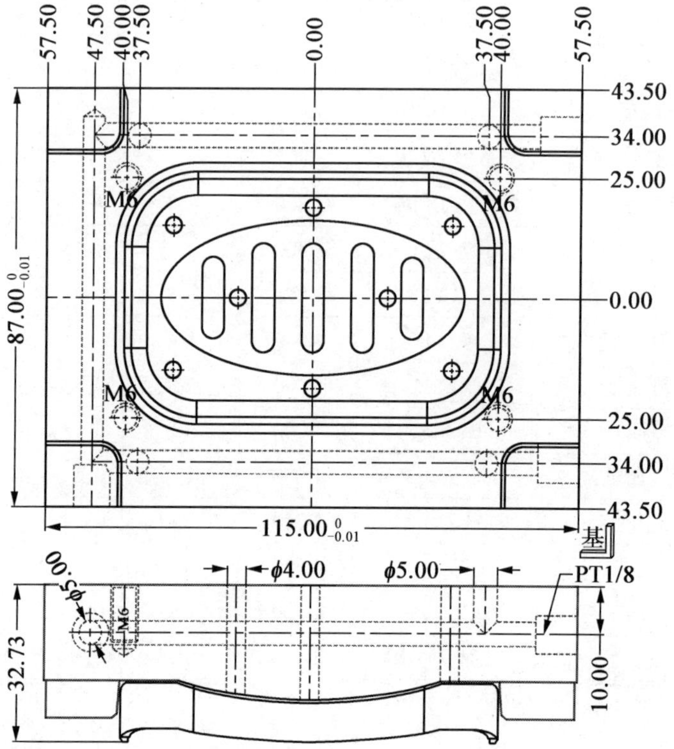

工序号	FZHXX－F	工序名	CNC	设备	加工中心 850
夹具	平口钳	工量具	游标卡尺	刃具	

工步	工步内容及要求	刀具类型及大小	主轴转速/(r·min^{-1})	吃刀深度/mm	每刀吃刀深度/mm	进给量/(mm·min^{-1})	余量/mm	刀长/mm
1	中心钻	中心钻 D8	1 000	2	—	80	0	30
2	钻 M6 螺纹底孔	钻头 D5.5	600	15	1	40	0	60
3	钻 D6 水路孔	钻头 D6	600	15	1	40	0	55
4	钻顶针过孔	钻头 D3.9	600	30	1	30	0	50
5	铰顶针过孔	铰刀 D4	300	27	—	30	0	45

工艺编制		学号		审定		会签	
工时定额		校核		执行时间		批准	

4. 定模板加工

材料：P20

毛坯尺寸：250 mm × 200 mm × 50 mm（精料）

数量：1 件

正面加工：(1)钻避空角；(2)开框；(3)钻水孔及密封槽 90°；(4)倒角

反面加工：钻螺丝过孔，浇口套孔

侧面加工：钻水孔

每完成一个面的加工后应做零件检测，以便及时修正。表 2－7 与表 2－8 为定模板正、反面数控加工工序卡。

表 2－7　定模板正面数控加工工序卡

<table>
<tr><td colspan="2" rowspan="2">×××学院</td><td colspan="2" rowspan="2">机械加工工序卡片</td><td colspan="2">产品名称</td><td>零件名称</td><td>零件图号</td></tr>
<tr><td colspan="2">肥皂盒</td><td>定模板</td><td>FZHDMB－3</td></tr>
<tr><td rowspan="2">材料</td><td>材料名称</td><td>毛坯种类</td><td>毛坯尺寸/(mm×mm×mm)</td><td>零件重</td><td>每台件数</td><td>卡片编号</td><td>第 1 页</td></tr>
<tr><td>P20</td><td>方料</td><td>200×200×50</td><td></td><td>1</td><td></td><td>共 1 页</td></tr>
<tr><td>加工工序图</td><td colspan="7">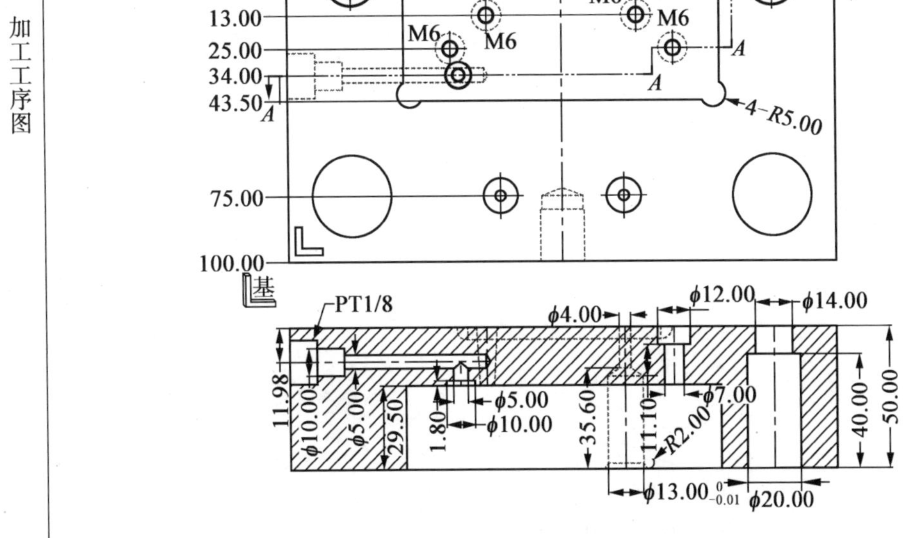
</td></tr>
</table>

续表 2 – 7

工序号	FZHXX – F	工序名	CNC	设备	加工中心 850
夹具	平口钳	工量具	游标卡尺	刃具	

工步	工步内容及要求	刀具类型及大小	主轴转速/(r · min^{-1})	吃刀深度/mm	每刀吃刀深度/mm	进给量/(mm · min^{-1})	余量/mm	刀长/mm
1	中心钻	中心钻 D8	1 000	2	—	80	0	40
2	钻 D10 避空角	钻头 D10	600	35	3	70	0	70
3	开粗	圆鼻刀 D16R0.8	2 000	29.5	0.4	1 600	0.3	40
4	清角	圆鼻刀 D10R0.5	3 500	29.5	0.3	1 600	0.3	45
5	半精底面	圆鼻刀 D10R0.5	3 500	29.5	29.5	1 000	0.1	45
6	半精侧壁	圆鼻刀 D10R0.5	3 500	29.5	15	800	0.1	45
7	精铣底面	平底刀 D10	3 500	29.5	29.5	1 000	0	50
8	精铣侧壁	平底刀 D10	3 500	29.5	15	800	0	50
9	钻 D13 孔	钻头 D13	600	35	3	70	0	80
10	钻 D20 沉头孔	平底刀 D20	800	40	3	70	0	50
11	倒角	倒角刀 D8	2 000	2	2	800	–0.5	40
12	中心钻	中心钻 D8	1 000	31.5	—	80	0	40
13	钻 D6 孔	钻头 D6	600	43.5	1	40	0	60
14	钻 D12 孔	平底刀 D12	800	31	—	60	0	50

工艺编制		学号		审定		会签	
工时定额		校核		执行时间		批准	

表 2-8　定模板反面数控加工工序卡

×××学院	机械加工工序卡片	产品名称	零件名称	零件图号
		肥皂盒	定模板	FZHDMB-3

材料	材料名称	毛坯种类	毛坯尺寸/(mm×mm×mm)	零件重	每台件数	卡片编号	第 1 页
	P20	方料	200×200×50		1		共 1 页

加工工序图

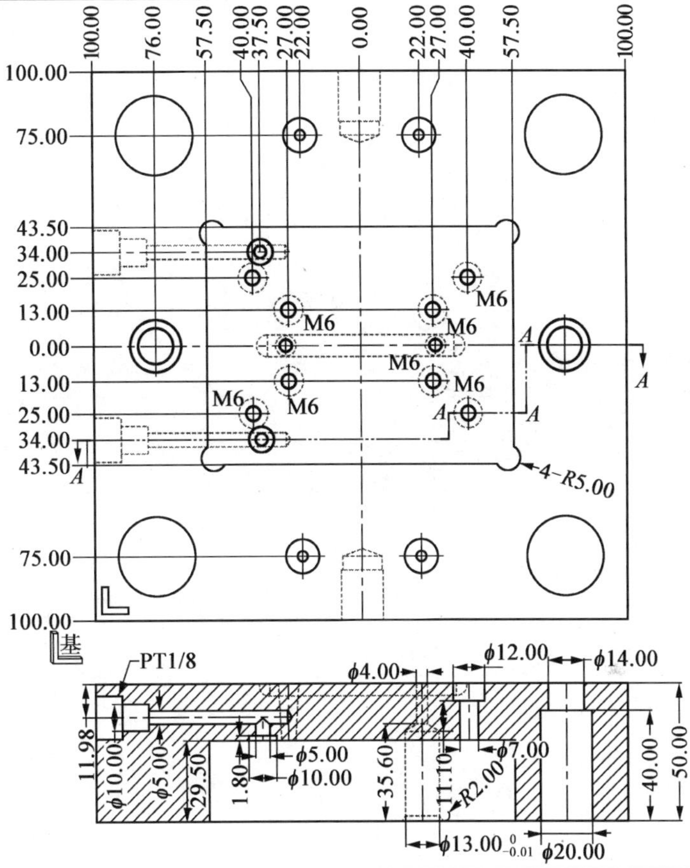

工序号	FZHDMB-Z	工序名	FZHDMB-3	设备	加工中心 850
夹具	平口钳	工量具	游标卡尺	刃具	

工步	工步内容及要求	刀具类型及大小	主轴转速/(r·min^{-1})	吃刀深度/mm	每刀吃刀深度/mm	进给量/(mm·min^{-1})	余量/mm	刀长/mm
1	中心钻	中心钻 D8	1 000	2	/	80	0	30
2	钻 D7 孔	钻头 D7	600	25	2	60	0	70
3	钻 D12 沉头孔	平底刀 D12	800	7	2	60	0	40
4	钻 D14 孔	钻头 D14	800	55	3	80	0	70
5	精加工	球刀 R4	3 000	4	0.3	1 000	0	35
6	倒角	倒角刀 D8	2 000	2	2	800	-0.5	30

工艺编制		学号		审定		会签	
工时定额		校核		执行时间		批准	

5. **动模板加工**

材料:45#

毛坯尺寸:250 mm ×200 mm ×40 mm(精料)

数量:1 件

正面加工:(1)钻避空角;(2)开框;(3)钻水孔及密封槽 90°;(4)倒角

反面加工:(1)钻螺钉过孔,顶针孔;(2)加工弹簧孔

侧面加工:钻水孔

每完成一个面的加工后应做零件检测,以便及时修正。表 2 -9 与表 2 -10 为动模板正、反面数控加工工序卡。

表 2 -9　动模板正面数控加工工序卡

<table>
<tr><td colspan="2" rowspan="2">× × ×学院</td><td colspan="2" rowspan="2">机械加工工序卡片</td><td>产品名称</td><td colspan="2">零件名称</td><td colspan="2">零件图号</td></tr>
<tr><td>肥皂盒</td><td colspan="2">动模板</td><td colspan="2">FZHDMB -7</td></tr>
<tr><td rowspan="2">材料</td><td>材料名称</td><td>毛坯种类</td><td>毛坯尺寸/(mm × mm × mm)</td><td>零件重</td><td>每台件数</td><td>卡片编号</td><td>第 1 页</td></tr>
<tr><td>45#</td><td>方料</td><td>200 ×200 ×40</td><td></td><td>1</td><td></td><td>共 1 页</td></tr>
<tr><td>加工工序图</td><td colspan="7">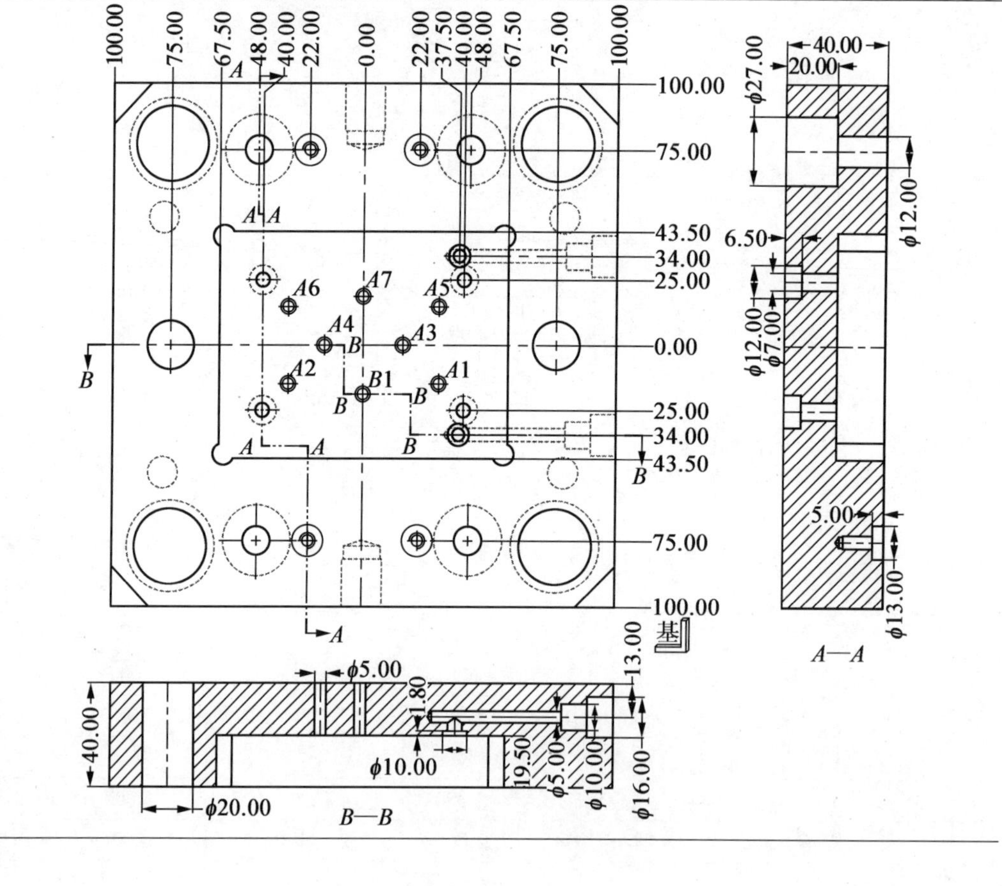</td></tr>
</table>

续表 2－9

工序号	FZHDMB－Z	工序名	CNC	设备	加工中心 850			
夹具	平口钳	工量具	游标卡尺	刃具				
工步	工步内容及要求	刀具类型及大小	主轴转速/(r·min^{-1})	吃刀深度/mm	每刀吃刀深度/mm	进给量/(mm·min^{-1})	余量/mm	刀长/mm
1	中心钻	中心钻 D8	1 000	2	—	80	0	30
2	钻 D10 避空角	D10 钻头	600	24.5	3	60	0	60
3	开框	圆鼻刀 D16R0.8	2 000	19.5	0.4	1 600	0.3	40
4	清角	圆鼻刀 D10R0.5	3 500	19.5	0.3	1 600	0.1	40
5	半精底面	圆鼻刀 D10R0.5	3 500	19.5	19.5	1 000	0.1	40
6	半精侧壁	圆鼻刀 D10R0.5	3 500	19.5	10	800	0.1	40
7	精铣底面	平底刀 D10	3 500	1.5	0.1	1 000	0	30
8	精铣侧壁	平底刀 D10	3 500	2	—	800	0	30
9	精铣边角	平底刀 D10	3 500	2	2	1 500	0	30
10	钻 D5.5 孔	钻头 D5.5	600	15	1	40	0	50
11	钻 D14 沉头孔	平底刀 D14	800	3	—	30	0	40
12	倒角	倒角刀 D8	2 000	2	2	800	－0.5	30
13	中心钻	中心钻 D8	1 000	21.5	—	80	0	30
14	钻 D6 孔	钻头 D6	600	15	1	40	0	50
15	钻 D12 沉头孔	平底刀 D12	800	21	—	30	0	40
工艺编制		学号		审定		会签		
工时定额		校核		执行时间		批准		

表 2－10　动模板反面数控加工工序卡

×××学院	机械加工工序卡片	产品名称	零件名称	零件图号
		肥皂盒	动模板	FZHDMB－7

材料	材料名称	毛坯种类	毛坯尺寸/（mm×mm×mm）	零件重	每台件数	卡片编号	第 1 页
	45#	方料	200×200×40		1		共 1 页

加工工序图	100.00 75.00 67.50 48.00 40.00 22.00 0.00 22.00 37.50 40.00 48.00 67.50 75.00 100.00 100.00 75.00 43.50 34.00 25.00 0.00 25.00 34.00 43.50 75.00 100.00 A A A A6 A7 A5 A4 B A3 A2 A1 B1 B B B B A A B 基 40.00 20.00 φ27.00 φ12.00 6.50 φ12.00 φ7.00 5.00 φ13.00 A—A φ5.00 1.80 13.00 40.00 φ10.00 19.50 φ5.00 φ10.00 φ16.00 φ20.00 B—B

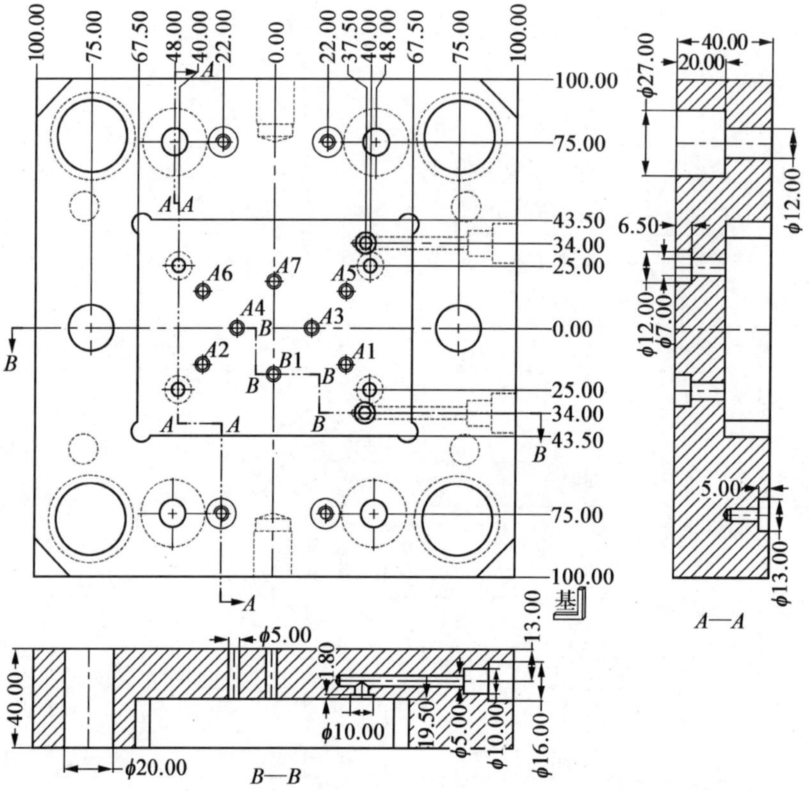

工序号	FZHDMB－F	工序名	CNC	设备	加工中心 850
夹具	平口钳	工量具	游标卡尺	刃具	

工步	工步内容及要求	刀具类型及大小	主轴转速/（r·min^{-1}）	吃刀深度/mm	每刀吃刀深度/mm	进给量/（mm·min^{-1}）	余量/mm	刀长/mm
1	中心钻	中心钻 D8	1 000	2	/	80	0	30
2	钻 M6 螺丝过孔	钻头 D7	600	25	2	60	0	70
3	钻 M6 螺丝沉头孔	平底刀 D12	800	7	2	60	0	40
4	钻 D20 孔	钻头 D20	700	48	3	70	0	65
5	钻顶针过孔	钻头 D5	600	25	1	40	0	60
6	加工弹簧沉头孔	鼻刀 D12R1	2 300	20	0.4	1 500	0	45
7	倒角	倒角刀 D8	2 000	2	2	800	0	30

工艺编制		学号		审定		会签	
工时定额		校核		执行时间		批准	

注：推杆固定定模固定板，推杆垫板，动、定模固定板加工请参考加工工艺卡。

2.4.2 模具装配

1. 定模装配

(1)检查定模仁腔体的表面部分以及运水孔是否堵塞。

(2)定模框底装入密封圈,把定模仁按照基准角(标识)装进定模框,再装上定模镶件,并锁紧螺钉,检查进、出水路的水嘴是否安装正确。

(3)将导柱装入定模固定板,并装上水口板,等配好水口针后,拧上等高螺钉,确认好定模固定板与水口板开模距离后,再与定模板组装到一起。

(4)装定位圈和浇口套,注意浇口套的定位销位置,再检查出胶口是否和定模仁方向一致,锁紧定位圈螺钉。

(5)装模时检查每个零部件是否有铁屑粉尘等,可用风枪吹或碎布抹干净。

(6)前模安装完毕,然后测试水路是否畅通,是否有漏水现象,分型面打开与合拢是否顺畅,装配如图 2-29 所示。

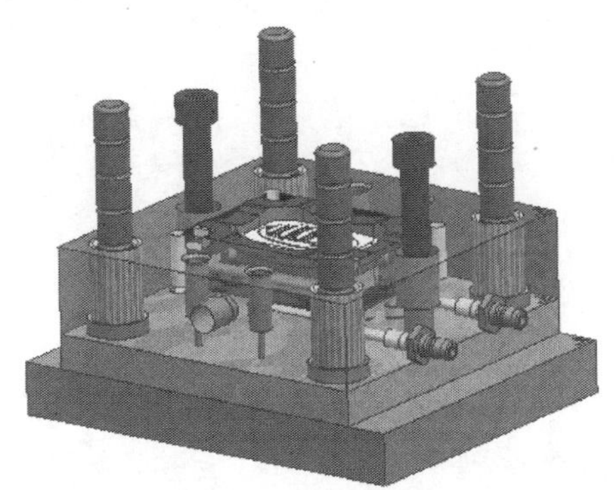

图 2-29 定模装配

2. 动模装配

(1)检查动模仁腔体的表面部分以及运水孔是否堵塞。

(2)动模框底装入密封圈,再将动模仁按照基准角(标识)装进动模框,锁紧螺钉,检查进、出水路的水嘴是否安装。

(3)把推杆固定板按照基准角对齐动模板,装上回针,弹簧装在回针上,依次把推杆和拉料杆装上。

(4)推杆垫板贴平推杆固定板,锁紧螺钉。

(5)在推杆垫板锁上垃圾钉,装上动模固定板及模脚,按照基准角和动模板对齐。

(6)锁紧后模螺钉和模脚螺钉,注意模脚的外边和动模板持平。

(7)后模安装完毕,测试水路是否畅通及是否有漏水现象,装配如图 2-30 所示。

3. 模具总装配

(1)在动、定模合模之前,检查顶出是否正常。

(2)运动零件(回针、弹簧、导柱)涂上黄油增加润滑。

(3)前后模仁喷上洗模剂清洗干净,再在模仁上喷上薄薄一层防锈剂。

(4)M12 吊环锁上,整套模具装配完成,等待试模。

模具总装配图如图 2-31 所示。

4. 试模与验收

试模与验收请参考项目 1 中的试模，因知识点一致，所以此处不再赘述。

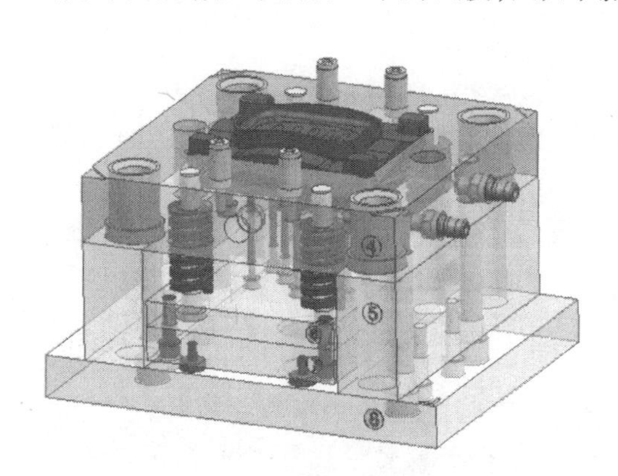

图 2 – 30　动模装配

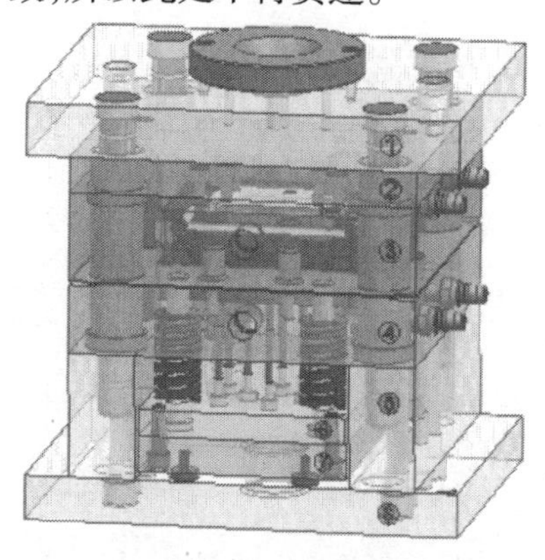

图 2 – 31　模具总装配

【拓展知识 2】

拓展 2 – 1　产品分析的内容介绍

塑料产品的分析主要包含产品结构、脱模斜度及胶位厚度。当产品较大时，就需要采用专业的模流分析软件 MoldFlow 对产品的填充、保压、翘曲变形进行分析。详细介绍如下。

1. 产品外形

(1) 设计产品外形应遵循的原则。

①塑件的形状应便于模塑(利于成型)。

②要尽量避免侧向凹陷或侧孔。

③塑件的形状有利于提高强度和硬度。

④表 2 – 11 为产品设计不合理的情况。

表 2 – 11　产品问题点列举

序号	问题点示意图	问题点说明	解决方案
1		此产品侧壁与筋位上同轴的小孔面需要设计滑块抽芯，但中间有一部分出在前模，这样导致合模后，后模滑块与前模滑块锁死在一起，无法用模具成型	要求客户修改产品，使两段侧壁与筋位上的孔连成一整段

续表 2－11

序号	问题点示意图	问题点说明	解决方案
2		侧壁与筋位上同轴的小孔倒扣面在模具上需要设计斜顶结构成型,但受下面的柱位限制,斜顶结构无法设计斜顶,故产品存在无法脱模的可能,可要求客户修改产品	移动柱位面或倒扣面,使两者错开,便于用斜顶成型

2. **脱模斜度**

塑件冷却时的收缩使它紧紧包在模具的凸模上或由于黏附作用而紧贴在型腔内,为了便于脱出塑件,防止脱模时拉坏、擦伤塑件,必须使塑件内、外表面沿脱模方向留有足够的斜度,如图 2－32 所示。

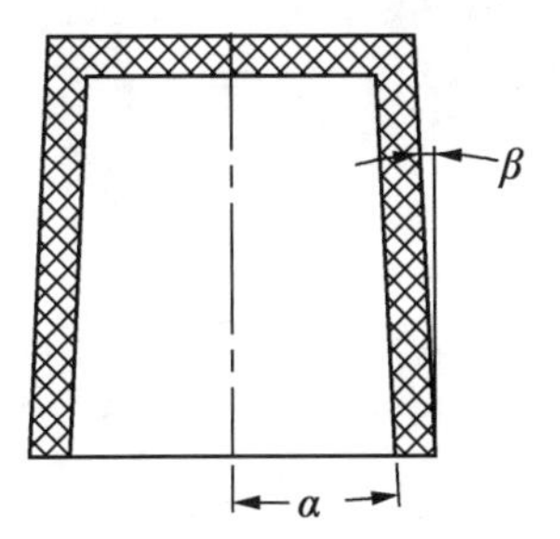

图 2－32　脱模斜度

脱模角的大小没有一定的准则,多数是凭经验和依照产品的深度来决定的。此外,成型的方式、壁厚和塑料的选择也在考虑之列。一般来讲,模塑产品的任何一个侧壁都需有一定量的脱模斜度,以便产品从模具中取出。脱模斜度的大小可在 0.2°至数度间变化,视周围条件而定,一般在 0.5°～1°之间比较理想。具体选择脱模斜度时应注意以下几点。

(1)取斜度的方向,一般内孔以小端为准,符合图样,斜度由扩大方向取得,外形以大端为准,符合图样,斜度由缩小方向取得,如图 2－32 所示。

(2)凡塑件精度要求高的,应选用较小的脱模斜度。

(3)凡塑件尺寸较高、较大时,应选用较小的脱模斜度。

(4)当塑件的收缩率大时,应选用较大的斜度值。

(5)塑件壁厚较厚时会使成型收缩增大,脱模斜度应采用较大的数值。

(6)一般情况下,脱模斜度不包括在塑件公差范围内。

(7)透明件脱模斜度应加大,以免划伤。一般情况下,PS 料脱模斜度应大于 3°,ABS 及 PC 料脱模斜度应大于 2°。

(8)带革纹、喷砂等外观处理的塑件侧壁应加 3°～5°的脱模斜度,根据具体的咬花深度而定，一般的晒纹版上已清楚列出可供参考用的脱模斜度。蚀纹深度越深，脱模斜度应越大，推荐值为1°＋H/0.025 4°（H为蚀纹深度），例如MT－11020的蚀纹深度为0.001 5 in，其最小脱模斜度为3°，其他蚀纹深度与对应脱模角度可查阅附表1。

（9）插穿面斜度一般为1°～3°。

（10）外壳面脱模斜度大于等于3°。

（11）除外壳面外，壳体其余特征的脱模斜度以1°为标准脱模斜度。特殊情况也可以按照下面的原则来取：低于3 mm高的加强筋的脱模斜度取0.5°，3～5 mm取1°，其余取1.5°；低于3 mm高的腔体的脱模斜度取0.5°，3～5 mm取1°，其余取1.5°。

3. 圆角

除了上、下支承面没有倒圆角之外，其他部位都倒了圆角，由此可以看出，圆角是产品上一个非常常见的特征。

塑料制品除了有特殊要求采用尖角之外，其余所有转角处均应尽可能采用圆角过渡。其作用一般是为了避免尖角处产生应力集中，提高制件的强度，防止在使用过程中给使用者造成伤害。所以，在设计圆角时，注意以下要求。

（1）除特殊要求外，所有内转角尽可能设计成圆角过渡；

（2）圆角半径R为塑料件壁厚的1/4～1/3，一般情况下，R≥0.5 mm。

4. 孔

（1）孔的分类。

如图2－33所示，产品上的孔按其形状可以分为3类。

①异形孔。其形状由多个形状组合而成，可构成盲孔或者通孔。在模具设计时，这种类型的孔的分型面较难设计。

②通孔。用模具成型时，需要设计分型面，根据其模具上的成型方式分为碰穿与插穿。

③盲孔。盲孔即不通孔，在模具设计时不需要设计分型面，可根据实际情况拆镶件或司筒。

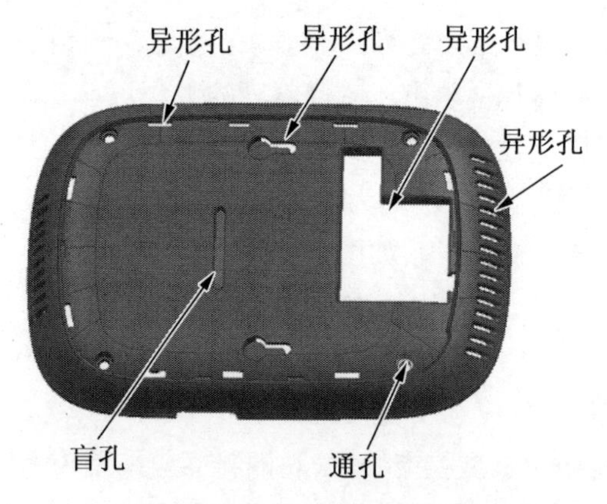

图2－33　产品上孔的分类

（2）孔的成型方式。

碰穿指动、定模零件端面碰在一起来成型孔的方式。如图2－34所示，中间的U形孔在模具上均采用碰穿成型方式，如图 2－35 所示。

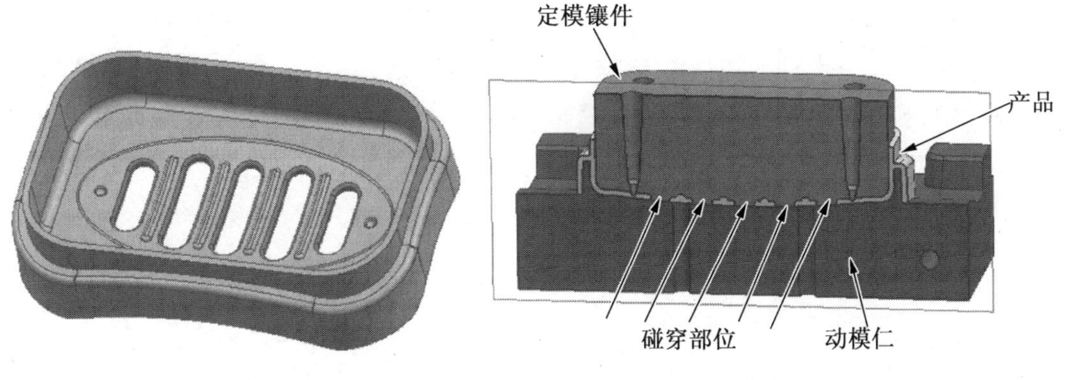

图 2－34　碰穿孔结构　　**图 2－35　模具碰穿成型**

插穿指动定模镶件通过侧壁紧贴在一起来成型孔的方式，如图 2－36 所示。

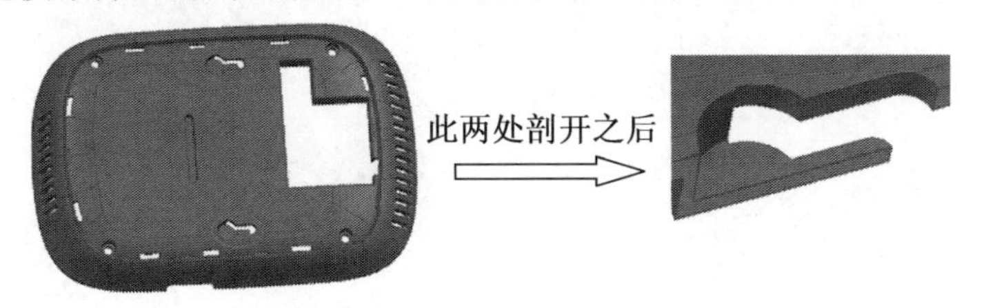

图 2－36　插穿孔结构

如果要成型孔的侧面，在模具上就会存在一段定模零件与动模零件的侧面贴在一起的情况，这一段贴在一起的面称为插穿面，如图 2－37 所示。

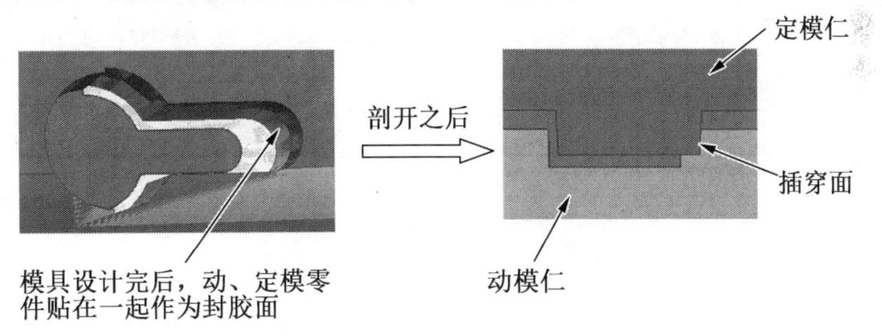

图 2－37　模具插穿成型

拓展 2－2　镶拼式中成型零件的安装方法

1. 型芯与型腔的紧固

型芯与型腔一般都用内六角螺钉紧固，如图 2－38 所示，下面是某一公司采用螺丝紧固模仁时的设计参数。

螺钉过孔 = 螺钉的公称直径 $\phi d + 1$ mm；

螺纹底孔 = ϕC = 螺钉的公称直径 ϕd － 螺距 P；

螺纹底孔深 $L_1=2-2.5$ 倍的公称直径 ϕd；

沉头孔深 = 公称直径 $\phi d+(0.5\sim1)\,\mathrm{mm}$；

沉头孔直径 = 螺钉的沉头直径 $\phi D+(1\sim2)\,\mathrm{mm}$；

螺钉中心到模仁边的距离 $a=1\sim1.5$ 倍的公称直径。

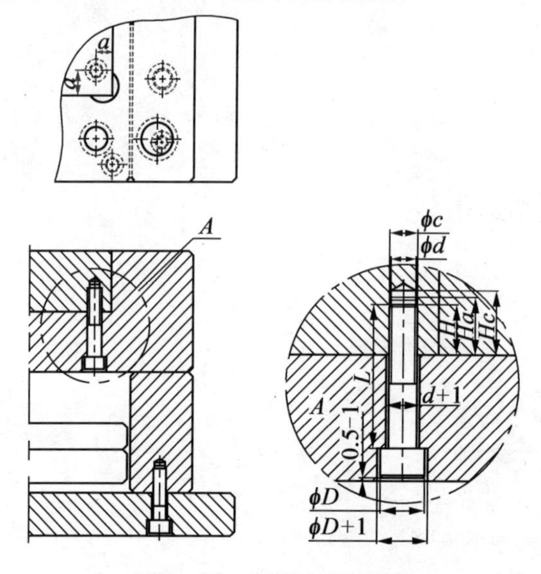

图 2－38　成型零件的锁紧

2. 避空角

从图 2－38 可以看出，模仁的四个角在加工完后一般都是直角，那么在模板上开的框就也应该是直角，可是要加工这个模框上的直角的方法只能用电火花加工，这样就导致加工效率低且增加成本，所以在所有的模具当中，此处一般都不会开直角，而是采用以下两种方法来避开模仁上的直角。

清角避空指在加工模框之前，将模框的四个角加工成与模框深度一致的四个圆孔，这样所开的模框就不会有直角。另外一种就是圆角避空，其设计参数如图 2－39 所示。

清角避空

$$a=\frac{2}{3}R$$

式中，R 的取值随框的深度增加而增加，圆角尺寸也会随着变大。依据是刀具的加工深度等于 5 倍的刀具直径。

圆角避空

$$R_{仁}=R_{框}+2\ \mathrm{mm}$$

即模仁的圆角要比框的圆角大 2 mm，R 的取值与框的深度成正比。

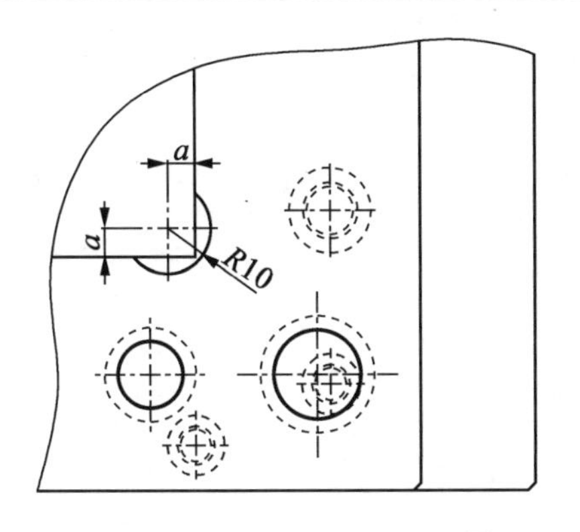

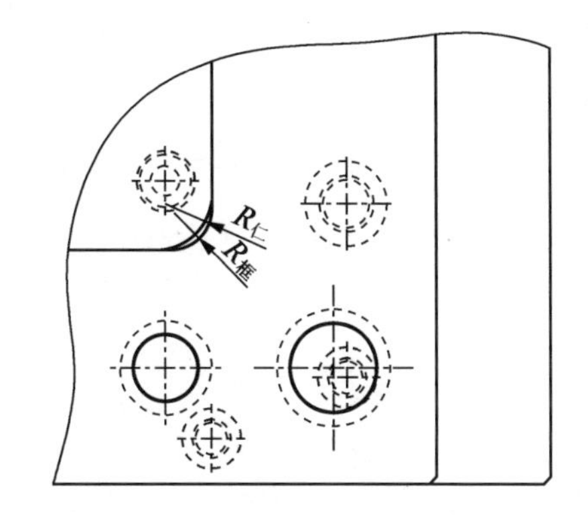

图 2－37　模框角避空

3. 挤紧块

当模仁尺寸较大或较厚时，模坯的开框公差就会大，并导致配框十分困难，我们便将基准边对面多开框 0.5～1 mm，使模仁料方便地配入模框后，再用挤紧块挤紧，如图 2－40 所示。

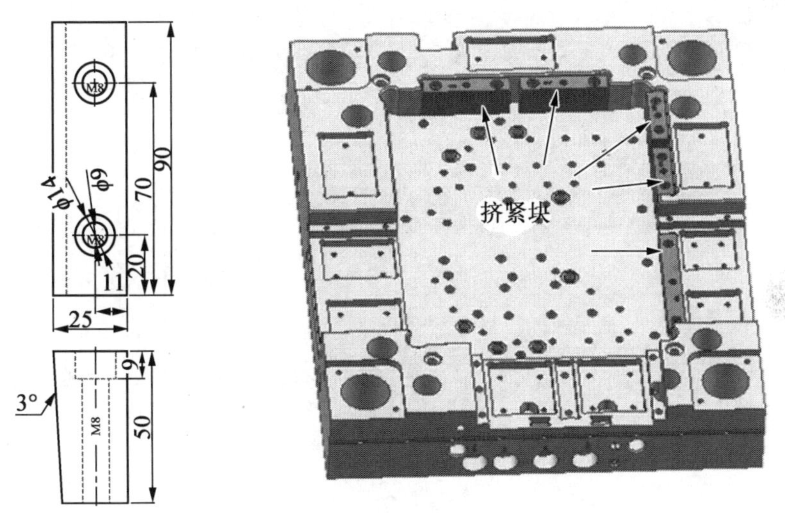

图 2－40　挤紧块及挤紧块在模框中的装配

说明：

因为挤紧块不是标准件，根据模具的不同，设计的挤紧块规格也不相同。下面提供的尺寸仅供参考。

L＝80～150 mm（取整 10 的倍数）；

W＝20～35 mm（常取 20 或 25，或取 5 的整数倍数）；

$W_1=\frac{1}{2}W$；

h＝模框深度；

M_s 常取 M8 或 M10，角度取 3°或者 5°。

4. 镶件的固定方式

(1)螺钉固定,用于大镶件的固定。本套模具中的前模镶件便是用的此种格式,如图 2-41 所示。

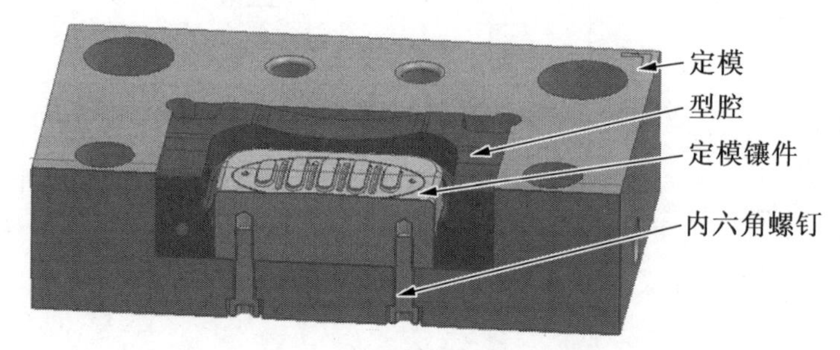

图 2-41 大镶件采用螺钉紧固

(2)挂台固定。

挂台的高度尺寸 h,常取 4 mm、6 mm、8 mm 或 10 mm 等,镶件越大,高度越高。

挂台的厚度尺寸 t,常取 2 mm、2.5 mm,如果空间不够,取 1 mm 也可以。

还有一些镶件不设计挂台,在钳工装配时,直接做烧焊处理就可以了。

挂台的宽度尺寸,常处理到比镶件单边小 1 mm(图 2-42)。

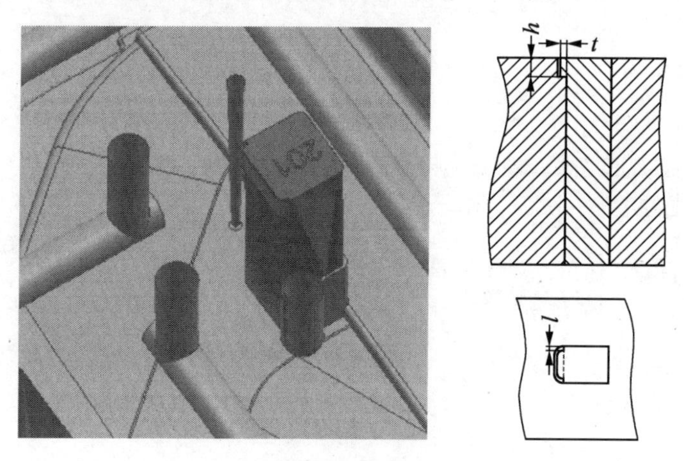

图 2-42 镶件采用挂台固定

拓展 2-3 分流道及浇口设计

1. 分流道布局

分流道布局一般分为两种,一种为平衡式,即主流道到达每个型腔的距离相等;另一种为非平衡式,即主流道到达每个型腔的距离不相等。

(1)分流道的布置——平衡式,如图 2-43 所示。

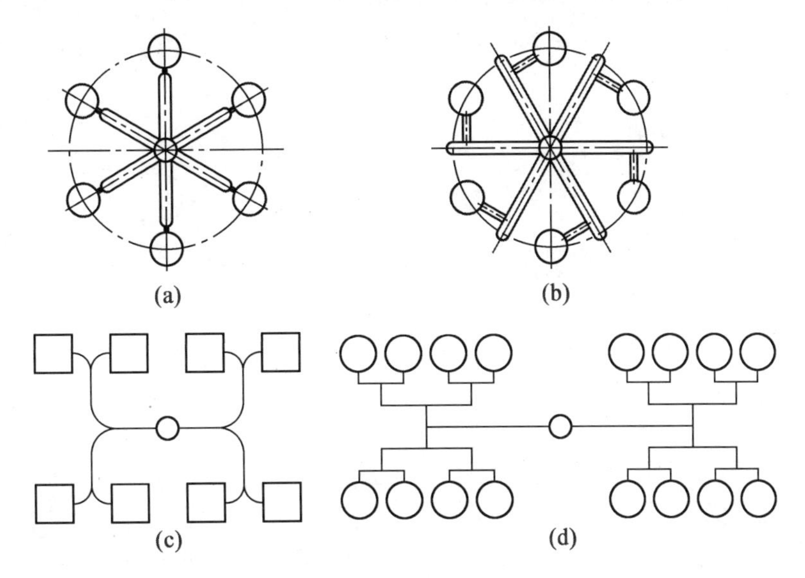

图2-43　平衡式分流道

(2)分流道的布置——非平衡式,如图2-44所示。

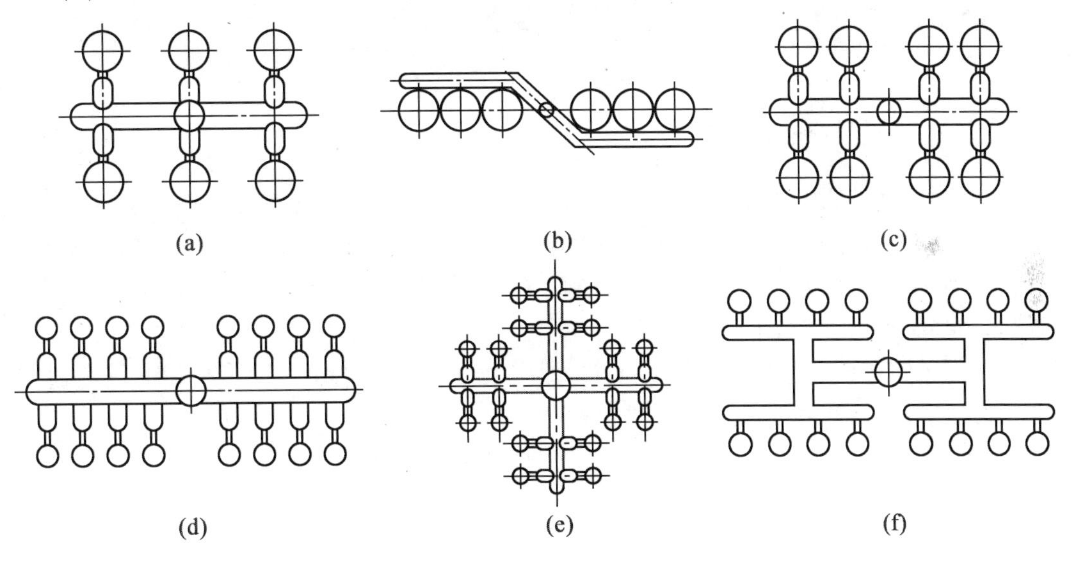

图2-44　非平衡式分流道

(3)分流道设计应注意的问题。

①分流道与型腔排列要紧凑,以减小模具尺寸和缩短流程。

②分流道对熔体流动阻力要达到最小,流道凝料要达到最少。

③分流道的设计应能保证各型腔均衡地进料。

④对于成型热塑性塑料时,分流道表面不必修得很光滑,而成型热固性塑料时,分流道表面粗糙度要求尽可能小。

⑤分流道可开设在动模或定模上,也可以在动模和定模上同时开设。

⑥最好使制品和流道在分型面上总投影面积的几何中心和锁模力的中心相重合。

2. 常见的浇口设计

(1)直接式浇口,如图2-45所示。

优点:压力损失小;制作简单。

缺点:浇口附近应力较大;需人工剪除浇口(流道);表面会留下明显的浇口疤痕。

应用:可用于大而深的桶形塑件,对于浅平的塑件,由于收缩及应力的原因,容易产生翘曲变形;对于外观不允许有浇口痕迹的塑件,可将浇口设于塑件内表面,如图2-45(c)所示,这种设计方式,开模后塑件留于前模,利用前模顶出机构(图中未示出)将塑件顶出。

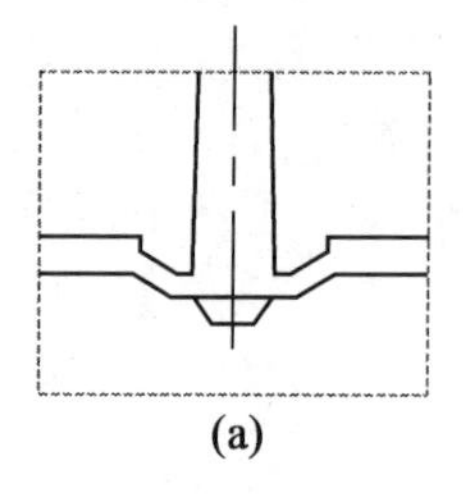
(a)

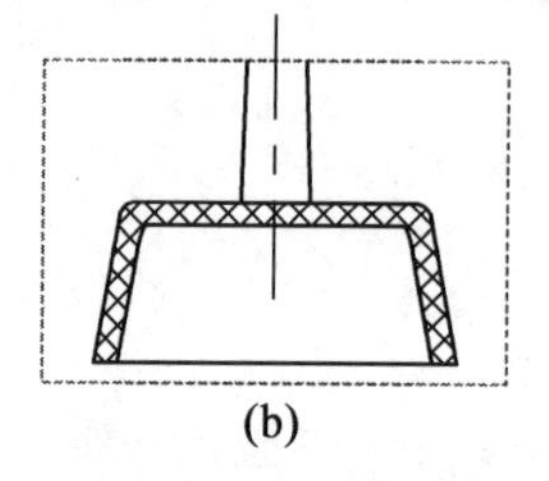
(b)

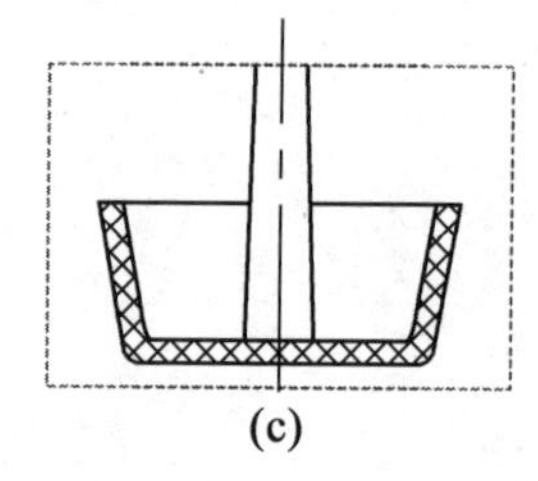
(c)

图2-45　直接式浇口

(2)侧浇口,如图2-46所示。

优点:形状简单,加工方便;去除浇口较容易。

缺点:塑件与浇口不能自行分离;塑件易留下浇口痕迹。

参数:

①浇口宽度 W 为(1.5~5.0)mm,一般取 $W=2H$。大塑件和透明塑件可酌情加大;

②深度 H 为(0.5~1.5)mm。具体来说,对于常见的ABS和HIPS,常取 $H=(0.4\sim0.6)\delta$,其中 δ 为胶件基本壁厚;对于流动性能较差的PC和PMMA,取 $H=(0.6\sim0.8)\delta$;对于POM和PA,这些材料流道性能好,但凝固速率也很快,收缩率较大,为了保证胶件获得充分的保压,防止出现缩痕和皱纹等缺陷,建议浇口深度 $H=(0.6\sim0.8)\delta$;对于PE和PP等材料来说,小浇口有利于熔体剪切变稀而降低黏度,浇口深度 $H=(0.4\sim0.5)\delta$。

应用:适用于各种形状的胶件,但对于细而长的桶形胶件不宜采用。

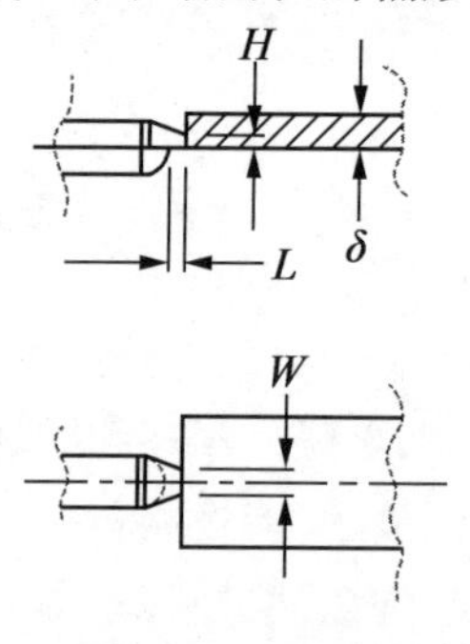

图2-46　侧浇口

(3)搭接式浇口,如图2-47所示。

优点:它是侧浇口的演变形式,具有侧浇口的各种优点;它是典型的冲击型浇口,可有效地防止塑料熔体的喷射流动。

缺点:不能实现浇口和胶件的自行分离;容易留下明显的浇口疤痕。

参数:可参照侧浇口的参数来选用。

应用:适用于有表面质量要求的平板形胶件。

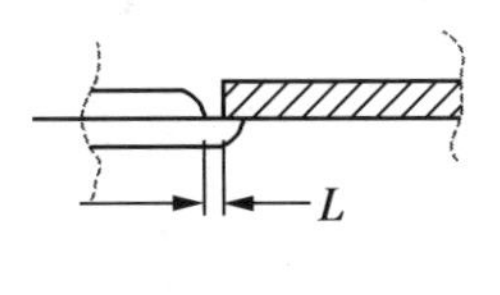

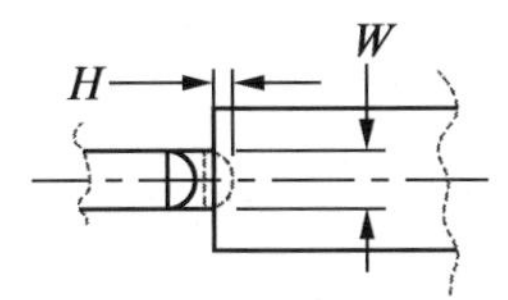

图2-47　搭接式浇口

(4)针点浇口,如图2-48所示。

优点:浇口位置选择自由度大;浇口能与胶件自行分离;浇口痕迹小;浇口位置附近应力小。

缺点:注射压力较大;一般须采用三板模结构,结构较复杂。

参数:浇口直径 d 一般为(0.8~1.5)mm;浇口长度 L 一般为(0.8~1.2)mm;为了便于浇口齐根拉断,应该给浇口做一锥度 α,大小为15°~20°;浇口与流道相接处圆弧 $R1$ 连接,使针点浇口拉断时不致损伤胶件,$R2$ 为(1.5~2.0)mm,$R3$ 为(2.5~3.0)mm,深度 $h=(0.6\sim0.8)$mm。

应用:常应用于较大的面和底壳,合理地分配浇口有助于减少流动路径的长度,获得较理想的熔接痕分布;也可用于长筒形的胶件,以改善排气。

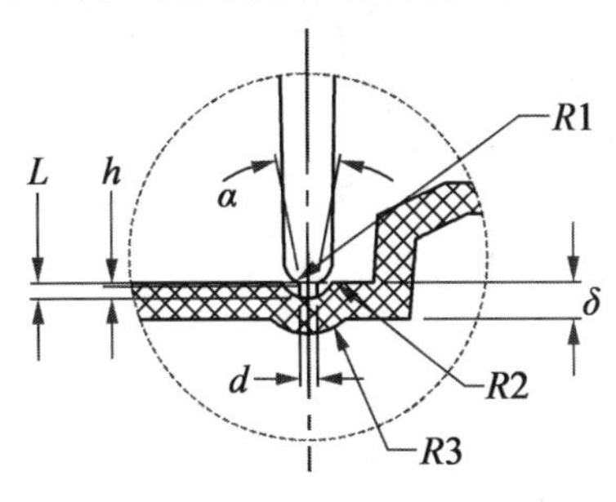

图2-48　针点浇口

(5)扇形浇口,如图2-49所示。

优点:熔融塑料流经浇口时,在横向得到更加均匀的分配,降低胶件应力;减少空气进入型腔的可能,避免产生银丝、气泡等缺陷。

缺点:浇口与胶件不能自行分离;胶件边缘有较长的浇口痕迹,须用工具才能将浇口加工平整。

参数：常用尺寸深 H 为(0.25 ~ 1.60) mm；宽 W 为 8.00 mm 至浇口侧型腔宽度的 1/4；浇口的横断面积不应大于分流道的横断面积。

应用：常用来成型宽度较大的薄片状胶件、流动性能较差的透明胶件，比如 PC 和 PMMA 等。

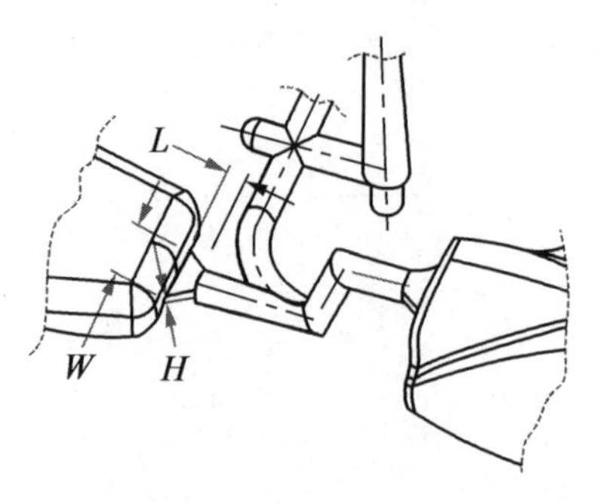

图 2 – 49　扇形浇口

(6)潜伏式浇口，如图 2 – 50 所示。

优点：浇口位置的选择较灵活；浇口可与胶件自行分离；浇口痕迹小；两板模、三板模都可采用。

缺点：浇口位置容易拖胶粉；入水位置容易产生烘印；需人工剪除胶片；从浇口位置到型腔位置压力损失较大。

参数：浇口直径 d 为 0.8 ~ 1.5 mm；进胶方向与铅直方向的夹角 α 在 30° ~ 50°之间；浇口的锥度 β 在 15° ~ 25°之间；与前模型腔的距离 A 为(1.0 ~ 2.0) mm。

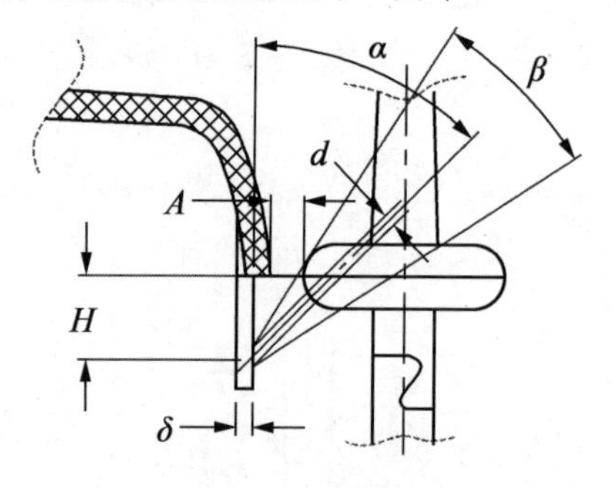

图 2 – 50　潜伏式浇口

应用：适用于外观不允许露出浇口痕迹的胶件。对于一模多腔的胶件，应保证各腔从浇口到型腔的阻力尽可能相近，避免出现滞留，以获得较好的流动平衡。

(7)牛角浇口，如图 2 – 51 所示。

优点：浇口和胶件可自动分离；无须对浇口位置进行另外处理；不会在胶件的外观面产生浇口痕迹。

缺点：可能在表面出现烘印；加工工艺较复杂；设计不合理容易折断而堵塞浇口。

参数：浇口入水端直径 d 为 ϕ0.8 ~ 1.2 mm，长(1.0 ~ 1.2) mm；A 值为 2.5D 左右；ϕ2.5 mm* 是指从大端 0.8D 逐渐过渡到小端 ϕ2.5。

应用：常用于 ABS 和 HIPS，不适用于 POM 和 PBT 等结晶材料，也不适用于 PC 和 PMMA

等刚性好的材料,防止弧形流道被折断而堵塞浇口。

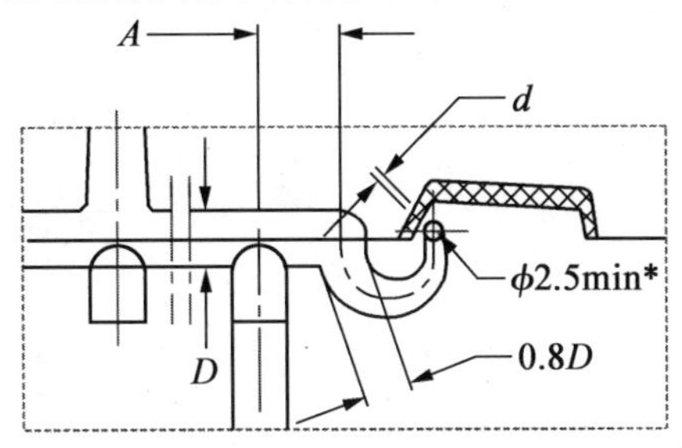

图2-51　牛角浇口

(8)护耳式浇口,如图2-52所示。

优点:有助于改善浇口附近的气纹。

缺点:需人工剪切浇口;胶件边缘会留下明显的浇口痕迹。

参数:护耳长度 $A=(10\sim15)$ mm,宽度 $B=A/2$,厚度为进口处型腔断面壁厚的7/8;浇口宽 $W=(1.6\sim3.5)$ mm,深度 H 为(1/2~2/3)的护耳厚度,浇口长(1.0~2.0)mm。

应用:常用于PC和PMMA等高透明度的塑料制成的平板形胶件。

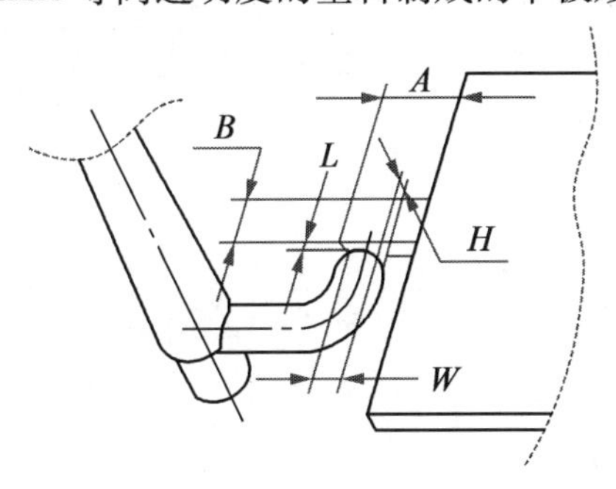

图2-52　护耳式浇口

(9)圆环形浇口,如图2-53所示。

优点:流道系统的阻力小;可减少熔接痕的数量;有助于排气;制作简单。

缺点:需人工去除浇口;会留下较明显的浇口痕迹。

参数:为了便于去除浇口,浇口深度 h 一般为(0.4~0.6)mm,H 为(2.0~2.5)mm。

应用:适用于中间带孔的胶件。

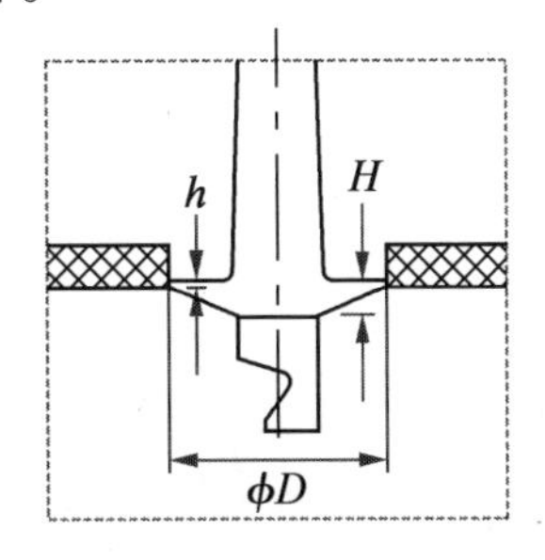

图2-53　圆环形浇口

拓展 2－4　顶出与复位零件介绍

1. 圆推杆介绍

(1) 圆推杆分类。

当推杆直径小于等于 $\phi2.5$ mm 时，常采用双节的圆推杆（称为“双节顶针”），如图 2－54 所示。

当推杆直径大于等于 $\phi3$ mm 时，常采用直推杆，如图 2－55 所示。

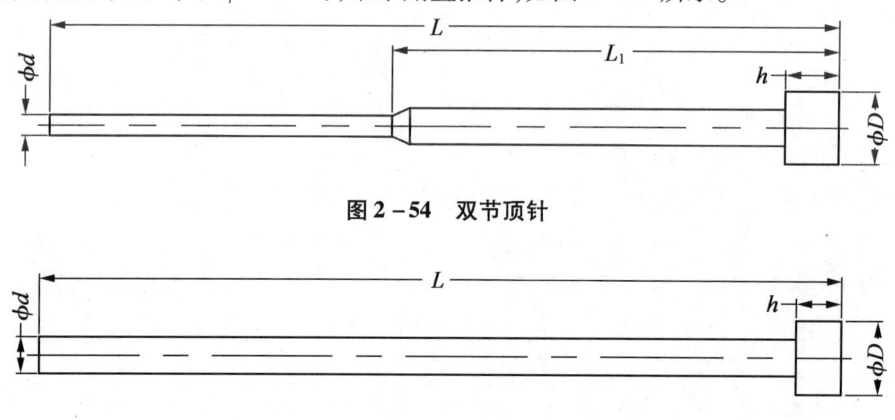

图 2－54　双节顶针

图 2－55　直推杆

(2) 圆推杆的排布要求。

①推杆尽量排布在顶出力较大的地方，如产品的拐角处、加强筋部位等。

②优先选用同一规格的推杆，优先选用大号推杆，优先将推杆排在同一条直线上。

③优先将顶针排在平面上，如果只能排在斜面上时，则顶针端面应做防滑处理，底部应做防转，如图 2－56 所示。

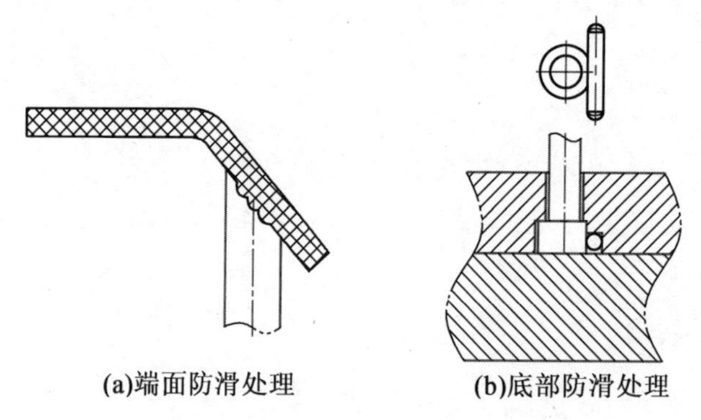

(a)端面防滑处理　　(b)底部防滑处理

图 2－56　防滑处理

④孔配合长度 $L=10\sim15$ mm，对小直径顶针 L 取直径的 5 倍，如图 2－57 所示。

⑤推杆在模具中的装配要求是除了配合段，其他部位在径线方向均应单边避空 0.5 mm。

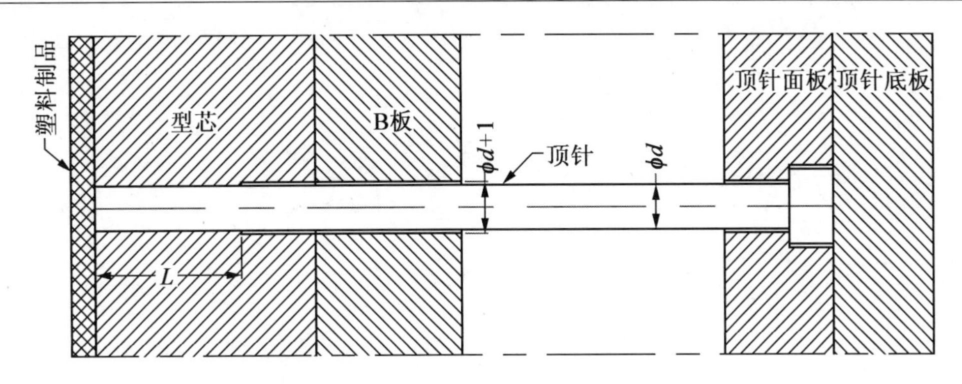

图2－57　顶针在模具中的装配

2. 弹簧

弹簧在模具中的作用主要有两种，即复位与定位。例如，在顶针板上布置弹簧就是为了起复位作用。在弹簧的布置当中，要考虑以下几方面：①弹簧力的大小，要求弹簧预压时提供的力为被作用零件重力的1.5～2倍；②复位弹簧的位置，提供的力要平衡；③弹簧高度要选取标准长度。

（1）复位弹簧的分类。

①轻小荷重。外观呈黄色，常称为黄弹簧，弹力较小，模具中常使用，如用于回针上的复位、三板模中的辅助分型等。

②轻荷重。外观呈蓝色，常称为蓝弹簧，弹力比黄弹簧大，以前也常用在回针上，现大多情况下用黄弹簧代替。

③中荷重。外观呈红色，弹力比蓝弹簧大，较少使用。

④重荷重。外观呈绿色，弹力比红弹簧大，较少使用。

⑤极重荷重。外观呈土棕色，弹力比绿弹簧大，较少使用。

⑥氮气弹簧。当模具大于等于700 mm时，在顶出行程较长的情况下会使用氮气弹簧复位。

（2）弹簧的参数设计。

①弹簧的预压。为保证弹簧的正常使用，所有弹簧在使用时必须留有原长10%～15%的预压。例如，订购一条自由长度为100 mm的弹簧时，提供的模具空间高度为90 mm。顶针板上装的弹簧均为预压状态。

②弹簧最大压缩比。弹簧最大压缩比是指弹簧最大压缩量除以弹簧的自由长度，不同种类的弹簧根据要求的使用寿命，其最大压缩比是不同的。

黄弹簧在要求使用100万次时，其最大压缩比为40%；在要求使用50万次时，其最大压缩比为45%。

蓝弹簧在要求使用100万次时，其最大压缩比为32%；在要求使用50万次时，其最大压缩比为36%。

③弹弓选用长度的计算公式为

$$L = \frac{L_1 + L_2}{\text{压缩比}}$$

式中　L——弹弓的自由长度;

L_1——弹弓的预压量,通常取 L 的 10% ~15%;

L_2——弹弓的压缩量(即顶出行程)。

(3)弹簧的装配,如图 2 -58 所示。

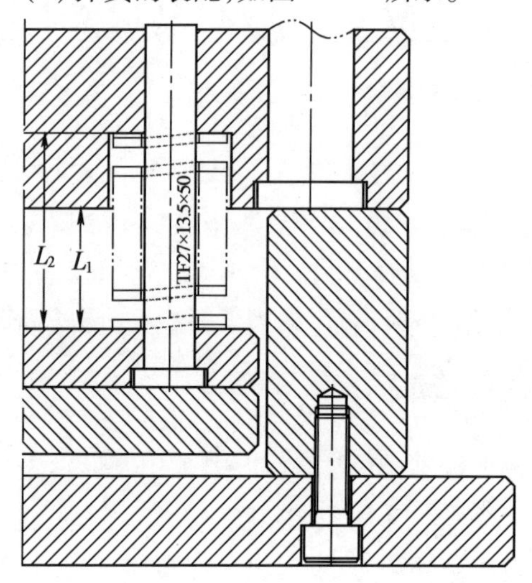

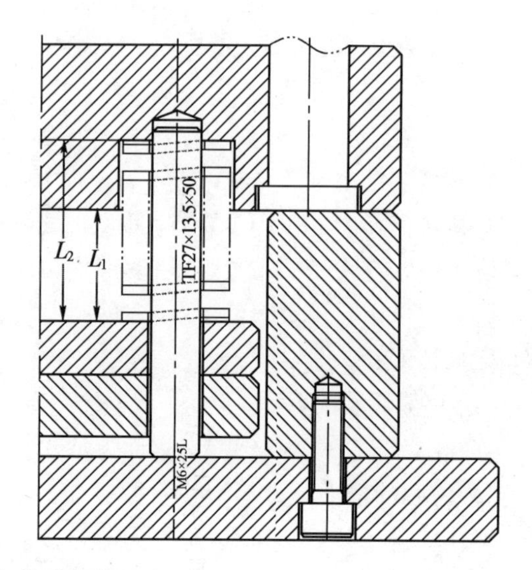

图 2 -58　复位弹簧装配

说明:

①图中 L_2 为弹簧预压后的长度,L_1 为顶出行程。

②弹簧一般套在回针上,如果空间不够,则可设计成右图所示,套在扶针上面。

③弹簧的数量取决于顶针板的质量,所有弹簧处于预压状态的力相加,应是顶针板质量的 1.5 ~2 倍。当空间不够时,或弹簧提供的力无法达到要求时,则考虑氮气弹簧或用油缸顶出。

④以黄弹簧压缩比为 45%,蓝弹簧压缩比为 36% 为例进行计算,图中 L_1 与 L_2 常取下列尺寸,以供参考。

表 2 -12　弹簧参数　　mm

自由长度 L	顶出行程 L_1		预压后长度 L_2	
	黄弹簧	蓝弹簧	黄弹簧	蓝弹簧
50	~17	~13	45	45
60	17 ~21	13 ~16	54	54
70	21 ~24	16 ~18	63	63
80	24 ~28	18 ~20	72	72
90	28 ~31	20 ~23	81	81

续表 2－12

自由长度 L	顶出行程 L_1		预压后长度 L_2	
	黄弹簧	蓝弹簧	黄弹簧	蓝弹簧
100	31～35	23～26	90	90
125	35～45	26～35	115	115
150	45～50	35～40	135	135
175	50～65	40～45	160	160
200	65～70	45～50	180	180
250	70～90	50～65	225	225
300	90～105	65～75	270	270
350	105～120	75～90	315	315

3. 复位杆

复位杆也称为回针，作用是使顶出的顶针板退回到原位。在工业模具中，回针是确保顶针板回复到原来位置的重要零件。标准模架无论大小都提供4支回针，当模具长度达到800 mm以上时，则应考虑采用6支回针，如图2－59所示，模具长度为1.1 m，则在模具上设计了6支回针；当模具长度超过1.2 m时，则可考虑采用8支或8支以上的回针。如图2－60所示，模具长度达到了2 m，设计了12支回针。

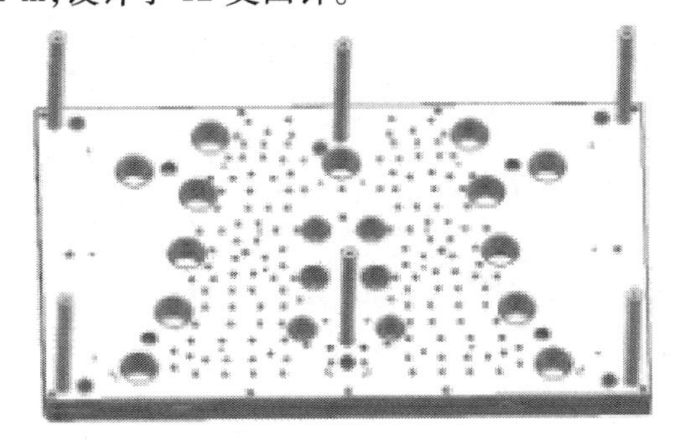

图2－59　6支回针的模具

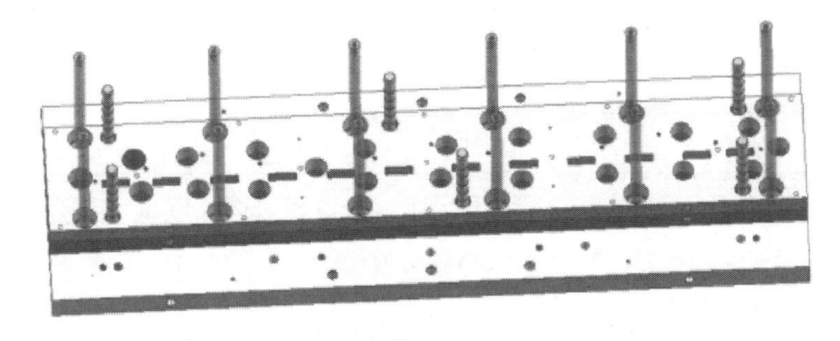

图2－60　12支回针的模具

拓展 2－5　温度调节系统

1. 模具温度及其调节的重要性

(1)模具温度对塑料制品质量的影响。

当模温过低时,塑料流动性差,塑件轮廓不清晰,表面无光泽,热固性塑料则欠熟。

当模温过高时,塑料易造成溢料粘模,塑件脱模困难,变形大,热固性塑料则过熟。

当模温不均时,型芯、型腔温差过大,塑件会出现收缩不均、内应力增大、变形及尺寸不稳定的情况。

(2)模具温度对模塑周期的影响。

提高模塑效率就需要缩短模塑周期,一般注射时间占 5%,冷却时间占 80%,脱模时间占 15%。所以通过调节塑料和模具的温差来缩短冷却硬化时间,提高生产率。

输入热和输出热应保证热平衡,输入热是由加热装置的加热量和塑料熔体的热量所提供,而输出热用于自然散热及热传导。因此,要保持模具温度稳定,就需要设计模具温度调节系统来调节模具温度。

2. 对模具温度控制系统设计的基本要求

(1)冷却水道直径。

冷却水道直径大小应合理选用,冷却水孔的直径越大越好,但冷却水孔的直径太大会导致冷却水的流动出现层流。因此,尽量使流速达到紊流状态。

冷却水管直径一般为 6 mm、8 mm、10 mm、12 mm、13 mm、16 mm。可根据模具大小来确定管径大小,见表 2－13。

表 2－13　根据模具大小确定冷却水管直径　　mm

模宽	冷却管道直径	模宽	冷却管道直径
200 以下	5	400 ~ 500	8 ~ 10
200 ~ 300	6	500 ~ 700	10 ~ 13
300 ~ 400	6 ~ 8	700 ~ 1 000	16

(2)冷却水道位置。

①冷却水道的中心距为(3 ~ 5)d,如图 2－61 所示。冷却水道的位置与动模或定模的基面的中心距应是整数,不能设计成小数,否则会给画图、编程、加工、测量、验收带来不必要的麻烦。

②冷却水道至型腔表面的距离不可太近,也不宜太远,一般为(1.5 ~ 2.5)d。水道外壁距型腔壁的最小距离根据模具情况而定,小模具最小为 6.5 mm,中型模具以上为8 ~ 12 mm,硬模为 15 ~ 20 mm。

③冷却水道至成型面各处应是相同的距离,排列与成型面形状相符,如图 2－62 所示。塑件壁厚不同,型腔壁厚与冷却水道之间的距离不同,如图 2－63 所示。

④冷却水道头底部与型腔壁最小距离为 19 mm,如图 2－64 所示。

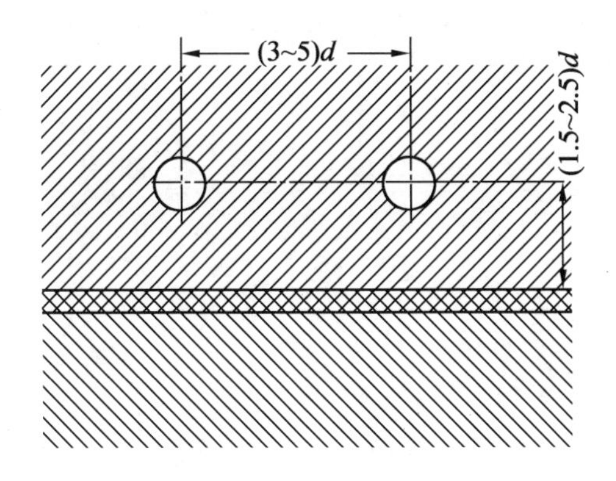

图2-61　冷却水道直径、间距与型腔之间的距离

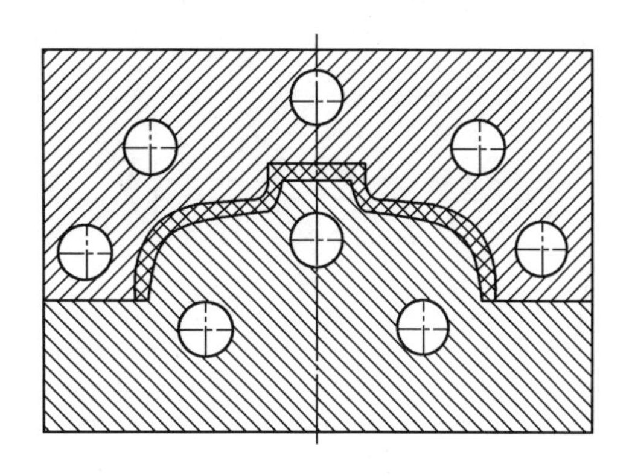
图2-62　冷却水道至型腔表面距离应尽量相等

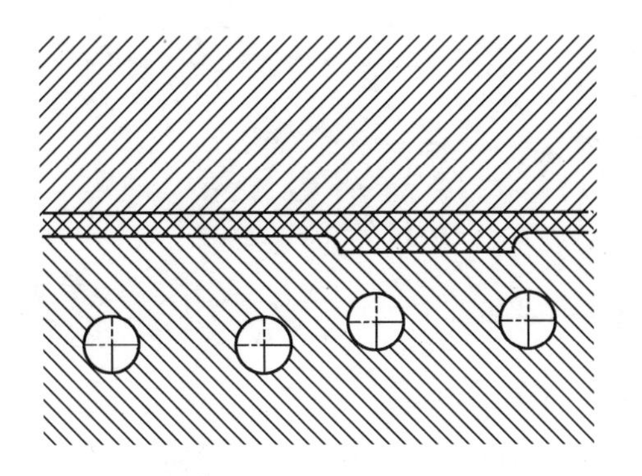
图2-63　塑件壁厚不同,冷却水道之间的距离也不同

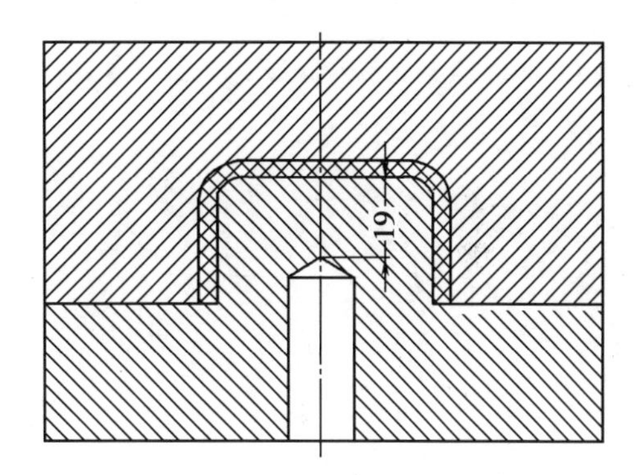

图2-64　冷却水道钻头底部与型腔壁最小距离

(3)正确设计冷却水回路,提高冷却效果。

①想方设法提高冷却效果,尽量采用串联的方式,如采用并联水路,则应避免产生死水,否则会影响冷却效果。

②设置冷却水结构时,如果效果不好,则应采用导热性好的材料,如铍铜、铜合金和采用导热棒的结构。对于型芯、镶块、滑块,在必要时,必须想方设法给予冷却。在采用上述的各种冷却方式后,在冷却效果不好的特殊情况下,型芯上应采用镀铜镶件冷却水的结构形式。

③模具的动、定模温度最高的部分决定了成型周期,因此应加强对制品壁厚的冷却。

④要考虑冷却水道的横截面直径,注意冷却水道的直径不宜过大,直径大了,管内水的流速就慢了。

⑤为了避免冷却效果不好的情况发生,冷却水孔不宜太长,一般在1.5 mm以下,弯头不宜超过8个。

⑥可利用模温机控制模具的动、定模温度,满足成型工艺条件。

3. 模具冷却装置的设计

(1)塑料模具的冷却。

塑料模具的冷却常与塑料品种、制品壁厚、模具材料、模具温度、回路分布、冷却液温度及流动状态等因素有关。如图2-65所示为常见的模具冷却方式。

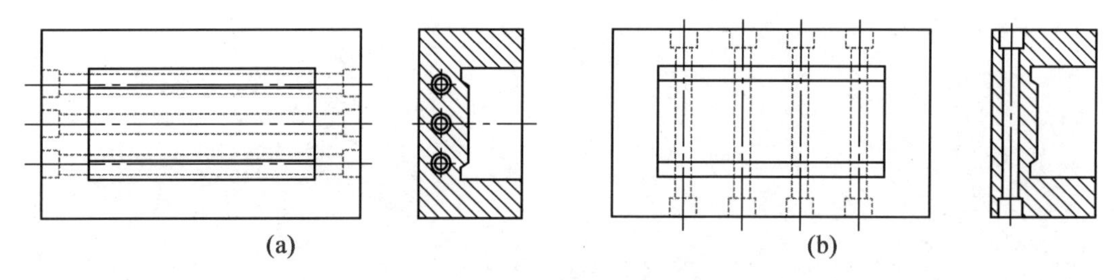

图 2 - 65　常见的模具冷却方式

(2)冷却装置的设计原则。

①常用胶料的注射温度与模具温度见表 1 - 1。

②冷却水道的孔壁至型腔表面的距离应尽可能相等,一般取 15 ~ 25 mm(图 2 - 66)。

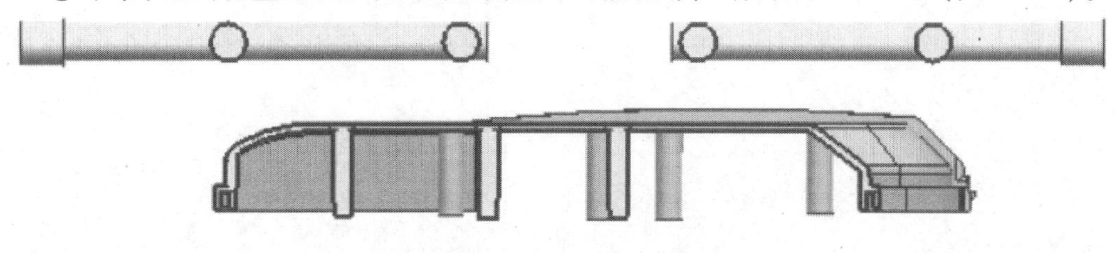

图 2 - 66　水道与胶位间的距离

③冷却水道应尽量分布均匀,而且要便于加工。一般水道直径选用 ϕ6 mm,ϕ8 mm,ϕ10 mm,ϕ12 mm,两平行水道的间距取 5 倍的水道直径,即 40 ~ 60 mm,如图 2 - 67 所示。

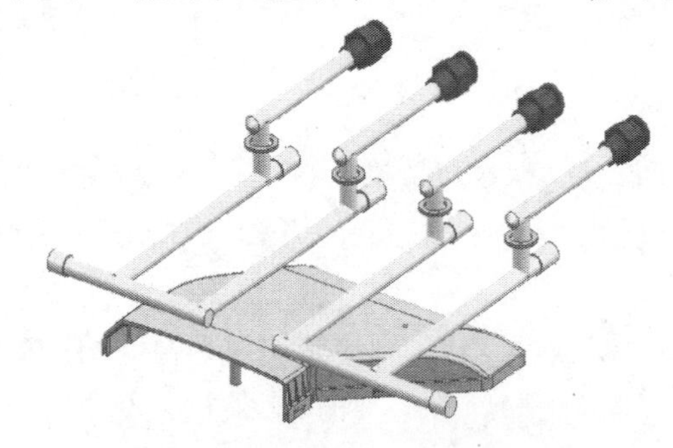

图 2 - 67　两水路之间的距离

④所有成型零部件均要求通冷却水道,除非指成型零件上没有空间加工冷却水道。热量聚集的部位强化冷却,如厚胶位、浇口处等。定模板、动模板、水口板及浇口部分则视情况而定。

⑤降低入水口与出水口的温差。入水、出水温差会影响模具冷却的均匀性,故设计时应标明入水、出水方向,模具制作时要求在模坯上标明。如图 2 - 68 所示,运水流程不应过长,以防出、入水温差过大。

⑥尽量减少冷却水道中“死水”(不参与流动的介质)的存在,如图 2 - 69 所示。

⑦冷却水道应避免设在可预见的胶件熔接痕处,模流分析时出现的熔接痕,如图 2 - 70 所示。

⑧保证冷却水道到顶针孔、斜顶孔、螺钉孔边缘距离不小于4 mm，模流分析时出现的熔接痕如图2－71所示。

⑨对冷却水道布置有困难的部位应采取其他冷却方式，如铍铜等。

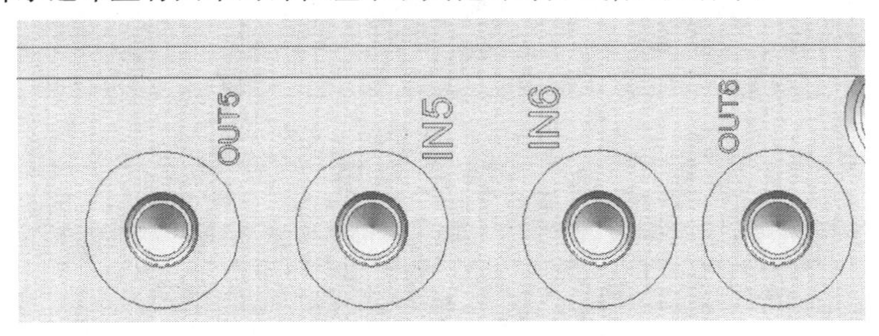

图2－68　进、出水要刻上编号

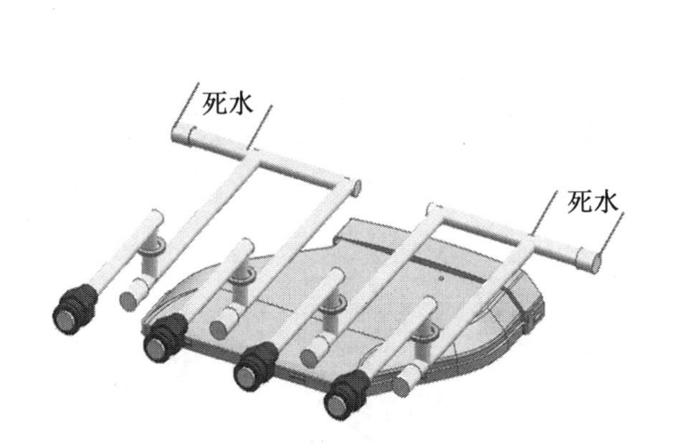

图2－69　尽量避免过多死水

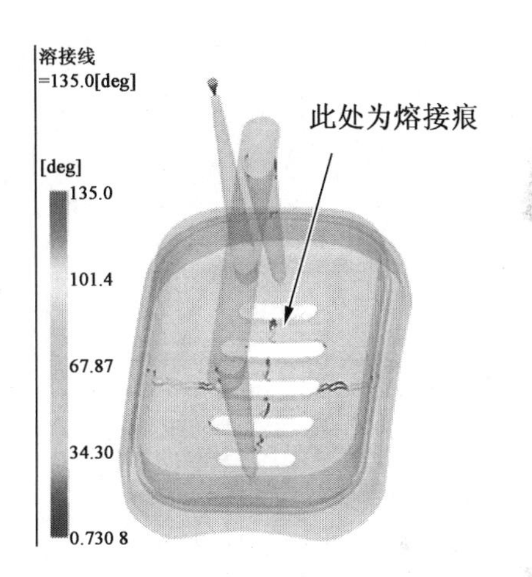

图2－70　模流分析时出现的熔接痕

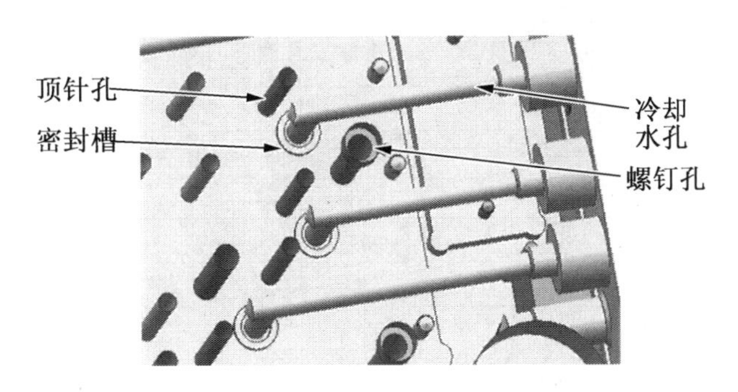

图2－71　水路与螺钉孔之间的距离要求

拓展2－6　模板强度经验取值方法

1. 平面尺寸的确定

如图2－72所示，平面尺寸主要用于确定模仁与模架的长度、宽度的尺寸，在确保模具强度的情况下，尽量取小值，模架尽量采用标准尺寸，以下为模具排位的一种经验取值。

尺寸a的取值分为以下两种情况。

(1)当模具上没有滑块时,单边常取 50～75 mm,随着模具的增大,该尺寸也随之增加。

(2)当模具上有滑块时,单边常取 75～100 mm,随着滑块的增大,模具单边的取值也会增加。

由此可推断:

$$模架宽 = 型芯宽 + 2a$$

$$模架长 = 型芯长 + 2a$$

模架推算出尺寸后再套用标准模架规格即可确定模架的长与宽。

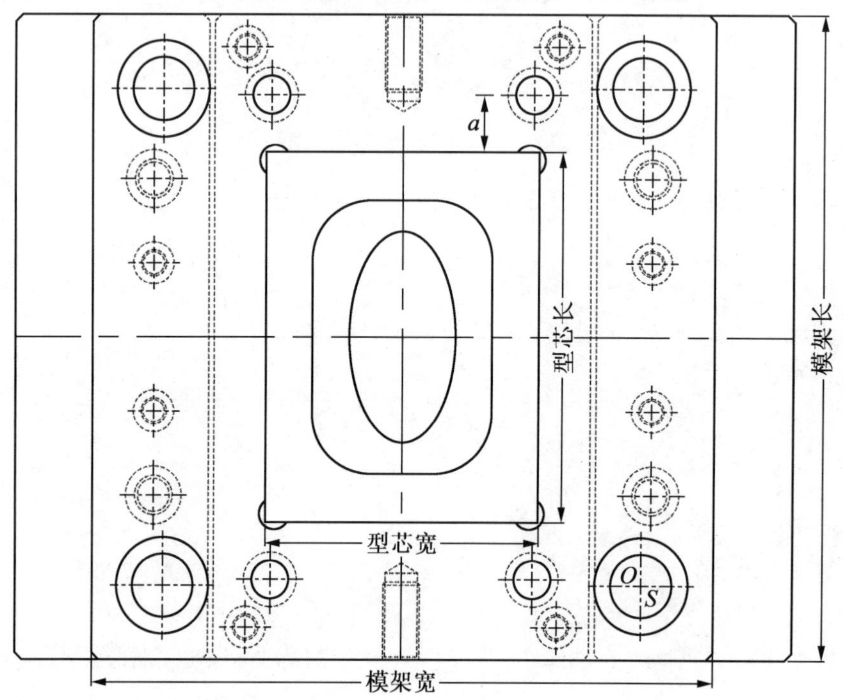

图 2－72　宽度尺寸确定

2. 高度尺寸确定

如图 2－73 所示,高度尺寸主要是确定定模板(简称 A 板)、动模板(简称 B 板)、模脚的高度尺寸。其他板块都可以根据龙记标准模架自动确定。

尺寸说明:

h_3——框底部的厚度尺寸,$h_3 = h_1 + (5 \sim 10)$ mm,即 h_3 常取 30～35 mm。

定模板的高度 $= h_2 + h_3$,取整 10 的倍数。

h_6——动模板框底部的厚度尺寸,用来承受注射压力,$h_6 = h_4 + (5 \sim 10)$ mm。

动模板高度 $= h_6 + h_5$,取整 10 的倍数。

模脚高度 = 顶出行程 + 顶针板高度 + 垃圾钉高度(5 mm) + (5～10) mm((5～10) mm 指顶针板顶出后,顶针板与 B 板的距离)。

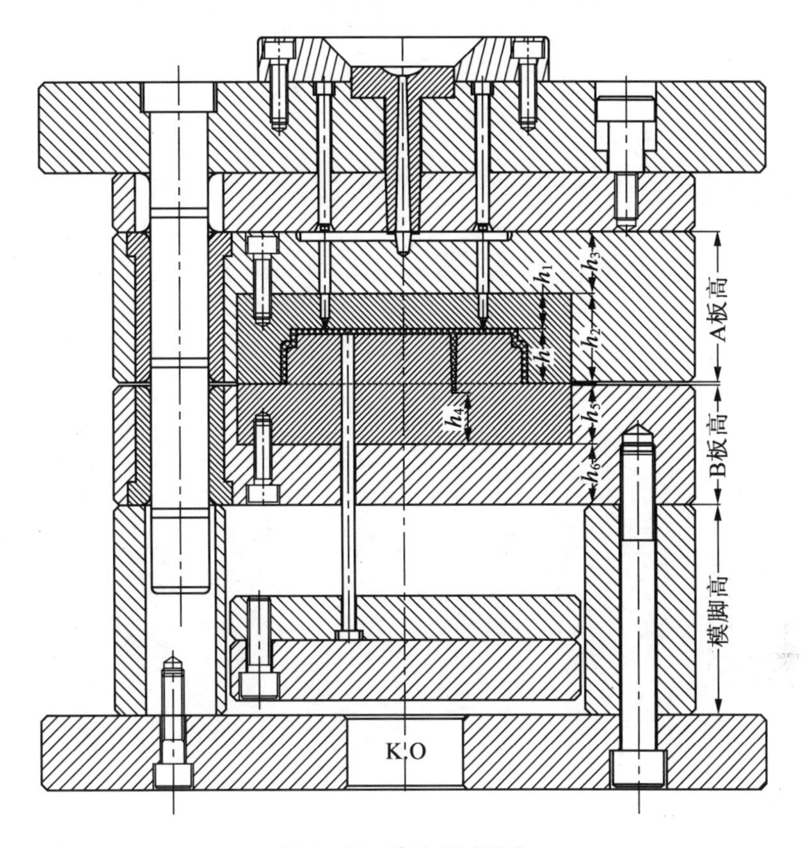

图2－71　高度尺寸确定

3.顶出行程确定(图2－74)

顶出行程＝产品高度＋(5～10)mm((5～10) mm指产品顶出后,底端高出模仁的距离)。

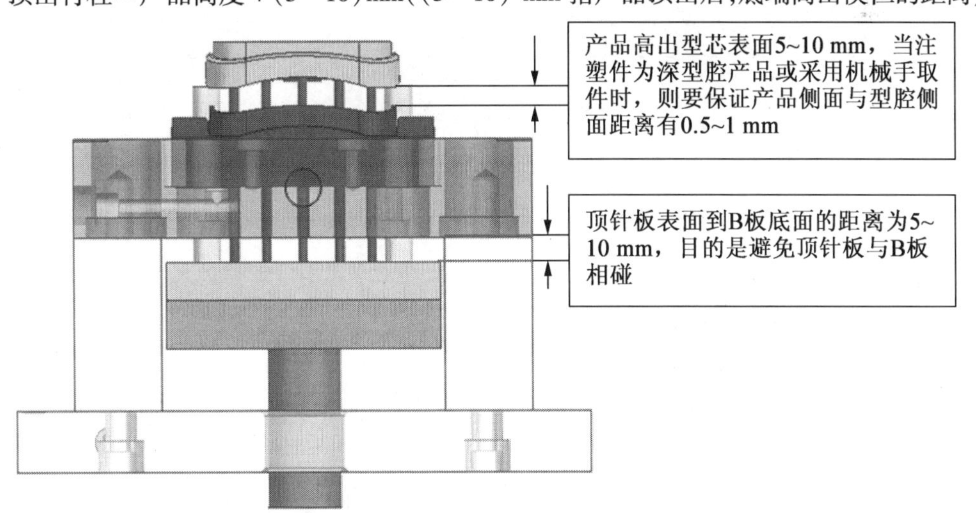

图2－74　顶出行程确定

注意:当模具上设计有斜顶时,顶出行程要必须保证斜顶能脱掉产品上的倒扣尺寸。

4. **模具规格确定条件**

当我们按照上述方法导出模架后，如何去判断模架大小是否适合呢？下面提供 3 点依据。

(1)在长度方向上，模仁边到回针边的距离大于等于 15 mm(如图 2－75 中 *a* 尺寸，常取 15～25 mm)。

(2)在宽度方向上，以顶针板边缘为基准，±5 mm 范围均可以接受(如图 2－75 中 *b* 尺寸，重叠最为理想)。

(3)模仁角到导套边的距离大于等于 20 mm(如图 2－75 中 *c* 尺寸，常取 20～30 mm)。

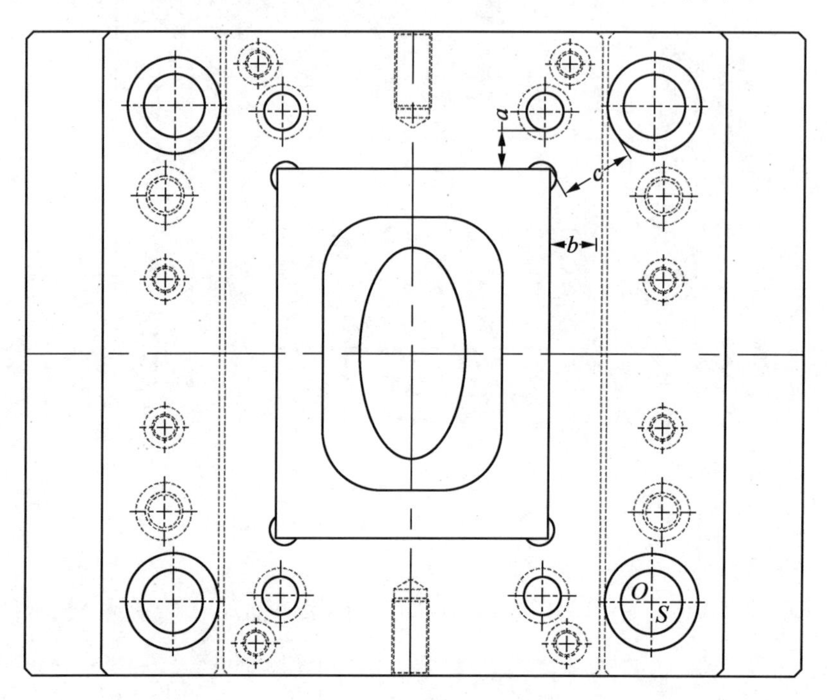

图 2－75　模架大小审核

拓展 2－7　模具开模控制

1. **距离控制零件介绍**

用来控制距离的零件有等高螺钉、拉板及小拉杆。

(1)等高螺钉(也称塞打螺钉)如图 2－76 所示，表 2－14 为等高螺钉选型规格表。

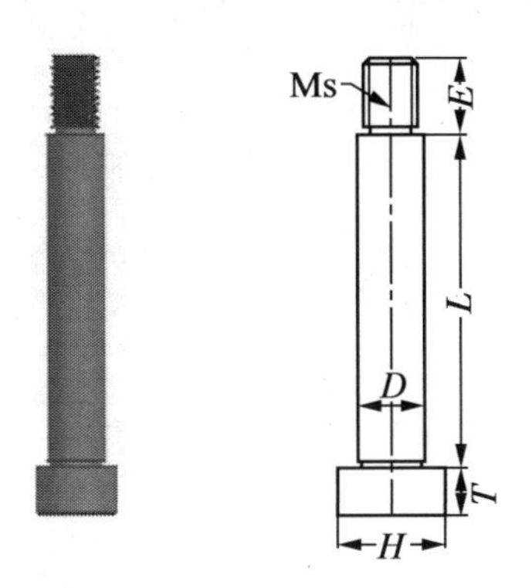

工程部统一填写格式

名称：等高螺钉

材料：STD

规格：$\phi D \times L$-Ms-总长

图 2－76　等高螺钉

表 2－14　等高螺钉选型规格表　mm

D	6	8	10	12	16
H	10	13	16	18	24
E	9.75	11.25	13.25	16.25	18.25
T	4.5	5.5	7	8	10
Ms	M5×0.8	M6×1.0	M8×1.25	M10×1.5	M12×1.75
L	12、16、20、25、30、…、85、90、100、…、140、150				

(2)图 2－77 为Ⅱ型等高螺钉及小拉杆，表 2－15 为其选型参数。

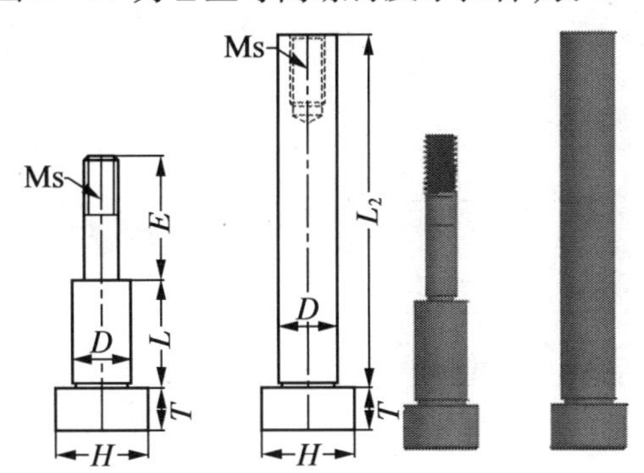

工程部统一填写格式

名称：小拉杆Ⅱ型等高螺钉

材料：STD　　STD

规格：$\phi D \times L_2$　　$\phi D \times L_1 \times E_1$

图 2－77　等高螺钉及小拉杆

表 2－15　Ⅱ型等高螺钉及小拉杆常用规格表　mm

T	H	B	$M \times E$	D	L_1	E_1	L_2
8	16	6	M6×17	10	10	19,24	40,50,60,70,…,170,180
					15	19,24,29	
					20	19,24,29,34	

续表 2 – 15

<table>
<tr><th>T</th><th>H</th><th>B</th><th>$M \times E$</th><th>D</th><th>L_1</th><th>E_1</th><th>L_2</th></tr>
<tr><td rowspan="6">8</td><td rowspan="6">18</td><td rowspan="6">8</td><td rowspan="6">M8 × 20</td><td rowspan="6">13</td><td>10</td><td>22,27</td><td rowspan="6">60,70,80,90,…,240,250,260,280</td></tr>
<tr><td>15</td><td>22,27,32,37</td></tr>
<tr><td>20</td><td>22,27,32,37,42</td></tr>
<tr><td>25</td><td>27,32,37,42</td></tr>
<tr><td>30</td><td>27,32,37,42,47</td></tr>
<tr><td>35</td><td>37,42,47</td></tr>
<tr><td rowspan="12">13</td><td rowspan="6">24</td><td rowspan="6">10</td><td rowspan="6">M10 × 23</td><td rowspan="6">16</td><td>10</td><td>30,35</td><td rowspan="6">100,110,120,130,…,250,260,280,300</td></tr>
<tr><td>15</td><td>30,35,40</td></tr>
<tr><td>20</td><td>30,35,40,45</td></tr>
<tr><td>25</td><td>30,35,40,45</td></tr>
<tr><td>30</td><td>35,40,45,50,55</td></tr>
<tr><td>35</td><td>45,50,55</td></tr>
<tr><td rowspan="6">27</td><td rowspan="6">14</td><td rowspan="6">M12 × 26</td><td rowspan="6">20</td><td>15</td><td>38,43</td><td rowspan="6">120,130,140,150,…,250,260,280,300</td></tr>
<tr><td>20</td><td>38,43,48</td></tr>
<tr><td>25</td><td>38,43,48,53</td></tr>
<tr><td>30</td><td>48,53,58</td></tr>
<tr><td>35</td><td>48,53,58</td></tr>
<tr><td>45</td><td>53,58</td></tr>
<tr><td rowspan="5">18</td><td rowspan="5">33</td><td rowspan="5">17</td><td rowspan="5">M16 × 32</td><td rowspan="5">25</td><td>15</td><td>44,49</td><td rowspan="5">170,180,190,…,250,260,280,300,350</td></tr>
<tr><td>20</td><td rowspan="2">49,54,59</td></tr>
<tr><td>25</td></tr>
<tr><td>30</td><td>49,54,59,64</td></tr>
<tr><td>40</td><td>54,59,64,69</td></tr>
</table>

(3)等高螺钉 A、B 及小拉杆的应用。

如图 2 – 78 所示，分别为模板开模具距离控制的两种方案，如图 2 – 78(a)所示等高螺钉直接锁在小拉杆上面，这样可以节省空间，但易与其他零件干涉；如图 2 – 78(b)所示采用两种规格的等高螺钉，均固定在水口板上，其布置位置灵活，是一种常用的距离控制方式。

(4)拉板。

当模具中没有空间布置小拉杆时，可采用拉板来替代前面的小拉杆，如图 2 – 79 所示为拉板图，其设计参数可根据表 2 – 16 进行选取。

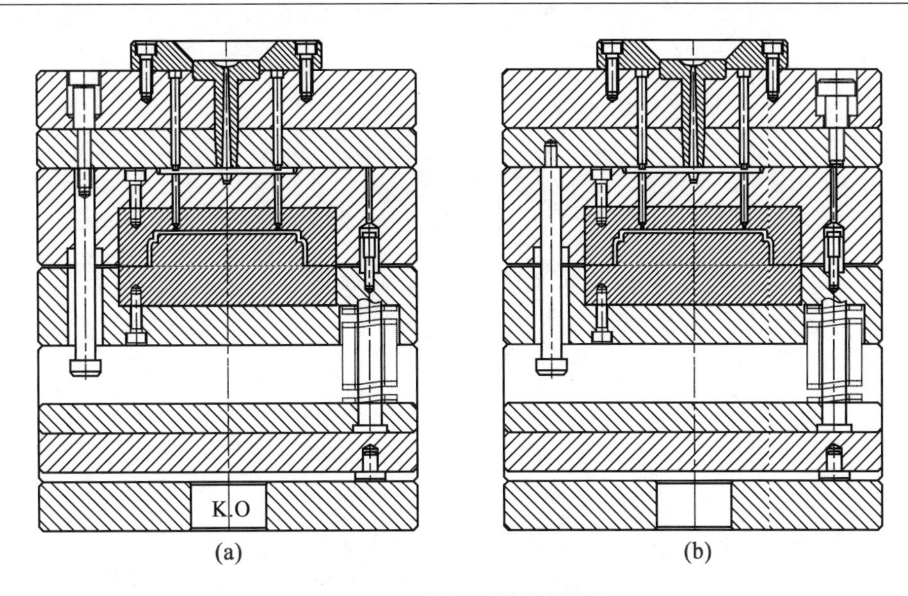

图2-78　模板开模距离控制

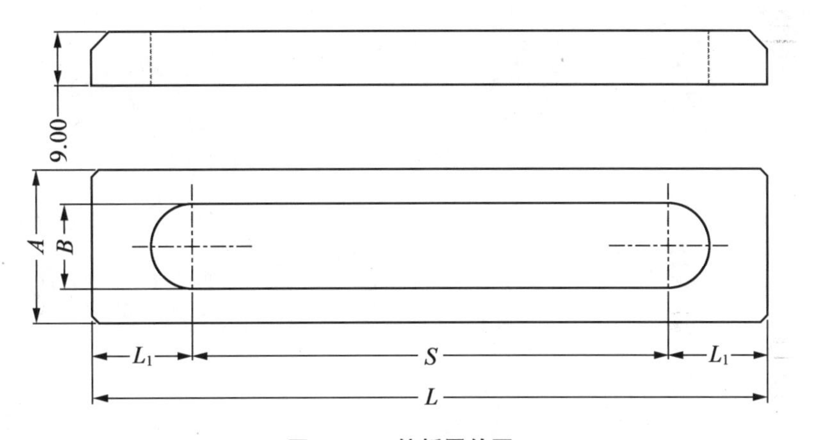

图2-79　拉板零件图

表2-16　拉板参数表　mm

B	L_1	L	A	S
14	17	S+34	25	80~250
17	18.5	S+37	32	100~300
21	20.5	S+41	38	

(5)拉板工业应用举例。

由图2-80可以看出,此套模具内部空间非常有限,所以无法布置等高螺钉及小拉杆,而是采用了4个拉板用来控制剥料板与定模板之间的距离。在剥料板与定模板上分别锁有定距螺钉,通过拉板来控制剥料板与定模板的开模距离。

2. 顺序控制零件介绍

用来控制模具开模顺序的零件有弹簧、胶塞和扣机。

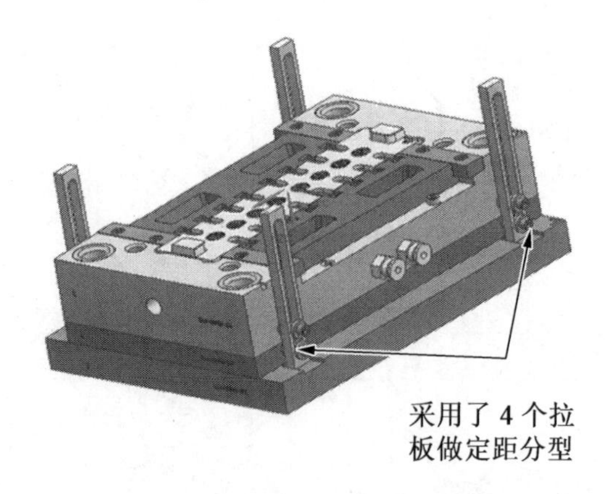

图 2－80　拉板在模具中的应用

(1)弹簧(具体参数请参考复位机构所讲的弹簧)。

在高精密的模具上,为了确保剥料板与 A 板之间最先打开,往往会在剥料板与 A 板之间加装弹簧,如图 2－81 所示。

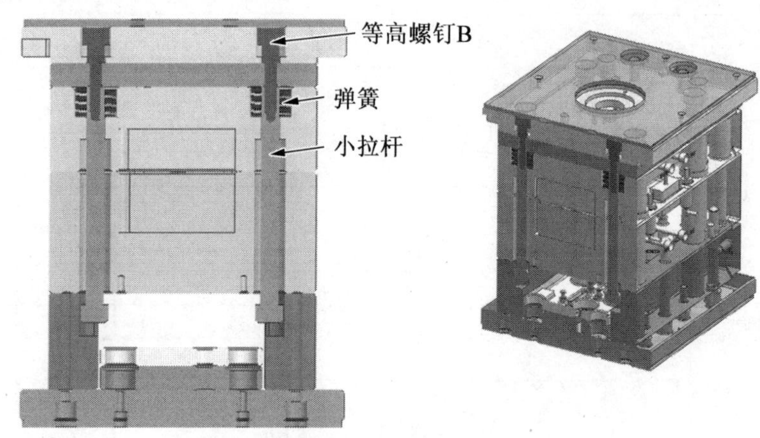

图 2－81　弹簧在开模顺序中的应用

(2)尼龙胶塞。

①尼龙胶塞一般用于模具的定模板与动模板上(即产品的分型面处)以增强开模的阻力,常用的规格有 ϕ13 mm,ϕ16 mm,ϕ20 mm(图 2－82)。

②尼龙胶塞在模具中的装配。

如图 2－82 所示,尼龙胶塞可以装配在 A 板上,也可以装配在 B 板上,根据模具上是否有空间来确定安装的位置。

说明:

a. 装配时,胶塞会沉入模板 5 mm,保证模具强度。

b. 胶塞孔的底面都会加工 ϕ4 mm 或者 ϕ5 mm 的排气孔。

c. 为了保证模具受力均匀,胶塞优先对称安装,一般为 4 个。

d. 与之配合的孔为精孔加工,且孔的边缘要倒上 $R2$ 的圆角。

图2-82 尼龙胶塞

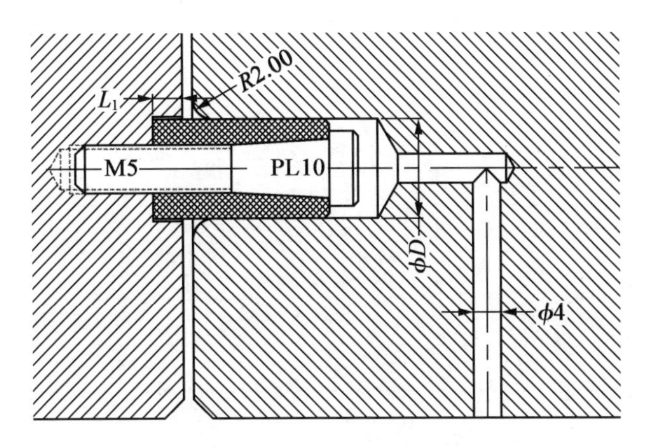

图2-83 尼龙胶塞在模具中的装配

(3)扣机。

扣机(图2-84)的种类非常多,很多公司会根据客户的要求,选择不同种类的扣机。扣机有标准件,也有非标准件。在设计中一般会根据客户要求来选取,无要求时,可采用以下扣机结构。

①普通扣机:普通扣机主要用于两种结构的模具。

a. 弹板结构。

作用:在开模过程中保证动模板与托板之间先开模,定模与动模板再开模。

b. 三板模结构。

作用:保证定模板与剥料板之间先开模,在弹出水口料后,定模与动模板再开模。

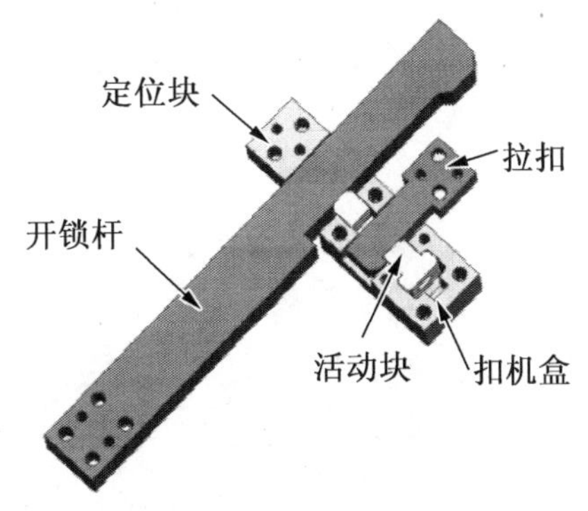

图2-84 扣机结构

②表 2－17 为扣机的规格(仅供参考)。

表 2－17　扣机规格参数表

mm

型号	名称	长	宽	高
001	开锁杆	*L*	30	20
	扣机盒	68	43	30
	活动块	54	20	20
	位扣	67	25	12
	定位块	35	20	20
002	开锁杆	*L*	50	40
	扣机盒	110	60	50
	活动块	88.5	33	40
	位扣	110	40	25
	定位块	50	40	40

③如图 2－85 所示,扣机一般装配在模具的操作与非操作侧,当装配在天侧与地侧时,应防止挡住产品或机械手取件。

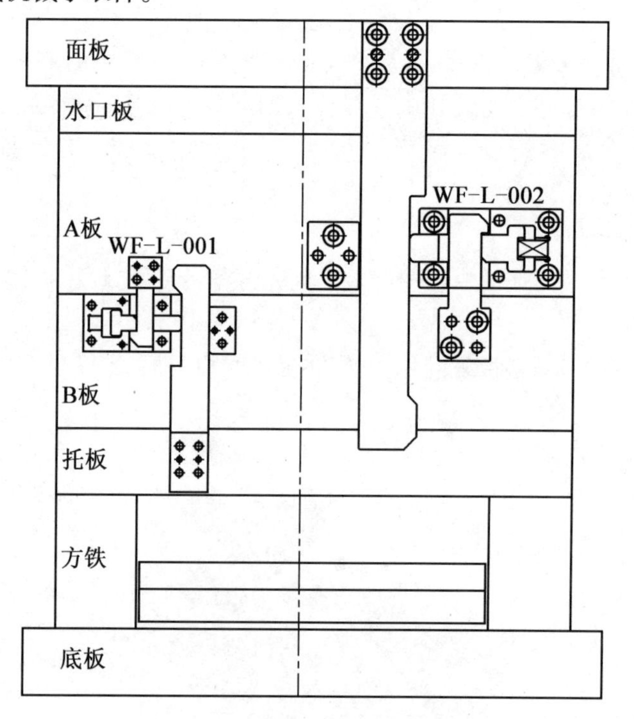

图 2－85　扣机装配图

项目 3　罩扣模具设计与制造

3.1　设计任务

零件名称:罩扣,如图 3－1 所示。
材　　料:PC
外形尺寸:ϕ60.3 mm×28.86 mm
型 腔 数:1×1
生 产 量:3 万件/年

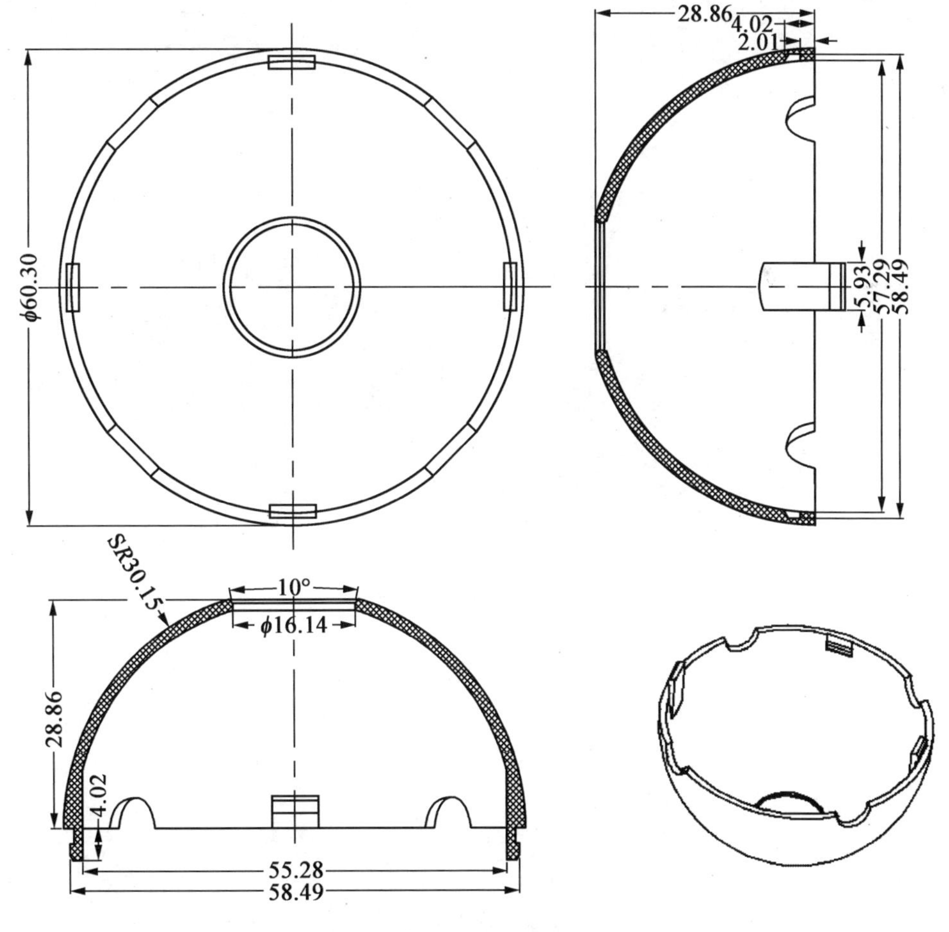

图 3－1　罩扣零件图

技术要求：

(1)产品表面不允许出现凹痕。

(2)注塑件不允许出现熔接痕。

(3)产品未注公差 ±0.1 mm。

(4)产品未注圆角为 *R*0.3。

(5)产品未注表面粗糙度 *Ra*0.2 μm。

3.2　罩扣注塑模具方案的确定

3.2.1　产品注塑工艺性分析

1. 产品形状

(1)产品外形呈球体,顶面有一处碰穿孔,孔的直径为 ϕ16.3 mm,且边缘倒有圆角,如图 3－2 所示。

(2)最大外形边缘上有 4 处呈半圆形的缺口,在模具上需要做枕位成型。

(3)产品上有 2 处内侧倒扣,2 处外侧倒扣,倒扣的作用主要用于产品的装配与连接。

分析结果：

模具上需要做 4 处枕位。2 处内侧倒扣需要设计斜顶,2 处外侧倒扣需要设计滑块成型。

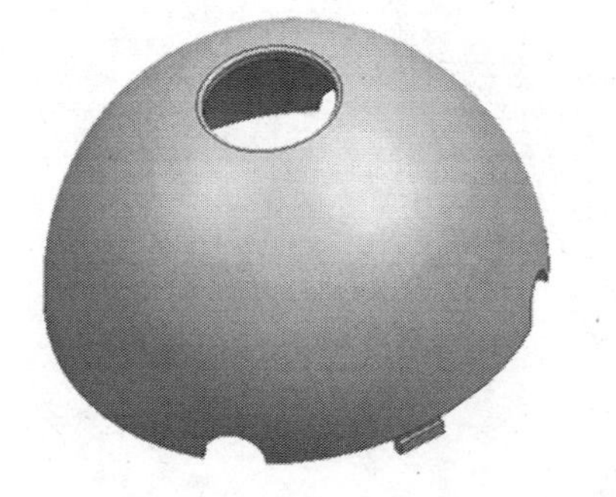
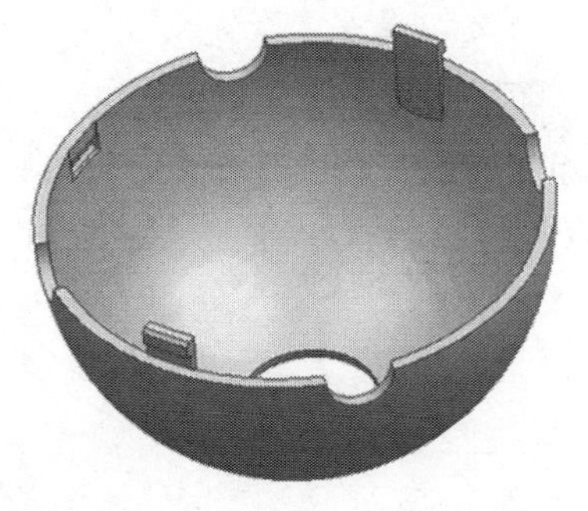

图 3－2　罩扣 3D 图

2. 产品胶位厚度分析

(1)分析方法。

基于 NX 软件进行产品胶位厚度分析的方法,如图 3－3 所示。

(2)分析结果。

从分析结果看,产品的平均厚度为 1.4 mm,最大厚度为 2.48 mm。从彩色条来看,可以判断胶位的厚度在 1.25～1.75 mm 之间。从产品颜色的分布情况看,大部分面为黄色面,表示胶位厚度均匀。但内侧倒扣处胶位较薄,厚度为 0.53 mm,外侧倒扣处表面呈红色,表示胶位偏厚,厚度为 2.35 mm。

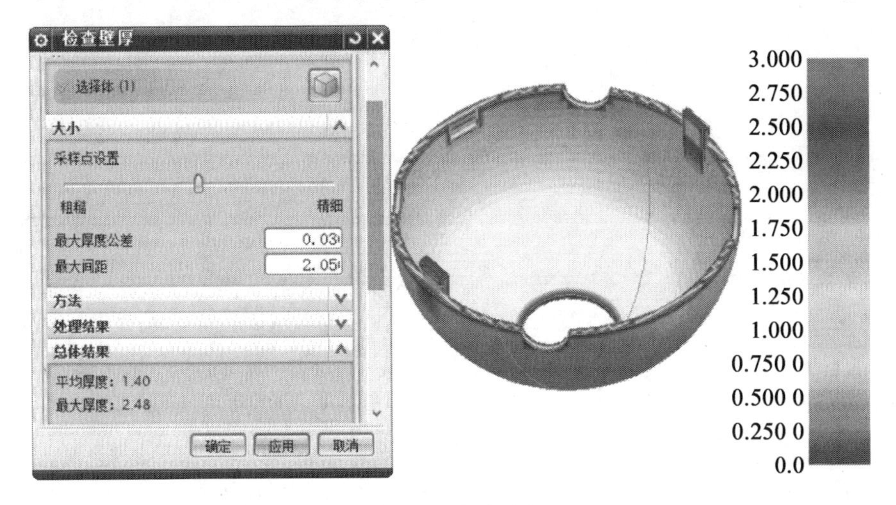

图3－3　厚度分析

3. **产品斜率分析**

(1)分析方法。

基于NX软件进行产品斜率分析的方法，如图3－4所示。

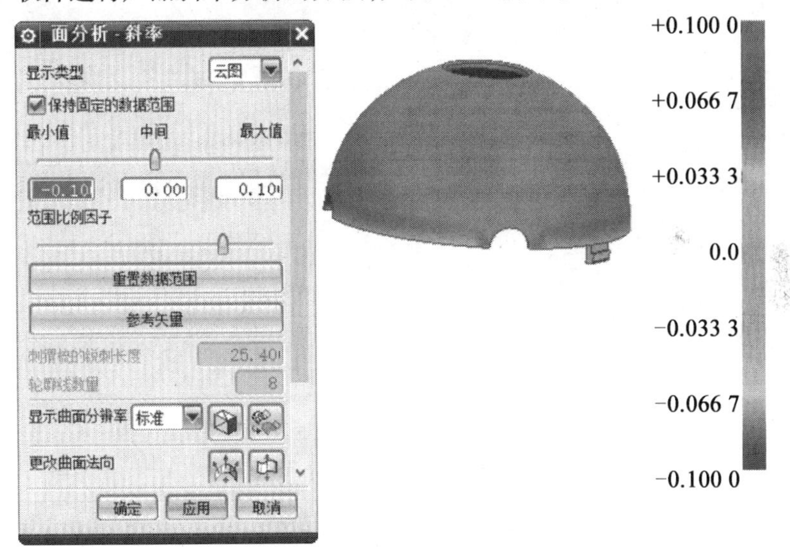

图3－4　斜率分析

(2)分析结果。

产品表面为球面，在底面有少量的直身边；整个产品有4处卡扣，需要设计2处斜顶，外侧卡扣需要设计滑块。

4. **小结**

通过前面的分析可知，产品壁厚均匀，外卡扣根部厚度为2. 35 mm，在胶位厚度的可控范围内；底面有4处半圆形缺口，需要设计枕位成型；2处外侧卡扣需要设计滑块成型，2处内侧卡扣需要设计斜顶成型，拔模斜度、圆角设计合理；材料为PC料，流动性较差；在浇口设计上需要采用侧浇口、扇形浇口或护耳式浇口。另外,产量为50 000 件/年,为中大批量。综合以上,产品适合使用注塑工艺进行生产。

3.2.2 罩扣模具总体设计

1. 分析塑件

由图3－1可以看出,该塑件外形呈球体,球半径为 $SR30$ mm,顶面有一直径为 $\phi 16.3$ mm的圆孔,底面有4处呈半圆形的缺口,内、外扣位各2处。塑件精度为MT7级,尺寸精度不高。产品材料为PC,透明且流动性差,注塑时需要注意浇口的形状及位置的选取。

2. 分型面确定

(1)外围分型面的确定。

根据塑件结构形式,以最大投影面边缘作为产品分型线,故将分型面选在产品的底面,分型面的选取如图3－5所示。

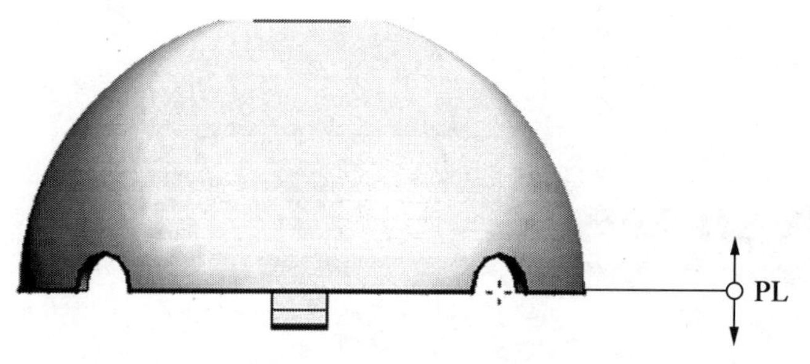

图3－5 分型面的选取

(2)孔部位分型面的确定。

处在顶面的圆孔特征如图3－6所示,外部端面倒有圆角,为了保证产品外观,故将分型面选在孔的内部端面。

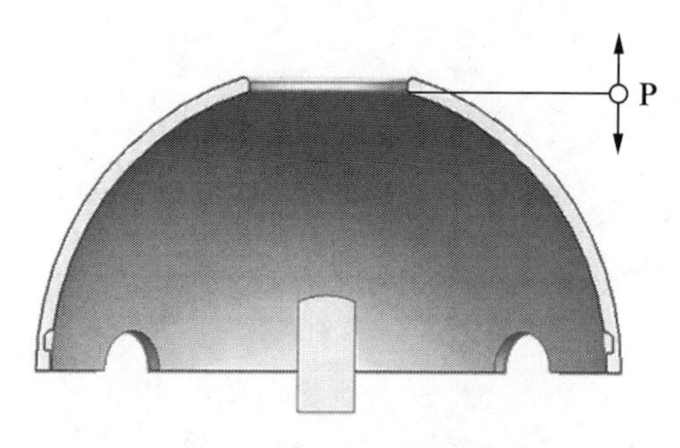

图3－6 孔部位分型面的选取

(3)斜顶部位的分型面确定。

如图3－7(a)所示为内侧扣位成型的分型线,图3－7(b)所示为局部放大图。

(4)如图3－8所示为滑块成型的分型线。

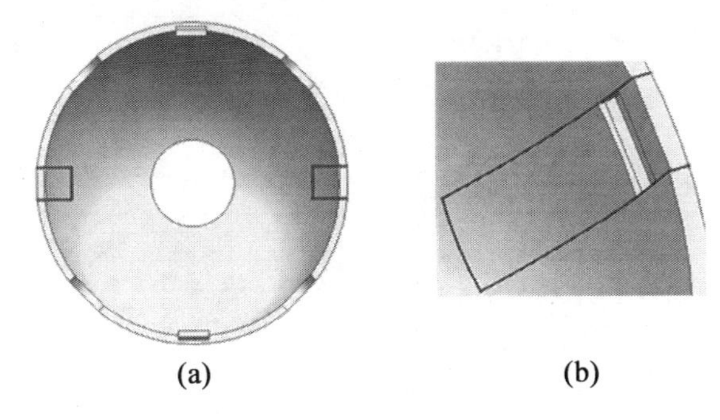

(a)　(b)

图3－7　斜顶部位的分型线

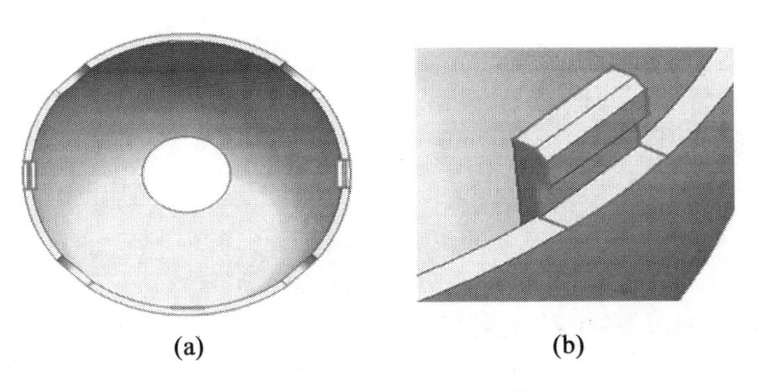

(a)　(b)

图3－8　滑块成型的分型线

3. 确定型腔数量和排列方式

(1)型腔数量的确定。

该塑件精度要求不高,尺寸中等,考虑到模具制造成本和产品的生产量,故定为一模一腔的模具成型方式。

(2)型腔排列方式的确定。

该塑件为球体,且模具成型方式为一模一腔,浇口可设计在产品顶面,故采用如图3－9所示的排列方式。

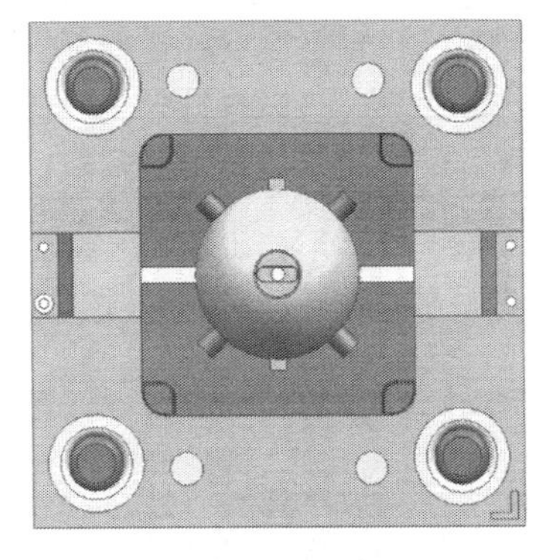

图3－9　产品布局

4. 确定模具结构形式

模具型腔采用一模一腔的成型方式,浇口设计在产品顶面的圆孔内,因为是PC料,流动性较差,故采用侧浇口。模具上的侧向机构为后模滑块与后模斜销,故采用龙记公司的CI型标准模架即可完成,如图3-10所示。

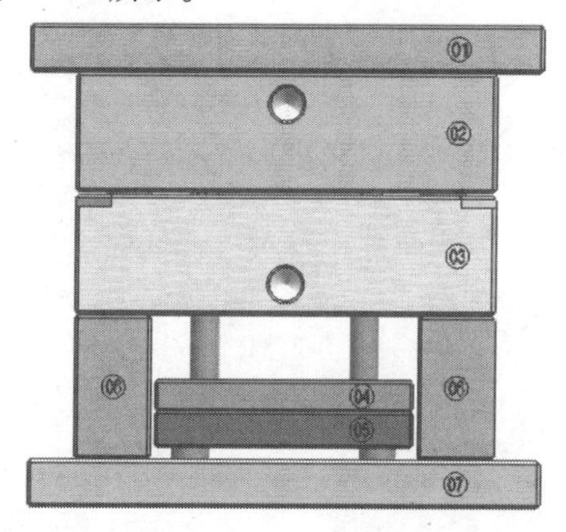

图3-10　CI型模架

5. 确定成型工艺

PC(聚碳酸酯)具有吸湿性,必须在加工前进行干燥处理。PC熔体黏度大,流动性稍差,因此必须采用高料温、高注射压力的注塑形式才行,其中注射温度的影响大于注射压力,但注射压力的提高有利于改善产品的收缩率。注射温度范围较宽,熔融温度为210~285 ℃,而分解温度达270 ℃,因此料温调节范围较宽,工艺性较好。从注射温度着手,可改善流动性,提高模温,改善冷凝过程,能够克服冲击性差,耐磨性不好,易划花,易脆裂等缺陷。

(1)注射量的计算。

通过计算或三维软件建模分析,可知塑件单个体积约为7.8 cm^3,按公式计算得$1.6\times7.8=12.48(cm^3)$。查表得PC的密度为1.18~1.22 g/cm^3,取中间值1.2 g/cm^3,即可得塑料质量为$1.2\times12.48=14.976\approx15(g)$。

(2)锁模力的计算。

通过MoldFlow软件分析,该套模具所应具备的最大锁模力为0.8 t,转换成力为8 kN,如图3-11所示。

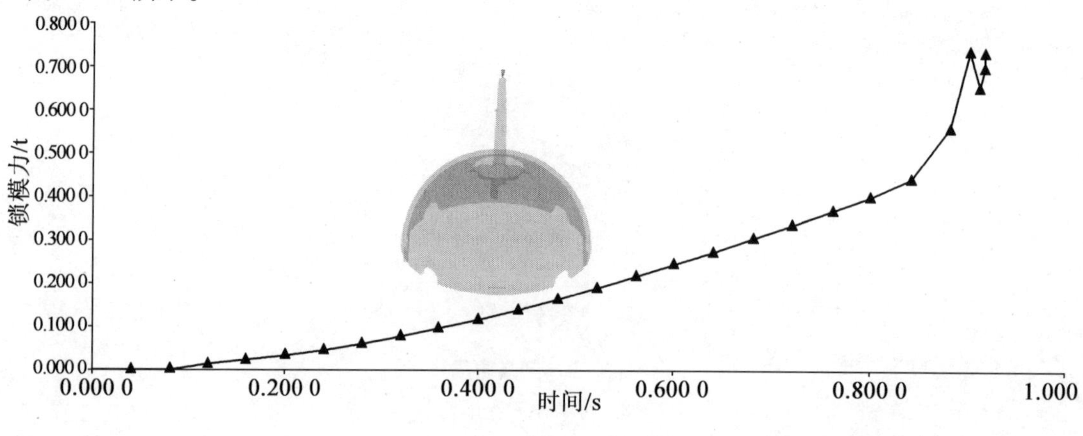

图3-11　锁模力分析

(3)注射机的选择。

结合以上条件,通过查表(附表2)可选用 XS - ZY60/40 的注射机。

(4)注射机有关参数的校核。

①最大注射量的校核。为了保证正常的注射成型,注射机的最大注射量应稍大于制品的质量或体积(包括流道凝料)。通常注射机的实际注射量最好在注射机的最大注射量的80%以内。注射机允许的最大注射量为60 g,利用系数取0.8,0.8 ×60 =48(g),15 g<48 g,故最大注射量符合要求。

②注射压力的校核。安全系数取2,通过 MoldFlow 软件分析可得最大注射压力为7.5 MPa,2 ×7.5 =15(MPa),小于注射机提供的注射压力135 MPa,故注射压力校核合格。

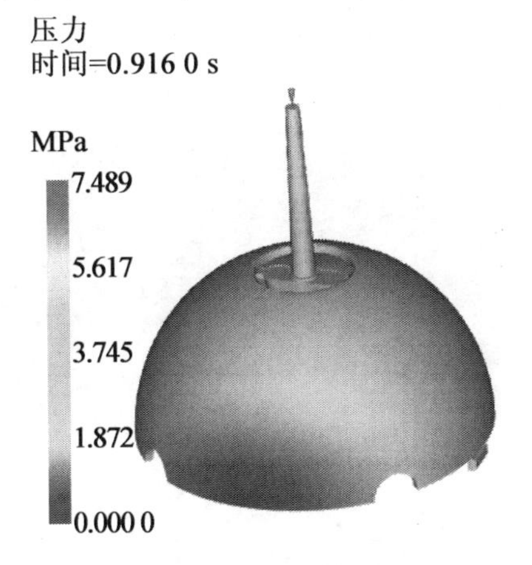

图3 -12　注射压力

③锁模力校核。前面分析的锁模力为8 kN,安全系数取1.2,1.2 ×8 =9.6(kN),小于注射机的锁模力400 kN,锁模力校核合格。

3.3　罩扣模具设计

3.3.1　成型零件设计

本模具采用一模一腔、侧浇口的成型方案。型腔采用镶嵌结构,型芯采用组合镶嵌结构,通过螺钉和模板相连。采用NX等三维软件进行分模设计,得到如图3 -13所示的型腔、型芯及型芯镶件。

1. 型腔

如图3 -13(a)所示,塑件为透明件,故型腔表面的成型部位应抛光成镜面。塑件总体尺寸为60.30 mm ×60.30 mm ×32.88 mm,考虑到一模两腔以及浇注系统和结构零件的设置,定模仁尺寸取100 mm ×100 mm,深度根据模架的情况进行选择。为了安装方便,在定模板上开设相应的型腔切口,并在直角上钻直径为ϕ10 mm的避空孔以便于装配。

2. **型芯**

如图 3－13(b)所示，与型腔相一致，型芯的尺寸也取 100 mm × 100 mm，并在动模板上开设相应的型腔切口。

3. **后模镶件**

图 3－13(c)中的大镶件，端面为球体，为便于车床加工，故设计挂台固定，整体尺寸为 ϕ62 mm × 47.48 mm。

图 3－13(d)小镶件，共 4 件，整体尺寸为 1.04 mm × 24.02 mm × 9.64 mm。

4. **成型零件钢材的选用**

该塑件是大批量生产，而且成型位表面要抛光成镜面，零件所选用钢材的耐磨性和抗疲劳性能应该良好，机械加工性能和抛光性能也应良好。因此，决定采用硬度比较高的模具钢 4Gr13，淬火后表面硬度为 HRC48 ~ 52。

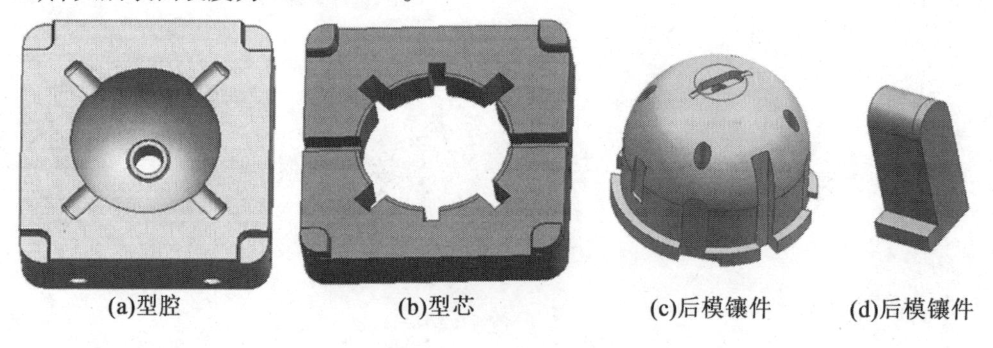

(a)型腔　(b)型芯　(c)后模镶件　(d)后模镶件

图 3－13　成型零件

3.3.2　浇注系统设计

1. **主流道设计**

(1)根据所选注射机可知，主流道小端尺寸为

$$d = \text{注射机喷嘴尺寸} + (0.5 \sim 1)\,\text{mm} = 3 + 0.5 = 3.5(\text{mm})$$

主流道球面半径为

$$SR = \text{注射机喷嘴球面半径} + (1 \sim 2)\,\text{mm} = 10 + 1 = 11(\text{mm})$$

(2)主流道衬套形式。

本设计虽然是小型模具，但为了便于加工和缩短主流道长度，将衬套和定位圈设计成分体式，主流道衬套长度取 38 mm。主流道设计成圆锥形，单边 1°，内壁粗糙度 Ra 0.4 μm。衬套材料采用 T10A 钢，热处理淬火后表面硬度为 HRC53 ~ 57，如图 3－14 所示。

2. **分流道设计**

(1)分流道布置形式。

本套模具的浇口是从产品顶面进胶，为保证浇口平衡，设计两处侧浇口进胶。受制品上孔的大小限制，所以分流道长度较短，如图 3－15 所示。

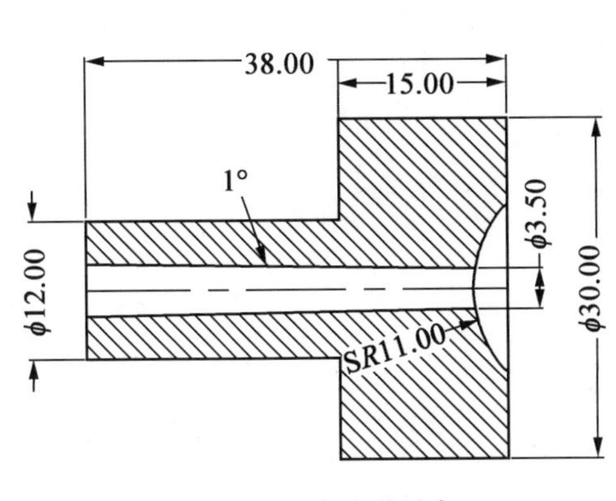

图 3 – 14　主流道衬套

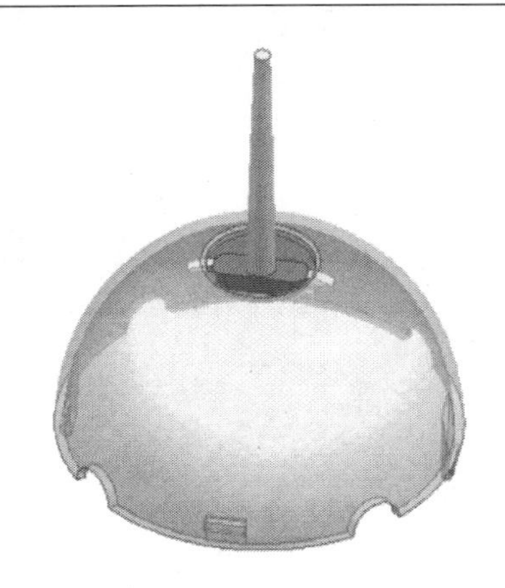

图 3 – 15　分流道布置

(2)分流道长度。

分流道分为两级,对称分布,考虑到浇口的位置,取总长为 14 mm,如图 3 – 16 所示。

(3)分流道的形状及截面尺寸。

为了便于机械加工及凝料脱模,分流道的截面形状常采用加工工艺性比较好的梯形截面。根据经验,分流道的截面大端取 5 mm,侧面的拔模角为 5°,高度为 3 mm,以顶面孔的分型面为基准平面,设计在型芯镶件的分型面上。

(4)分流道的表面粗糙度。

分流道的表面粗糙度 Ra 要求不低,一般取 0.8 ~ 1.6 μm 即可,在此取 1.6 μm。

3. 浇口设计

塑件结构较简单,但表面质量要求较高,且模具采用一模一腔的形式,在制品顶面有一直径为 ϕ16.24 mm 的圆孔,就可以确定采用侧面进胶。因为塑料为 PC,其流动性较差,根据产品大小,故本套模确定采用侧浇口,其形状如图 3 – 17 所示。

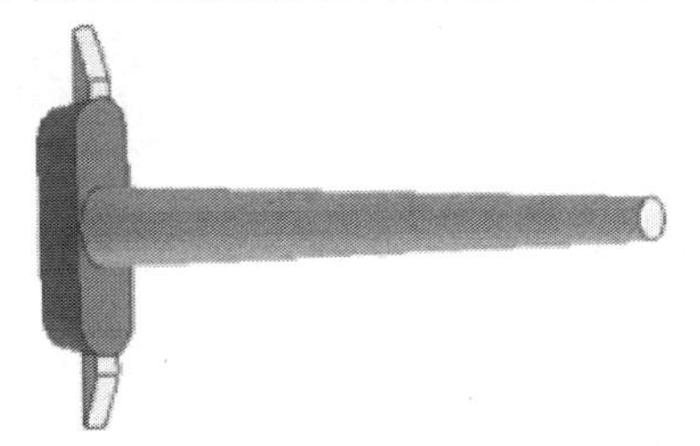

图 3 – 16　分流道的长度分析

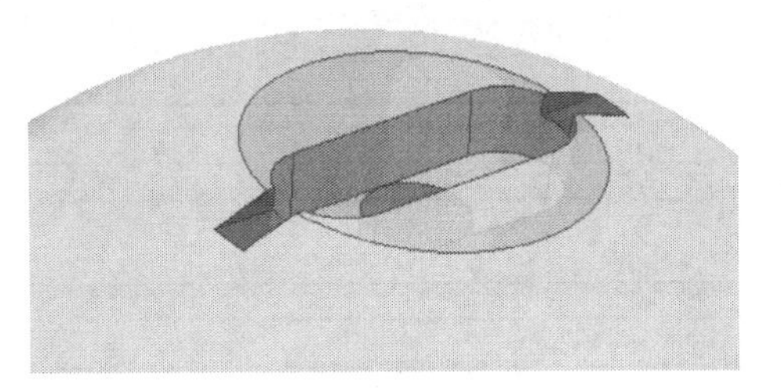

图 3 – 17　侧浇口示意图

4. 冷料穴与拉料杆设计

(1)冷料穴。

本套模具设计有 1 级分流道,因分流道较短,且侧浇口设计在分流道的两端,故只在主流道的正下方设置冷料井。如图 3 – 18 所示为主流道端面的冷料穴,其直径为 ϕ6 mm,深度为 6.5 mm。

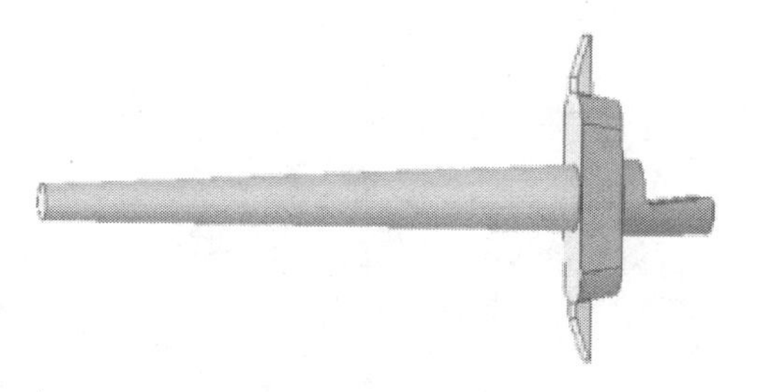

图 3－18　冷料穴

(2)拉料杆。

本套模具的拉料杆直径为 $\phi5$ mm,采用 Z 形结构,其底端面固定在顶针板上。其作用是开模时拉出浇口套中的水口料,其结构如图 3－19 所示。

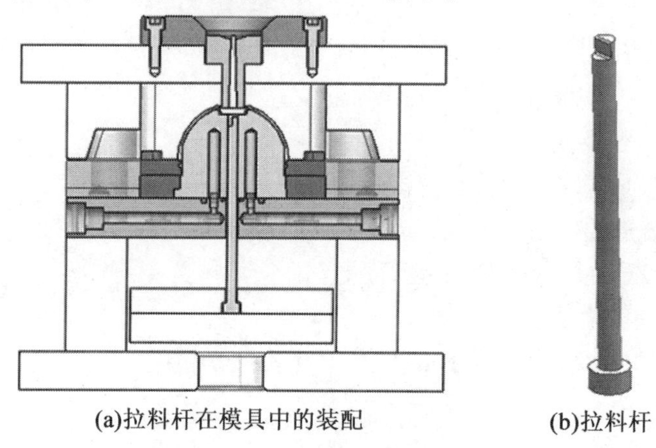

(a)拉料杆在模具中的装配　　(b)拉料杆

图 3－19　拉料杆及其装配

3.3.3　推出及复位系统设计

1. 推出机构设计

如图 3－20 所示,本套模具主要采用了圆推杆加斜销的顶出方式,其工作原理是顶棍推动顶针板,带动顶针板上的圆推杆及斜销将产品从模具中顶出,达到脱模的目的。

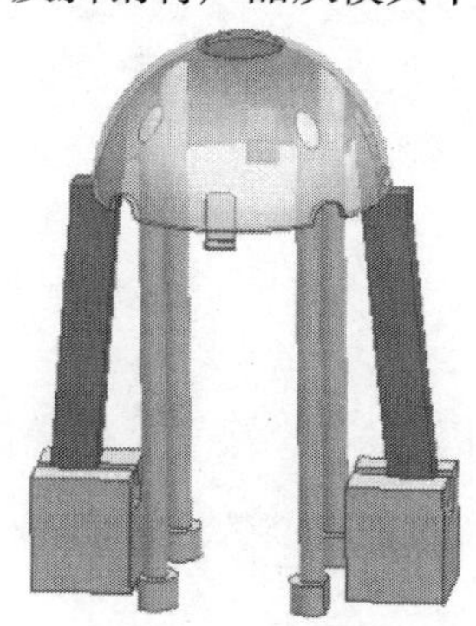

图 3－20　推杆及斜销布置

(1)本套模具的推出机构分析。

本套模具中,一共排了4支圆推杆及2支斜销(图3-20),其原因是:

①产品型腔较深,为了保证产品顺利脱模,故采用4支对称布置的顶针。

②产品内侧有两处扣位,设计斜销起到顶出与侧向抽芯作用。

③产品形状为半球体,其粘模力有限,另外产品料为PC料,采用太多顶针会影响产品的外观。

(2)圆推杆。

本套模具采用了4支 ϕ5 mm的圆推杆,长度为100.88 mm,且端面顶在球面上,所以需要做防转处理,如图3-21所示。

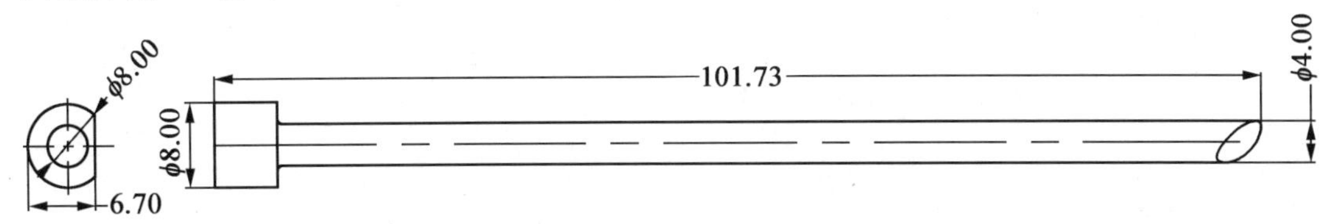

图3-21　圆推杆

2. 复位机构设计

此套模具中顶针板的复位主要用到弹簧与复位杆,如图3-22所示,其工作原理是当顶针板上的顶棍退回之后,顶针板在2支弹簧的弹力作用下,先回到原位,直到动模与定模完全合模,借助复位杆,确保顶针复位的精度。

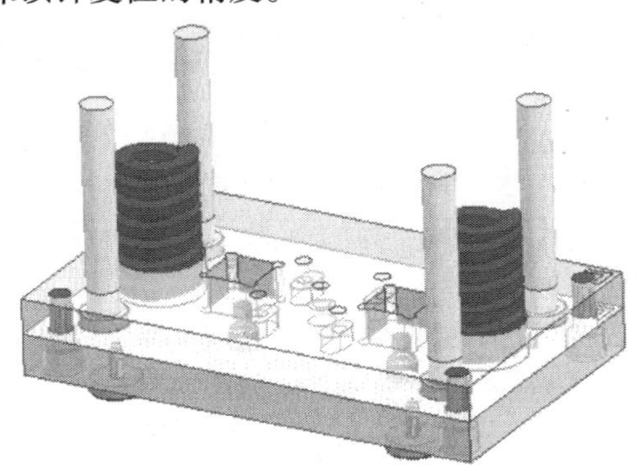

图3-22　复位机构

(1)复位弹簧。

本套模具采用了2个规格为TF30 mm×16 mm×55 mm的黄弹簧,设计的预压量为5 mm,通过软件计算得到的单只弹簧预压力为13.5 kgf(1 kgf≈10 N),故2支弹簧提供的预压力为13.5×2×10=27×10=270(kN);通过NX软件分析出顶针板的质量为4.79 kg,故所需要的力为4.79×10=47.9(kN),故弹簧提供的预压力大于2倍以上的顶针板质量。所以完成可确保顶针板能复到原位。

弹簧自由长度为55 mm,根据黄弹簧的压缩量为50%可计算得,弹簧可压缩22.5 mm,减去预压量,还可压缩17.5 mm,产品的高度为32.88 mm,但产品为球体,产品只需顶出15 mm即可完全脱离模仁,压缩量大于顶出行程,符合选型要求。

(2)复位杆。

本套模具一共用了4支复位杆,其规格为ϕ12 mm×81 mm。

3.3.4 温度调节系统设计

通过查阅表1-1可知,PC的料筒温度为280~320 ℃,而模具成型温度为80~120 ℃,为了获得较高的生产效率,模具必须设计温度调节系统。

1. 定模部分的水路设计

如图3-23所示,定模部分水路采用循环式单条水路冷却,水孔直径为ϕ6 mm,其主要构成如下。

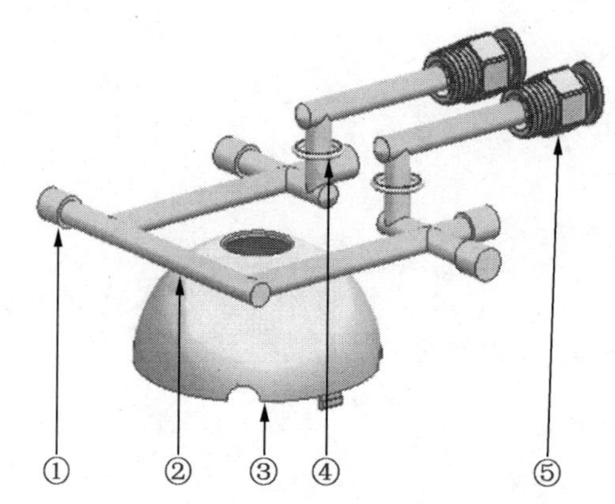

1—堵头;2—冷却水路;3—塑料制品;4—密封圈;5—水嘴

图3-23 定模水路

(1)堵头。主要是防止水渗出,用比水路直径大1 mm的铜棒、铝棒或密封管螺纹。

(2)冷却水路。水路直径为ϕ6 mm,总长度为381 mm。

(3)密封圈。安装在定模仁与定模板之间的接触面上,防止水渗出。其规格根据水路直径来选取。例如,此处的水路为ϕ6 mm,所选密封圈规格为P9(ϕ12.8 mm×9 mm×ϕ2.4 mm)。

(4)水嘴。水嘴的大小同样根据水路直径来选取,当水路直径为ϕ6 mm或ϕ8 mm时,水嘴用PT1/8″;当水路直径为ϕ10 mm时,水嘴用PT1/4″;当水路直径为ϕ12 mm时,水嘴用PT3/8″。所以本套模具的水嘴采用1/8″。

2. 动模部分的水路设计

如图3-24所示,动模部分的水路采用喷管式。因动模部分采用镶件,且型芯凸出较高,故采用此种方式冷却。

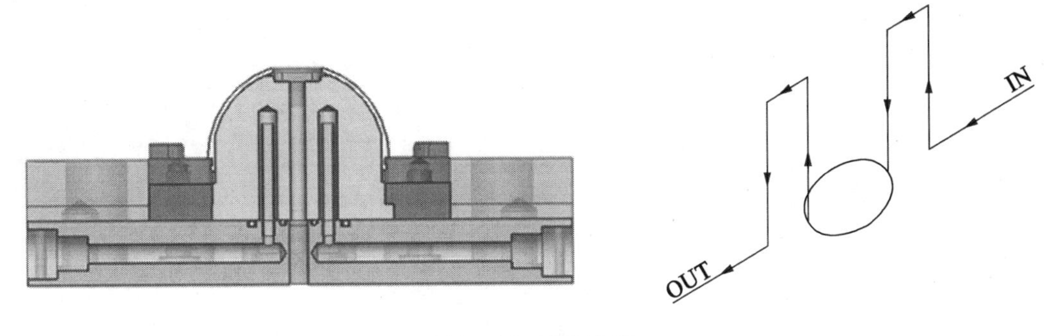

图3－24　动模水路

3.3.5　模架设计

1. 模架的选择

根据型腔的布局可看出，模具的制作方式采用镶拼式结构，定模仁的尺寸为100 mm×100 mm，考虑到模具强度，导柱、导套及连接螺钉布置的位置和采用的推出机构等各方面问题，确定选用板面尺寸为180 mm×180 mm。另外，因本套模具采用的是侧浇口，故选取结构为CI型的模架，如图3－25所示。

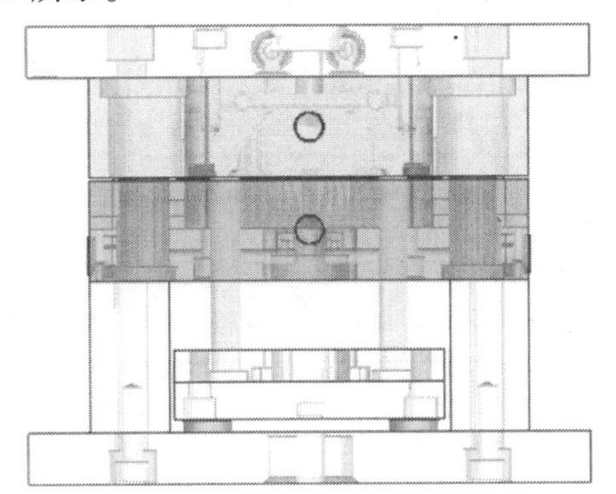

图3－25　CI型模架

（1）定模板尺寸。

定模板也称为A板，其高度一般根据定模仁的高度来取值，前面已经确认定模仁高度为40.5 mm，考虑到型腔为球体结构及定模仁高度，将A板开成通框，故A板厚度取40 mm。

（2）动模板尺寸。

动模板也称为B板，其高度一般根据动模仁的高度来取值，前面已经确认动模仁高度为25 mm，沉入定模板的深度为20 mm，考虑到水路的布置与动模板的强度，故B板厚度取40 mm。

（3）C垫块尺寸。

C垫块也称为方铁、模脚。

垫块＝推出行程＋推板厚度＋推杆固定板厚度＋斜顶座高度＋垃圾钉高度＋（5～10）mm

　　＝10＋15＋13＋10＋5＋（5～10） mm

=58 ~ 63(mm)

根据计算,垫块厚度取60 mm,长和宽尺寸分别取180 mm和33 mm。

其他板块的厚度均按龙记标准来取。从而可以确定本套模架的外形尺寸为宽×长×高为230 mm×180 mm×196 mm。

2. 校核注射机

模具平面尺寸为230 mm×180 mm<330 mm×300 mm(拉杆间距),故合格。

模具高度为196 mm:150 mm<196 mm<250 mm,故合格。

模具开模所需行程=32.88(塑件高度)+(5~10)+(80~100)(取件空间)

=118~143(mm)<270(mm)(注射机开模行程),故合格。

所以本模具所选注射机完全满足使用要求。

3. 选用标准件

(1)螺钉。

分别用4个M10的内六角圆柱螺钉将定模板与定模座板,动模板与动模座板连接。定位圈通过4个M6的内六角圆柱螺钉与定模座板连接。

(2)导柱导套。

本模具采用4导柱对称布置,导柱和导套的直径均为20 mm。导柱固定部分与模板按H7/f7的间隙配合。直接在模板上加工出导套孔,导柱工作部分的表面粗糙度 *Ra*0.4 μm。

3.3.6 导向机构设计

1. 模架导向机构介绍

如图3-26所示为一套CI型的大水口模架,只在定模板与动模板之间打开,主要导向零件为导柱与导套。4支导柱装配在动模板,导套装配在定模板,对模具的动模与定模起导向与定位作用。顶针板主要借助4支复位杆进行导向,从而构成了模架上的导向机构。因本套模具为标准模架,在采购时导柱、导套及复位杆由模架厂一起配送。

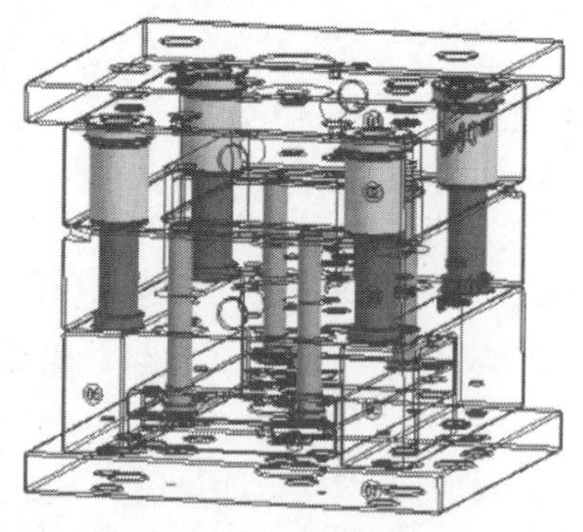

图3-26　模具导向机构

2. 模仁上的定位机构

模仁上的定位主要是通过设计4个角上的虎口进行定位,长与宽分别设计为16.5 mm×13.5 mm,高度为8 mm,单边的斜度设计为5°,如图3-27所示。

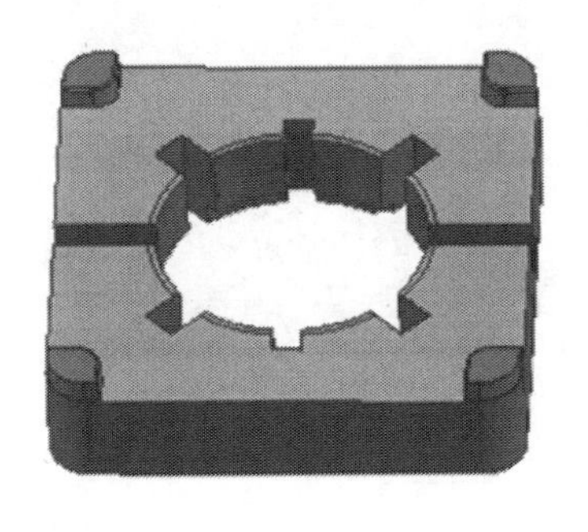
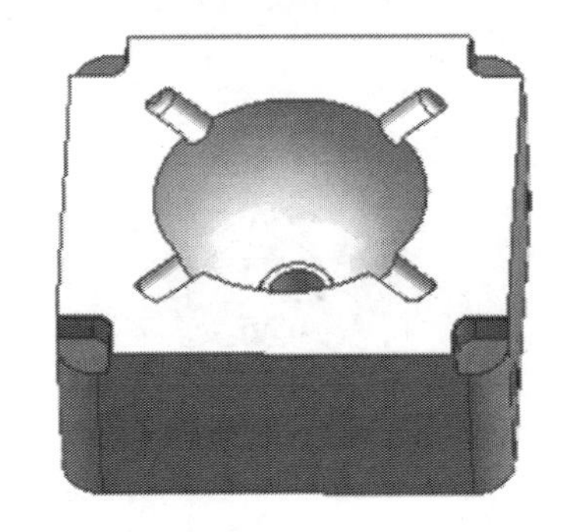

图3－27　动、定模仁的虎口设计

3.3.7　滑块结构设计

滑块结构主要是用来成型产品外侧扣位的一种机构，开模时，弹簧的驱动力使滑块按照设定的方向完成产品上扣位的成型，合模时，通过定模板将滑块锁紧并防止滑块在注射压力下后退。如图3－28所示为本套模具的滑块结构组成。

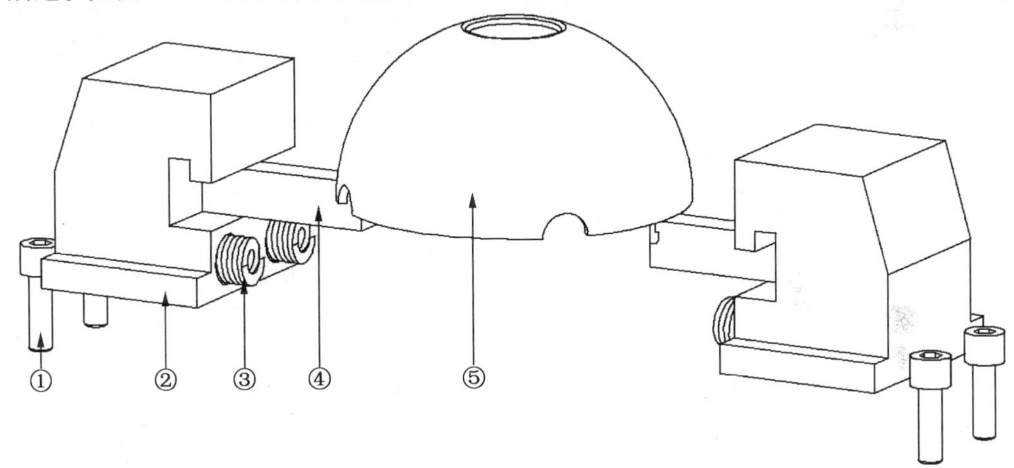

1—限位螺钉；2—滑座；3—驱动弹簧；4—滑块镶件；5—产品

图3－28　滑块结构组成

(1)滑块镶件。

滑块镶件的大小主要由制品上的倒扣大小决定，扣位越大，设计出来的滑块镶件也就越大。本套模具成型制品上的扣位较小，宽度为5.93 mm，扣位深度为0.6 mm，设计的滑块镶件尺寸为32 mm×5.93 mm×11 mm，如图3－29所示。

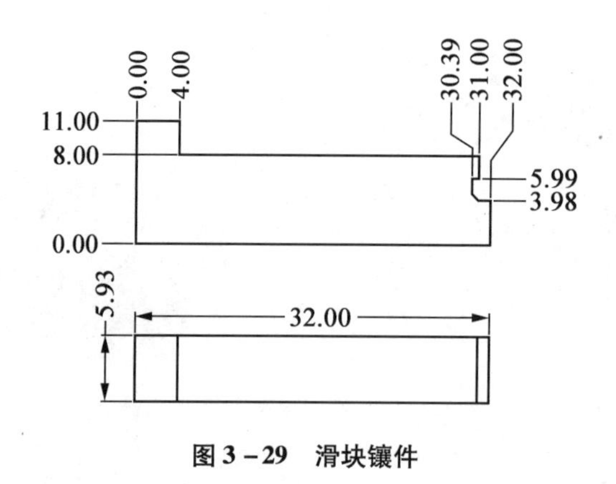

图 3－29　滑块镶件

(2)滑座。

由图 3－28 可知,滑块与滑座为镶拼结构,滑座的结构设计主要依据滑块镶件的结构、驱动方式及锁紧方式决定。本套模具的驱动方式为弹簧,锁紧方式是直接在 A 板上做斜面锁紧,滑块与镶件的连接方式是 7 字槽,对比其他的结构方式,都节省了大量的空间。故将滑座的尺寸设计为 31 mm×40 mm×35 mm,如图 3－30 所示。

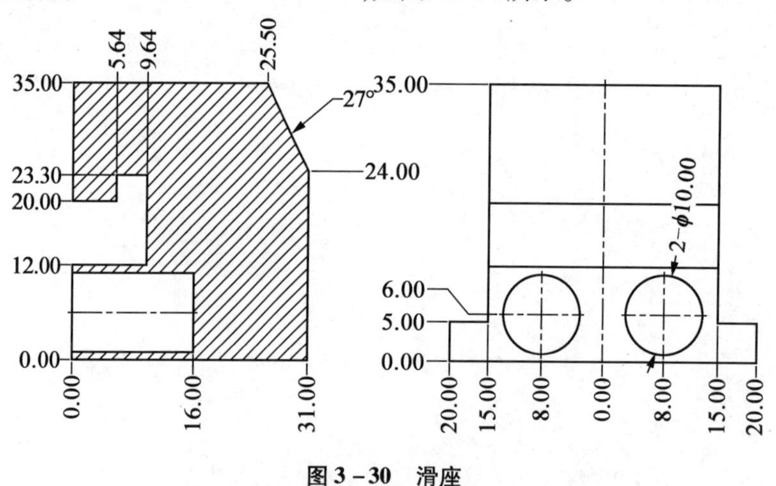

图 3－30　滑座

(3)驱动力及抽芯型程计算。

从图 3－28 可知,滑块侧向运动的驱动力主要来自于弹簧。根据设计经验,弹簧所提供的力大于等于 1.5～2 倍的滑块重力。现在每个滑块上用了 2 个直径为 ϕ8 mm,自由长度为 30 mm 的弹簧。通过专业的燕秀工具箱软件可查得 1 支弹簧在预压状态下所提供的力为 31 kN,再通过 NX 软件分析滑块的重力为 2.25 N,所以弹簧所提供的力远大于 1.5 倍的滑块重力。

抽芯型行程主要由产品上的扣位深度决定:抽芯型行程＝扣位深度＋(2～3)mm,本套制品上的扣位深度为 0.6 mm,故抽芯行程为 2.6～3.6 mm,受模具空间及模具大小的限制,抽芯行程为 2 mm。

(4)滑块的导向与限位。

本套模具上滑块的导向采用T形槽结构,如图3-31所示,T形槽的规格为5×5 mm,直接开设在定模板上。滑块采用限位螺钉限位,限位距离与抽芯距离相等,为2 mm。

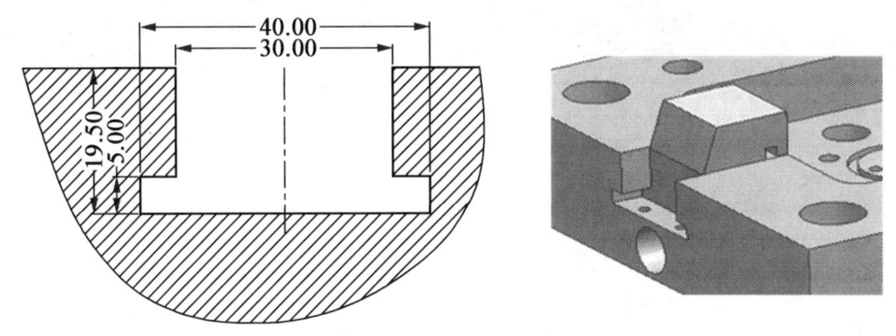

图3-31 T形槽导向

(5)滑块的锁紧面。

如图3-32所示的斜面为滑块的锁紧面,其作用是在模具合模后,通过定模板上的斜面将其锁紧,防止滑块在注射压力下后退。与竖直方向的角度常取15°~25°,当有斜导柱时,其角度要比斜导柱的角度大2°。当抽芯距离越长时,如果采用斜导柱或弹簧抽芯,其角度的取值也越大;当采用液压缸抽芯时,其角度不受抽芯距离的限制,取在所给定的范围内即可。

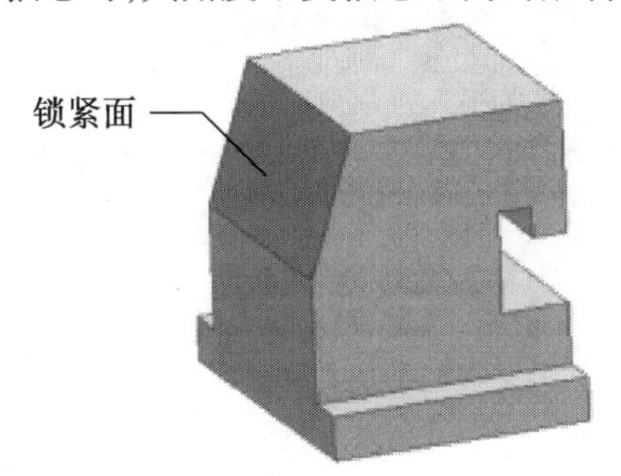

图3-32 锁紧面

3.3.8 斜销结构设计

如图3-33所示,斜销主要用来成型产品上的内侧扣位,还兼顶出作用。其工作原理是当模具打开后,产品黏在动模上,顶针板在注射机顶棍的作用下,带动推杆、斜销,将产品顶出,而斜销在动模仁及导向块的作用下,做斜向运动并完成侧向抽芯,从而完成制品上扣位的成型及脱模。

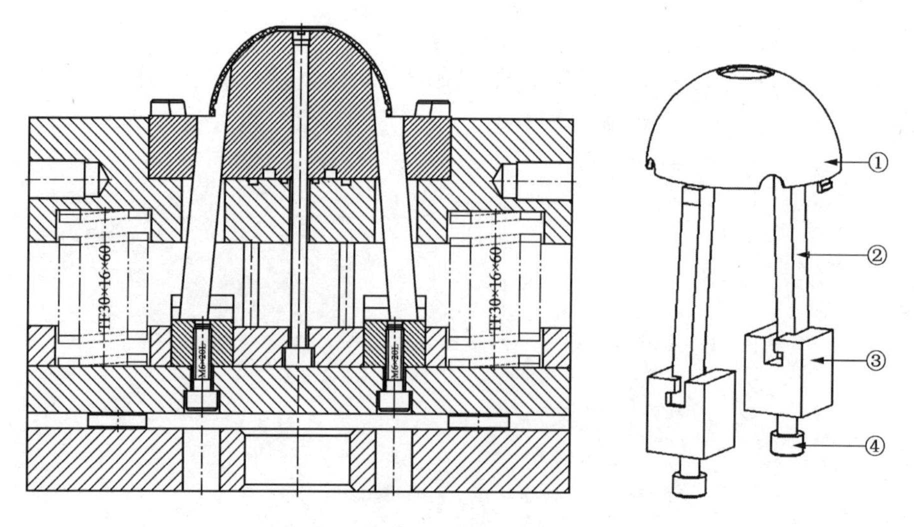

1—产品;2—斜销;3—斜销座;4—锁紧螺钉

图 3 – 33　斜销结构设计

斜销结构零件介绍如下。

(1)斜销。

如图 3 – 34 所示为本套模具的斜销零件图,斜销的角度 α 取值为 3°~12°,主要根据斜销的抽芯行程而定,抽芯距离越大,其角度取值也就越大。这样会导致斜销在顶出时受到配合面的摩擦力随之增大,故斜顶的厚度 T 尺寸也会取大,T 常取 5~20 mm,主要由模具大小、顶出行程及顶出角度决定。斜顶的宽度尺寸 W 主要由制品上扣位的宽度决定,然后取成整数。本套模具因扣位深度只有 0.6 mm,故斜销角度 $\alpha=6°$,$T=8$ mm,$W=6$ mm。

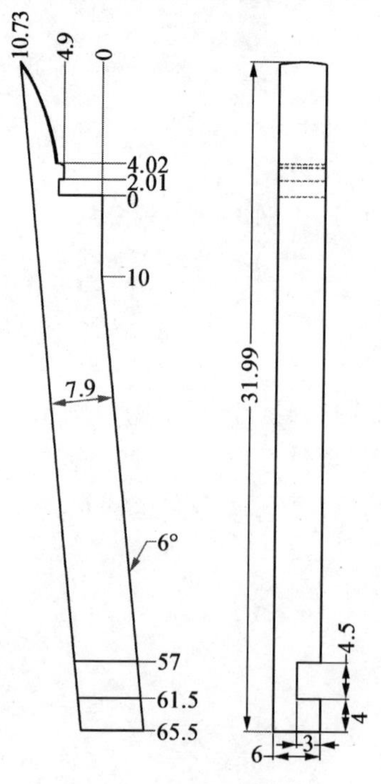

图 3 – 34　斜销零件图

(2)斜销座。

如图3－35所示为斜销座的零件图,使用钢材为P20,高档的模具中使用青铜石墨,工作过程中对斜销起顶出和导滑作用。斜销座与斜销的连接方式常采用T形槽或7字槽,本套模具因斜销的宽度只有6 mm,故采用7字槽的连接方式,以保证斜销的强度。

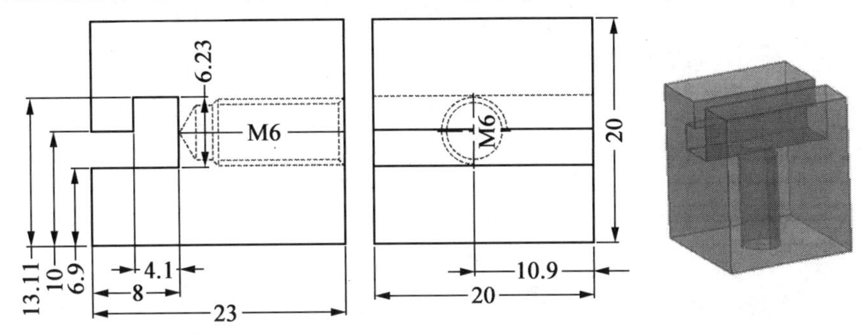

图3－35　斜销座

(3)斜顶的抽芯行程计算及校核。

抽芯行程＝扣位深度＋(0.5～2)mm。本套制品的扣位深度为0.6 mm,故斜销的抽芯行程为1.1～2.6 mm。通过前面(推出机构)分析,已知推出行程为15 mm,斜销的角度为6°,通守AutoCAD软件构建三角形(图3－36)分析得出,本套模具的斜销实际抽芯距离为1.58 mm,可确定斜销在顶出15 mm后与模件上的扣位完全分离。

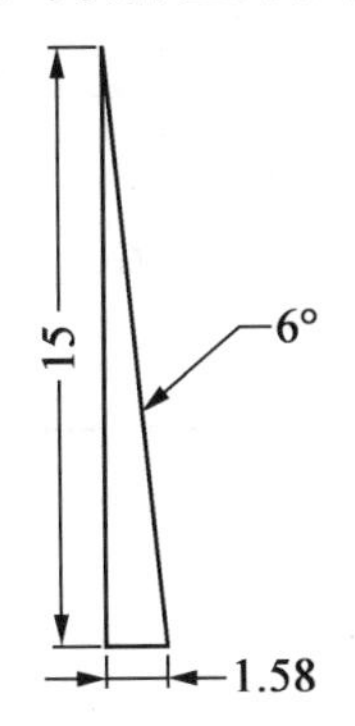

图3－36　抽芯距离

3.4　罩扣注塑模具制造

3.4.1　模具零件制造

1. 型腔制造

材料：P20

毛坯尺寸：100 mm×100 mm×41 mm（精料）

数量：1 件

正面加工：直接 CNC 加工

背面加工：先钻好螺纹孔及水孔，然后加工浇口套孔

侧面加工：钻水孔

注：可先完成螺纹孔及水孔加工，然后再加工正面。

每完成一个面的加工后都应做零件检测，以便及时修正。表 3－1 与表 3－2 为型腔正、反面数控加工工序卡。

表 3－1　型腔正面数控加工工序卡

×××学院		机械加工工序卡片		产品名称		零件名称	零件图号
				罩扣		型腔正面	ZKXQ－3
材料	材料名称	毛坯种类	毛坯尺寸/（mm×mm×mm）	零件重	每台件数	卡片编号	第 1 页
	P20	方料	100×100×41		1		共 1 页
加工工序图	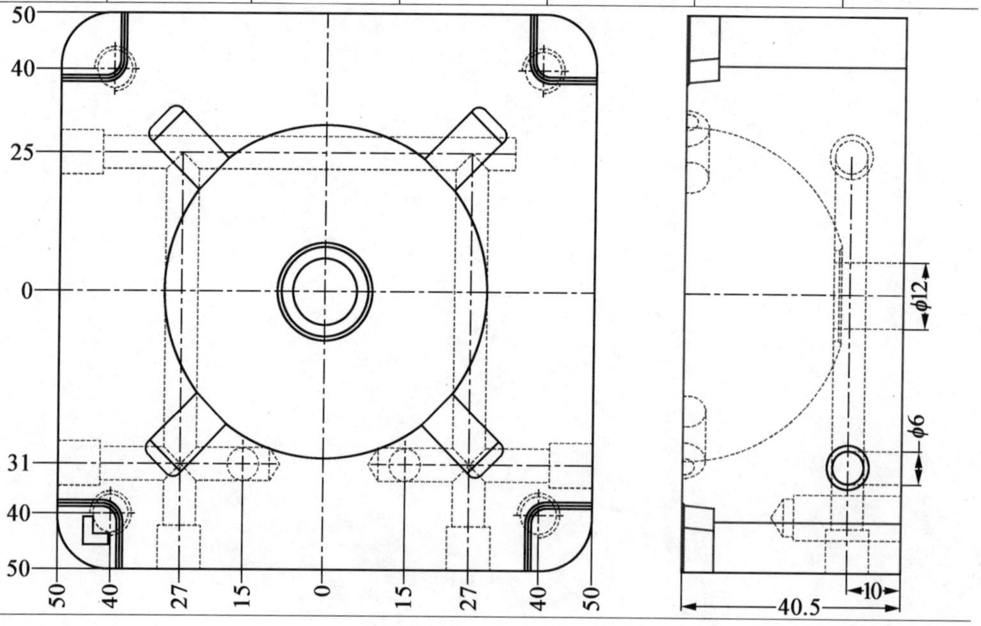						

续表3-1

工序号	ZKXQ -ZM	工序名	CNC	设备	加工中心850			
夹具	平口钳	工量具	游标卡尺	刃具				
工步	工步内容及要求	刀具类型及大小	主轴转速/(r·min^{-1})	吃刀深度/mm	每刀吃刀深度/mm	进给量/(mm·min^{-1})	余量/mm	刀长/mm
1	粗加工	圆鼻刀D12R1	2 300	27.5	0.35	1 600	0.3	35
2	侧壁半精加工	圆鼻刀D6R0.5	3 800	6.8	0.15	1 500	0.1	40
3	底面半精加工	圆鼻刀D6R0.5	3 800	6.8	6.8	1 000	0.1	40
4	底面半精加工	圆鼻刀D6R0.5	3 800	27.5	27.5	1 000	0.1	40
5	清料加工	圆鼻刀D6R0.5	2 500	4	0.25	1 200	0.2	40
6	清角加工	球刀R3	2 500	28.2	0.25	1 200	0.2	35
7	曲面半精加工	球刀R3	3 800	28.2	0.2	1 800	0.1	35
8	清根半精加工	球刀R2	4 000	28.4	0.2	1 200	0.1	35
9	清根半精加工	球刀R1	4 500	28.7	0.06	600	0	35
10	底面精加工	平铣刀D6	3 800	6.8	6.8	800	0	35
11	底面精加工	平铣刀D6	3 800	27.5	27.5	800	0	35
12	侧壁精加工	平铣刀D6	3 800	6.8	0.1	1 500	0	35
13	曲面精加工	球刀R2	4 000	28.4	0.12	1 600	0	35
14	清根精加工	球刀R1	4 500	28.7	0.06	600	0	35
15	清根精加工	球刀R0.5	4 500	28.9	0.04	500	0	35
16	倒角×2	倒角刀D8	2 000	2	2	1 000	-0.5	30
工艺编制		学号		审定		会签		
工时定额		校核		执行时间		批准		

表 3－2　型腔反面数控加工工序卡

×××学院	机械加工工序卡片	产品名称	零件名称	零件图号
		罩扣	型腔反面	ZKXQ－3

材料	材料名称	毛坯种类	毛坯尺寸/(mm×mm×mm)	零件重	每台件数	卡片编号	第 1 页
	P20	方料	100×100×41		1		共 1 页

加工工序图

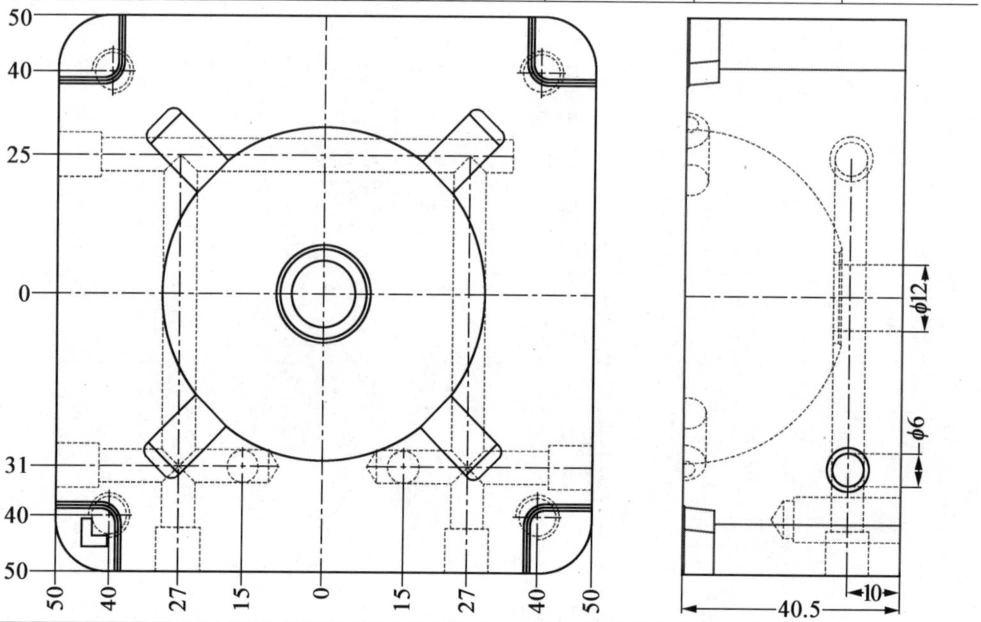

工序号	ZKXQ －ZM	工序名	CNC	设备	加工中心 850
夹具	平口钳	工量具	游标卡尺	刃具	

工步	工步内容及要求	刀具类型及大小	主轴转速/(r·min⁻¹)	吃刀深度/mm	每刀吃刀深度/mm	进给量/(mm·min⁻¹)	余量/mm	刀长/mm
1	中心钻	中心钻 D8	1 000	2	/	100	0	20
2	钻 M8 螺丝底孔	钻头 D7	700	20	3	80	0	70
3	钻 D11.8 孔	钻头 D11.8	600	20	3	70	0	65
4	铰 D12 孔	铰刀 D12	250	16	/	30	0	55
5	型腔铣	圆鼻刀 D12R1	3 500	36	0.3	1 500	0	30
6	倒角	倒角刀 D8	2 000	2	2	1 000	－0.5	20

工艺编制		学号		审定		会签	
工时定额		校核		执行时间		批准	

2. 型芯制造

材料:P20

毛坯尺寸:100 mm×100 mm×25 mm(精料)

数量:1 件

正面加工:直接 CNC 加工

背面加工:先钻好螺纹孔及线割穿丝孔

注:可先完成螺纹孔及水孔加工,然后再加工正面。

每完成一个面的加工后都应做零件检测,以便及时修正。表 3 -3 与表 3 -4 为型芯正、反面数控加工工序卡。

表 3 -3　型芯正面数控加工工序卡

<table>
<tr><td colspan="2" rowspan="2">×××学院</td><td colspan="2" rowspan="2">机械加工工序卡片</td><td>产品名称</td><td colspan="2">零件名称</td><td>零件图号</td></tr>
<tr><td>罩扣</td><td colspan="2">型芯</td><td>ZKXX -4</td></tr>
<tr><td rowspan="2">材料</td><td>材料名称</td><td>毛坯种类</td><td>毛坯尺寸/(mm×mm×mm)</td><td>零件重</td><td>每台件数</td><td>卡片编号</td><td>第 1 页</td></tr>
<tr><td>P20</td><td>方料</td><td>100×100×25</td><td></td><td>1</td><td></td><td>共 1 页</td></tr>
<tr><td>加工工序图</td><td colspan="7"></td></tr>
</table>

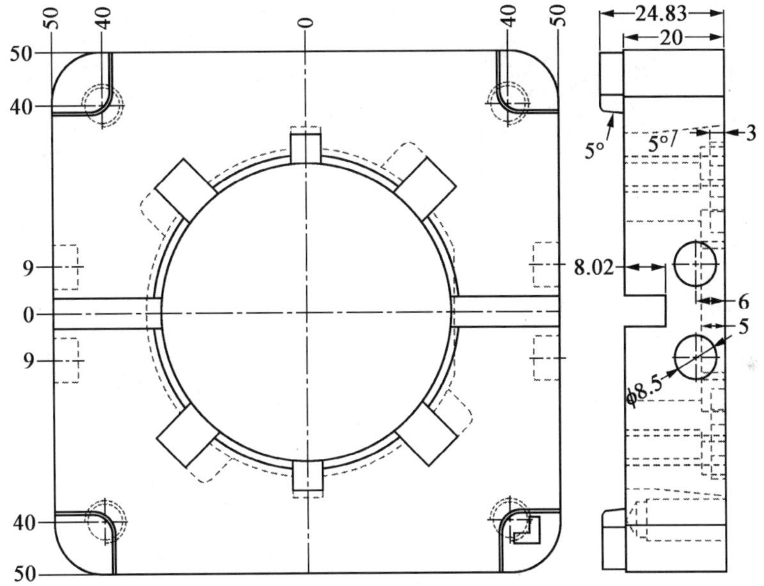

工序号	ZKXX -Z	工序名	CNC	设备	加工中心 850
夹具	平口钳	工量具	游标卡尺	刃具	

工步	工步内容及要求	刀具类型及大小	主轴转速/(r·min⁻¹)	吃刀深度/mm	每刀吃刀深度/mm	进给量/(mm·min⁻¹)	余量/mm	刀长/mm
1	粗加工	圆鼻刀 D16R0.8	2 000	4.8	0.5	1 600	0.3	40
2	底面半精加工	圆鼻刀 D12R1	3 000	4.5	4.8	1 000	0.1	30
3	侧壁半精加工	圆鼻刀 D12R1	3 000	4.8	0.2	1 800	0.1	30
4	底面精加工	平底刀 D10	3 500	4.8	4.8	1 000	0	30
5	侧壁精加工	平底刀 D10	3 500	4.8	0.1	1 600	0	30
6	侧壁精加工	平底刀 D10	3 500	4.8	4.8	800	0	30
7	精加工	平底刀 D6	3 800	8	0.2	1 200	0	35

续表 3－3

工步	工步内容及要求	刀具类型及大小	主轴转速/(r·min^{-1})	吃刀深度/mm	每刀吃刀深度/mm	进给量/(mm·min^{-1})	余量/mm	刀长/mm
3	钻 D11.8 孔	钻头 D11.8	600	20	3	70	0	65
4	铰 D12 孔	铰刀 D12	250	16	/	30	0	55
5	型腔铣	圆鼻刀 D12R1	3 500	36	0.3	1 500	0	30
6	倒角	倒角刀 D8	2 000	2	2	1 000	－0.5	20

工艺编制		学号		审定		会签	
工时定额		校核		执行时间		批准	

表 3－4　型芯反面数控加工工序卡

×××学院	机械加工工序卡片	产品名称	零件名称	零件图号
		罩扣	型芯	ZKXX－4

材料	材料名称	毛坯种类	毛坯尺寸/(mm×mm×mm)	零件重	每台件数	卡片编号	第 1 页
	P20	方料	100×100×25		1		共 1 页

加工工序图

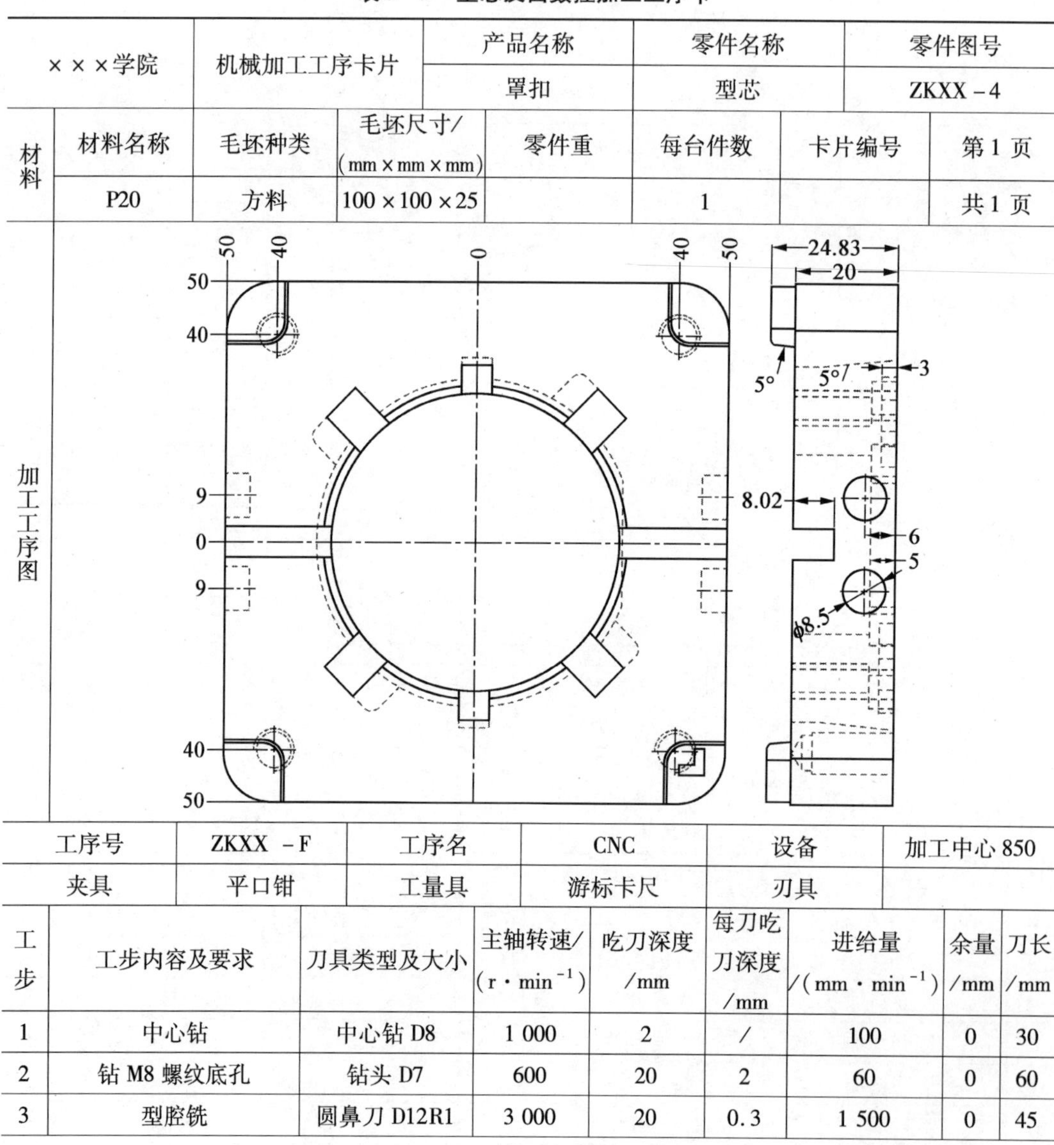

工序号	ZKXX －F	工序名	CNC	设备	加工中心 850
夹具	平口钳	工量具	游标卡尺	刃具	

工步	工步内容及要求	刀具类型及大小	主轴转速/(r·min^{-1})	吃刀深度/mm	每刀吃刀深度/mm	进给量/(mm·min^{-1})	余量/mm	刀长/mm
1	中心钻	中心钻 D8	1 000	2	/	100	0	30
2	钻 M8 螺纹底孔	钻头 D7	600	20	2	60	0	60
3	型腔铣	圆鼻刀 D12R1	3 000	20	0.3	1 500	0	45

续表 3－4

工步	工步内容及要求	刀具类型及大小	主轴转速/(r·min^{-1})	吃刀深度/mm	每刀吃刀深度/mm	进给量/(mm·min^{-1})	余量/mm	刀长/mm
4	平面铣	鼻刀 D8R0.5	3 500	5	0.3	1 500	0	50
5	开粗	鼻刀 D4R0.5	3 000	3	0.2	1 000	0	45
6	侧壁精加工	平底刀 D6	3 800	5	0.3	1 500	0	40
7	底面精加工	平底刀 D4	4 200	3	3	800	0.2	40
8	侧壁精加工	平底刀 D4	4 200	3	0.2	800	0.3	30
9	倒角	倒角刀 D8	2 500	2	2	1 000	－0.5	30

工艺编制		学号		审定		会签	
工时定额		校核		执行时间		批准	

3. 动模镶件制造

材料:S136

毛坯尺寸:ϕ65 mm×48 mm(粗料)

数量:1 件

正面加工:直接 CNC 加工

背面加工:钻推杆孔及水孔,加工水槽

每完成一个面的加工后都应做零件检测,以便及时修正。表 3－5 与表 3－6 为镶件正、反面数控加工工序卡。

表 3－5　镶件正面数控加工工序卡

<table>
<tr><td colspan="2" rowspan="2">×××学院</td><td colspan="2" rowspan="2">机械加工工序卡片</td><td colspan="2">产品名称</td><td>零件名称</td><td>零件图号</td></tr>
<tr><td colspan="2">罩扣</td><td>镶件</td><td>ZKXJ－9</td></tr>
<tr><td rowspan="2">材料</td><td>材料名称</td><td>毛坯种类</td><td>毛坯尺寸/(mm×mm×mm)</td><td>零件重</td><td>每台件数</td><td>卡片编号</td><td>第 1 页</td></tr>
<tr><td>S136</td><td>圆料</td><td>ϕ 65×48</td><td></td><td>1</td><td></td><td>共 1 页</td></tr>
<tr><td>加工工序图</td><td colspan="7">36.80 ϕ6.00 ϕ16.67 20.00 ϕ23.98 ϕ4.00 3.00 5.00 47.48 ϕ63.28 29.99 29.99 60.51 6.03</td></tr>
</table>

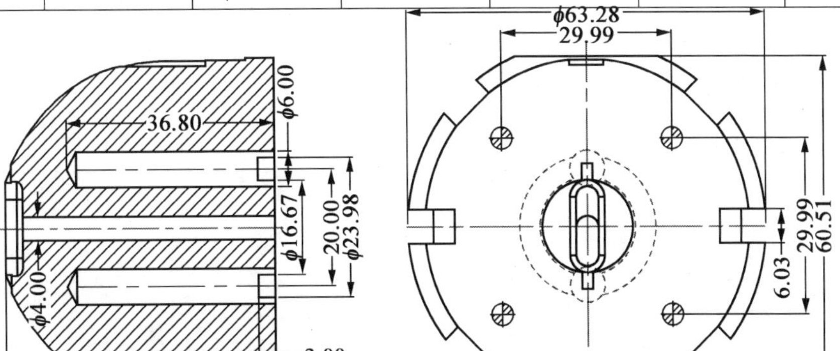

续表 3－5

工序号	ZKXJ－Z	工序名	CNC	设备	加工中心 850
夹具	平口钳	工量具	游标卡尺	刀具	

工步	工步内容及要求	刀具类型及大小	主轴转速/(r·min^{-1})	吃刀深度/mm	每刀吃刀深度/mm	进给量/(mm·min^{-1})	余量/mm	刀长/mm
1	粗加工	圆鼻刀 D12R1	2 300	48	0.35	1 800	0.3	55
2	曲面半精加工	球刀 R3	3 500	30.5	0.25	1 800	0.1	50
3	底面半精加工	平底刀 D12	3 500	0	0	1 000	0.1	60
4	侧壁半精加工	平底刀 D12	3 500	42.5	42.5	800	0.1	60
5	侧壁半精加工	平底刀 D12	3 500	49	49	800	0.1	60
6	流道半精加工	平底刀 D4	3 500	3	0.2	800	0	30
7	曲面精加工	球刀 R3	4 000	30.5	0.15	1 800	0	50
8	底面精加工	平底刀 D12	3 500	0	0	1 000	0	60
9	侧壁精加工	平底刀 D12	3 500	42.5	42.5	800	0	60
10	侧壁精加工	平底刀 D12	3 500	49	49	800	0	60
11	流道精加工	平底刀 D3	4 200	3	0.1	800	0	30
12	进胶口精加工	平底刀 D2	4 500	1	0.05	600	0	20

工艺编制		学号		审定		会签	
工时定额		校核		执行时间		批准	

表 3－6　镶件反面数控加工工序卡

×××学院	机械加工工序卡片	产品名称	零件名称	零件图号
		罩扣	镶件	ZKXJ－9

材料	材料名称	毛坯种类	毛坯尺寸/(mm×mm×mm)	零件重	每台件数	卡片编号	第 1 页
	S136	圆料	ϕ65×48		1		共 1 页
加工工序图							

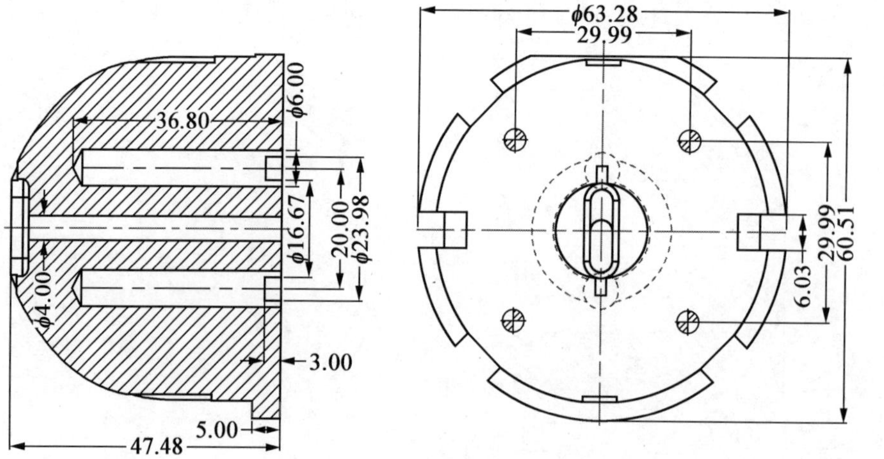

续表3－6

工序号	ZKXJ－F	工序名	CNC	设备	加工中心850			
夹具	平口钳	工量具	游标卡尺	刀具				
工步	工步内容及要求	刀具类型及大小	主轴转速/$(r \cdot min^{-1})$	吃刀深度/mm	每刀吃刀深度/mm	进给量/$(mm \cdot min^{-1})$	余量/mm	刀长/mm
1	中心钻	中心钻D8	1 000	2	—	100	0	30
2	钻D5孔	钻头D4.9	600	52	1	35	0	65
3	铰D5孔	铰刀D5	300	50	—	30	0	60
4	钻D6孔	钻头D6	600	37	1	35	0	60
5	深度轮廓加工－精加工	平底刀D4	4 200	3	0.2	800	0	30
6	平面铣－精加工	平底刀D4	3 500	3	0.1	1 000	0	30
工艺编制		学号		审定		会签		
工时定额		校核		执行时间		批准		

4.定模板加工

材料:45#

毛坯尺寸:180 mm×180 mm×40 mm(精料)

数量:1件

定模板加工顺序为(此处按标准模架加工)

正面加工:(1)开框;(2)倒角

反面加工:钻螺丝过孔,浇口套孔

每完成一个面的加工后都应做零件检测,以便及时修正。表3－7为定模板正面数控加工工序卡。

表 3 – 7 定模板正面数控加工工序卡

×××学院	机械加工工序卡片	产品名称	零件名称	零件图号
		罩扣	定模板	ZKDMB – 2

材料	材料名称	毛坯种类	毛坯尺寸/(mm × mm × mm)	零件重	每台件数	卡片编号	第 1 页
	45#	方料	180 × 180 × 40		1		共 1 页

加工工序图

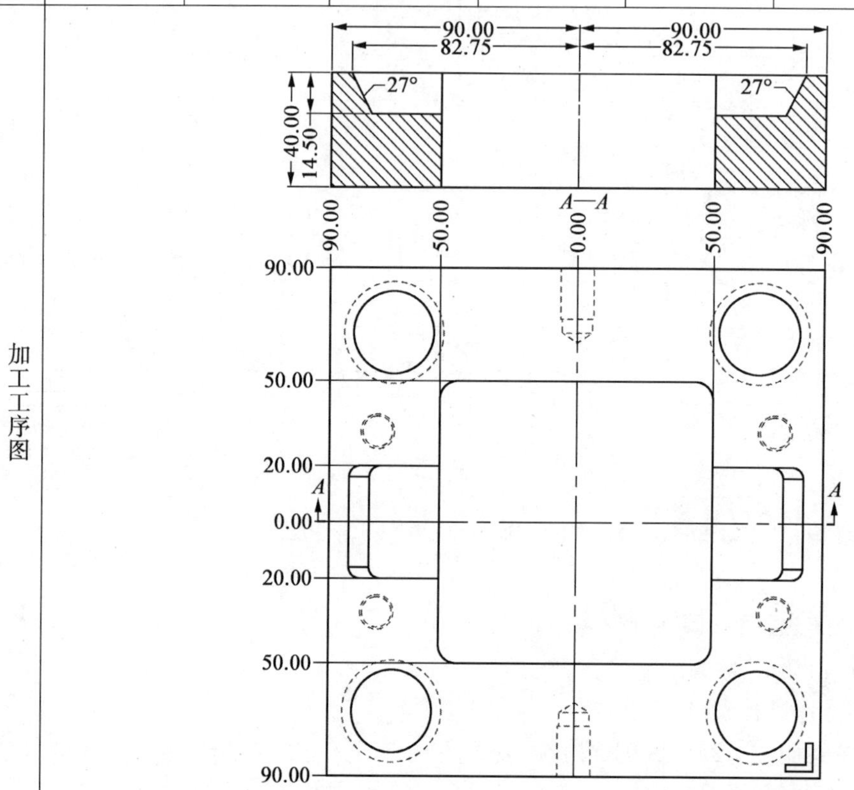

工序号	ZKDMB – Z	工序名	CNC	设备	加工中心 850
夹具	平口钳	工量具	游标卡尺	刃具	

工步	工步内容及要求	刀具类型及大小	主轴转速/(r · min^{-1})	吃刀深度/mm	每刀吃刀深度/mm	进给量/(mm · min^{-1})	余量/mm	刀长/mm
1	开粗	圆鼻刀 D12R1	2 300	15.5	0.4	1 600	0.3	40
2	半精侧壁	圆鼻刀 D8R0.5	3 500	15.5	0.18	1 800	0.1	40
3	半精底面	圆鼻刀 D8R0.5	3 500	15.5	15.5	1 000	0.1	40
4	精铣底面	圆鼻刀 D8R0.5	3 500	15.5	15.5	1 000	0	40
5	精铣侧壁	圆鼻刀 D8R0.5	3 500	15.5	0.12	1 500	0	40
6	精铣侧壁	圆鼻刀 D8R0.5	3 500	15.5	0.08	1 500	0	40
7	倒角	倒角刀 D8	2 500	2	2	1 000	–0.5	30

工艺编制		学号		审定		会签	
工时定额		校核		执行时间		批准	

5. **动模板加工**

材料:45#

毛坯尺寸:180 mm×180 mm×40 mm(精料)

数量:1 件

正面加工:(1)钻避空角;(2)开框;(3)钻水孔及密封槽;(4)加工 T 形槽

反面加工:(1)钻螺丝过孔,顶针孔;(2)加工弹簧孔

侧面加工:钻水孔

每完成一个面的加工后都应做零件检测,以便及时修正。表 3-8 与表 3-9 为动模板正、反面数控加工工序卡。

表 3-8　动模板正面数控加工工序卡

×××学院		机械加工工序卡片		产品名称		零件名称	零件图号
				罩扣		动模板	ZKDMB-5
材料	材料名称	毛坯种类	毛坯尺寸/(mm×mm×mm)	零件重	每台件数	卡片编号	第 1 页
	45#	方料	180×180×40		1		共 1 页
加工工序图	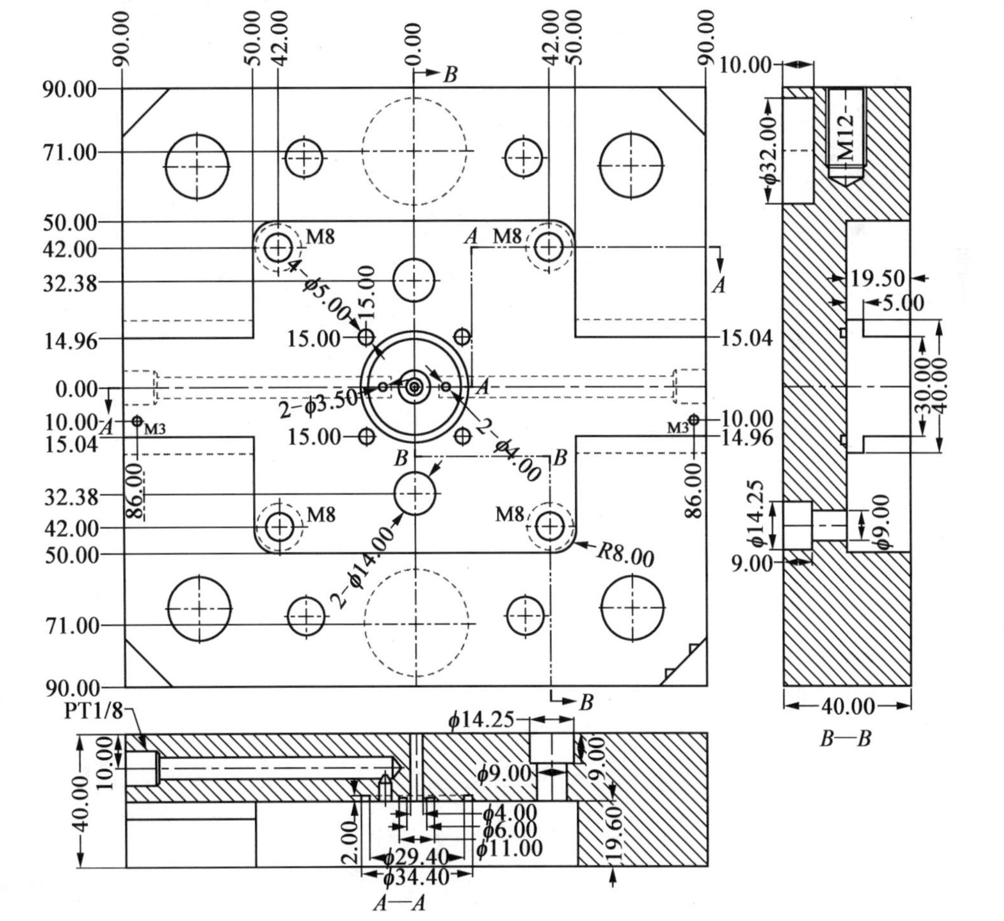						

续表 3－8

工序号	ZKDMB －Z	工序名	CNC	设备	加工中心 850
夹具	平口钳	工量具	游标卡尺	刃具	

工步	工步内容及要求	刀具类型及大小	主轴转速/(r·min^{-1})	吃刀深度/mm	每刀吃刀深度/mm	进给量/(mm·min^{-1})	余量/mm	刀长/mm
1	开框	圆鼻刀 D16R0.8	2 000	19.5	0.5	1 600	0.3	40
2	半精底面	圆鼻刀 D12R1	3 000	19.5	19.5	1 000	0.1	40
3	半精侧壁	圆鼻刀 D12R1	3 000	19.5	10	800	0.1	40
4	精铣底面	平底刀 D12	3 500	19.5	19.5	1 000	0	40
5	精铣侧壁	平底刀 D12	3 500	19.5	19.5	800	0	40
6	精加工	平底刀 D3	3 500	2	0.1	1 000	0	30
7	精加工	平底刀 D2	3 500	1.5	0.1	1 000	0	30
8	中心钻	中心钻 D8	1 000	2	/	100	0	30
9	倒角 ×2	倒角刀 D8	2 500	2	2	1 000	−0.5	30
10	钻 D4 水路孔	钻头 D4	600	10	1	30	0	40

工艺编制		学号		审定		会签	
工时定额		校核		执行时间		批准	

表3-9　动模板反面数控加工工序卡

深圳信息学院	机械加工工序卡片	产品名称	零件名称	零件图号
		罩扣	动模板	ZKDMB-5

材料	材料名称	毛坯种类	毛坯尺寸/(mm×mm×mm)	零件重	每台件数	卡片编号	第1页
	45#	方料	180×180×40		1		共1页

加工工序图

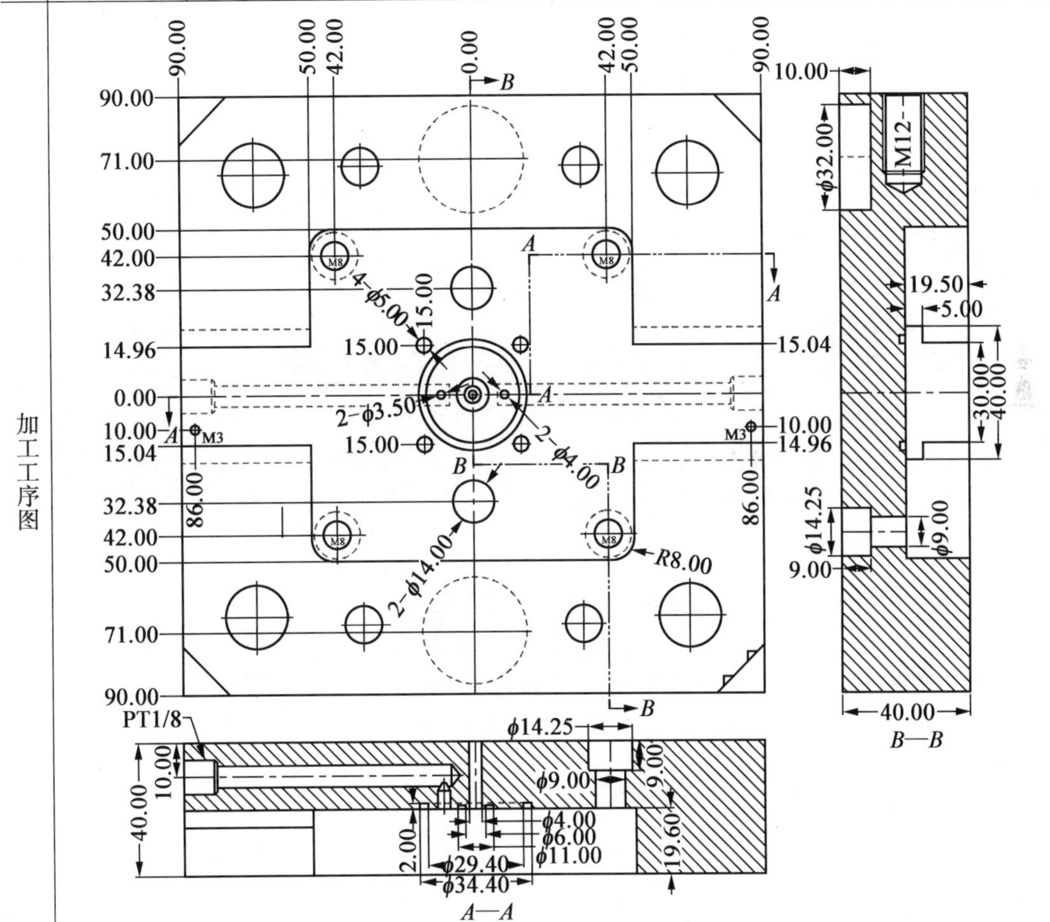

工序号	ZKDMB -Z	工序名	CNC	设备	加工中心850
夹具	平口钳	工量具	游标卡尺	刃具	

工步	工步内容及要求	刀具类型及大小	主轴转速/(r·min^{-1})	吃刀深度/mm	每刀吃刀深度/mm	进给量/(mm·min^{-1})	余量/mm	刀长/mm
1	中心钻	中心钻 D8	1 000	2	/	100	0	30
2	钻 M8 螺丝过孔	钻头 D9	700	25	2	70	0	60
3	钻 D14 孔	钻头 D14	700	25	3	80	0	60
4	钻顶针过孔	钻头 D6	600	25	1	45	0	60
5	钻 M5 螺纹底孔	钻头 D4.5	600	25	1	30	0	60

续表 3 - 9

工步	工步内容及要求	刀具类型及大小	主轴转速/(r · min^{-1})	吃刀深度/mm	每刀吃刀深度/mm	进给量/(mm · min^{-1})	余量/mm	刀长/mm
6	钻 M8 螺丝沉头孔	平底刀 D14	800	9	3	60	0	50
7	加工弹簧沉头孔	圆鼻刀 D12R1	2 300	10	0.35	1 600	0	45
8	底壁精加工	平底刀 D12	2 500	10	10	800	0	45
9	倒角	倒角刀 D8	2 000	2	2	1 000	-0.5	30

工艺编制		学号		审定		会签	
工时定额		校核		执行时间		批准	

注:推杆固定定模固定板,推杆垫板,动、定模固定板加工请参考加工工艺卡。

3.4.2 模具装配

1. 定模装配

(1)检查定模仁腔体的表面部分以及运水孔末端的防漏水螺钉是否安装正确。

(2)定模框底装入密封圈,把定模仁按照基准角(标识)装进定模框,锁紧螺钉,检查进、出水路的水嘴是否安装正确。

(3)模具定模固定板按照基准角对齐定模板,装入定位圈和浇口套,注意浇口套的定位销位置,再检查出胶口是否和定模仁方向一致,锁紧定模固定板螺钉和定位圈螺钉。

(4)装模时检查每个零部件是否黏有铁屑粉尘等,可用风枪吹或碎布抹干净。

(5)定模安装完毕,然后测试水路是否畅通,是否有漏水现象,装配图如图 3 - 37 所示。

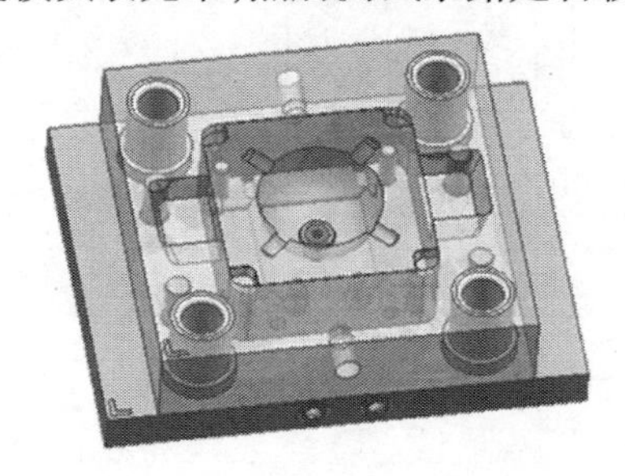

图 3 - 37　定模装配图

2. 动模装配

(1)检查动模仁腔体的表面部分以及防漏水螺丝安装位置是否正确。

(2)将动模镶件装配到动模仁上,注意不能有松动。

(3)动模框底装入密封圈,并装上导柱,再将动模仁、动模镶件按照基准角(标识)一起装进动模框,锁紧螺钉。

(4)装配滑块,保证滑块运动顺畅且与模仁配合没问题,再装上滑块弹簧及限位螺钉。

(5)装配斜销,保证斜销运动顺畅,且与模仁配合,四周没有松动现象,再装上斜销座。

(6)把推杆固定板按照基准角与动模板对齐,装上回针,弹簧装在回针上,依次把顶针、斜销座和拉料杆装上。

(7)推杆垫板贴平推杆固定板,锁紧螺钉。

(8)在推杆垫板上锁上垃圾钉,然后将动模固定板、模脚按照基准角与动模板对正。

(9)锁紧后模螺钉和模脚螺钉,注意模脚的外边和动模板要持平。

(10)动模安装完毕后,测试水路是否畅通及是否有漏水现象,测试滑块与斜顶运动是否顺畅,装配图如图3－38所示。

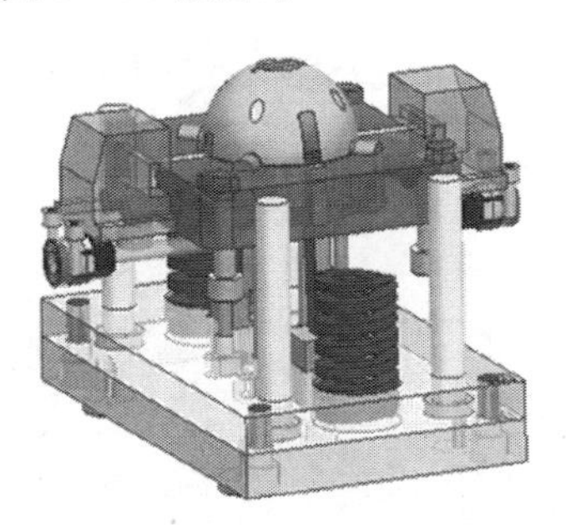
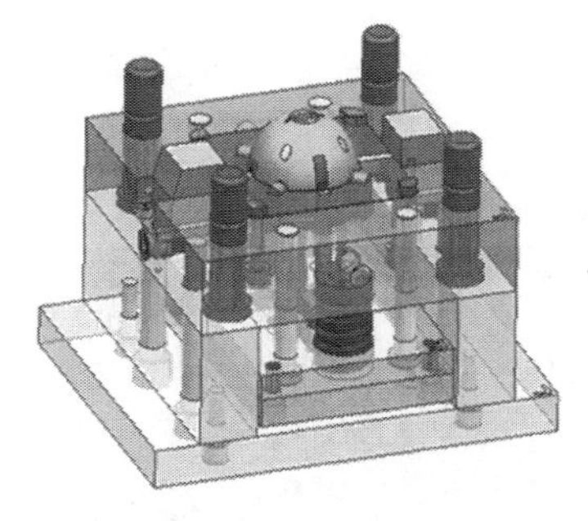

图3－38　动模装配图

3.模具总装配(图3－84)

(1)在动、定模合模之前,检查顶出是否正常。

(2)运动零件(回针、弹簧及导柱)涂上黄油增加润滑。

(3)前、后模仁喷上洗模剂清洗干净,再在模仁上喷上一层薄薄的防锈剂。

(4)M12吊环锁上,整套模具装配完成,等待试模。

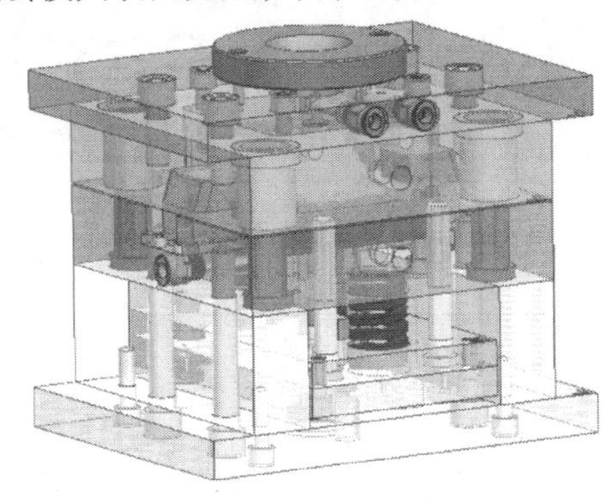

图3－39　模具总装图

4.试模与验收

试模与验收请参考项目1中的试模,因知识点一致,所以此处不再赘述。

【拓展知识 3】

拓展 3 - 1　产品上的卡扣设计

1. 卡扣的作用

卡扣也称为扣位或卡扣位,作用与螺钉一样,也是起固定与连接作用。卡扣的主要作用是辅助螺钉固定壳体,整机结构固定仅靠螺钉柱是不够的,还必须要设计几个卡扣。卡扣是通过塑料件本身的弹性及卡扣结构上的变形来实现拆装的。

2. 卡扣设计的基本原则

(1)强度要大,否则拆装时容易损坏。

(2)扣合量要足,否则作用不明显。

(3)卡扣一定要有拆装的变形空间。

(4)整机卡扣一定要均匀。

(5)壳体结构强度弱的地方尽量布扣。

3. 卡扣的分类

卡扣分公扣与母扣,分别布在两个不同的壳体上,如图 3 - 40 所示是母扣,如图 3 - 41 所示是公扣。

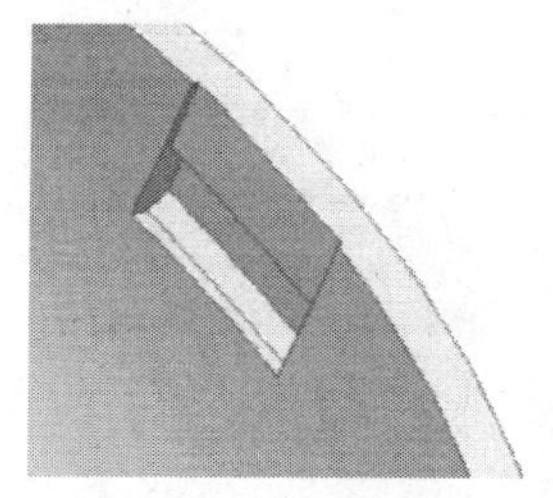

图 3 - 40　母扣

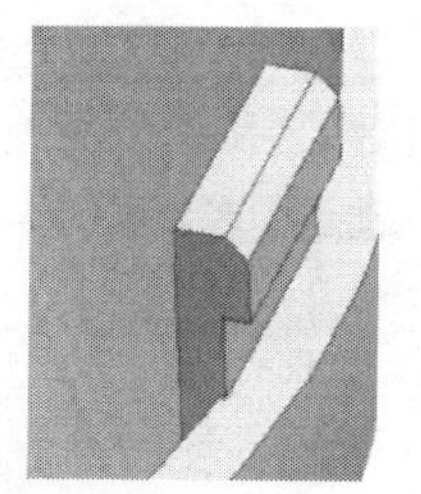

图 3 - 41　公扣

卡扣横向配合如图 3 - 42 所示。

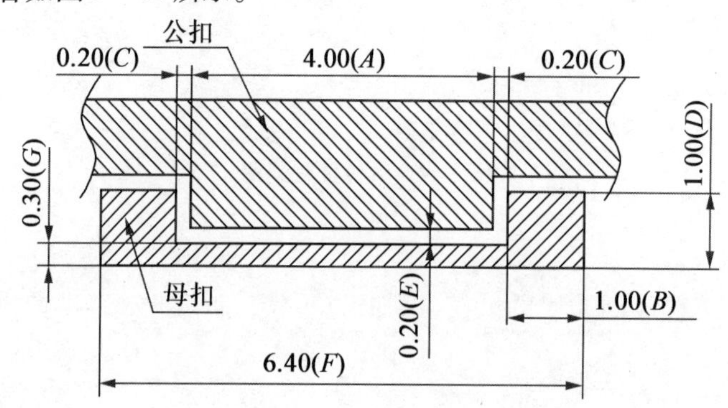

图 3 - 42　前壳、底壳卡扣横向剖面图

尺寸说明：

(1)尺寸 A 是公扣的宽度(又称卡扣宽度)，此宽度可根据需要进行设计，尺寸建议在2.00~6.00 mm 范围内，常用宽度尺寸是4.00 mm。

(2)尺寸 B 是母扣的两侧厚度，为保证卡扣有足够的强度，常用1.00 mm，最少为0.80 mm。

(3)尺寸 C 是公扣与母扣两侧的间隙0.20 mm。

(4)尺寸 D 是母扣另一侧的厚度，常用1.00 mm，最少0.80 mm。

(5)尺寸 E 是公扣与母扣另一侧的间隙0.20 mm。

(6)尺寸 F 是母扣的宽度，根据公扣的宽度及与母扣的间隙自然得出。

(7)尺寸 G 是母扣封胶的厚度0.30 mm。

4. 卡扣纵向配合

卡扣纵向配合如图3-43所示。

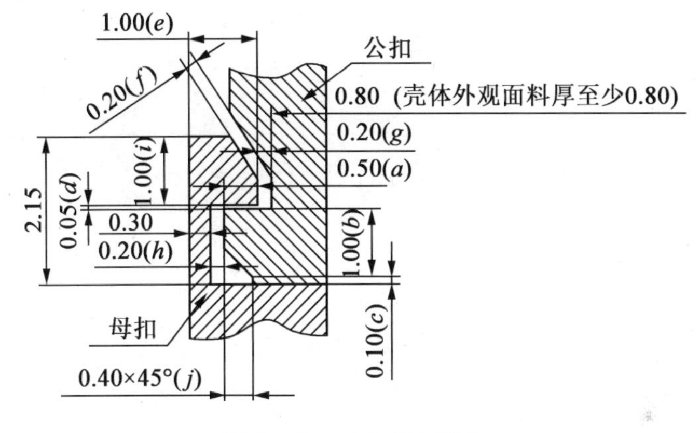

图3-43 卡扣纵向配合

尺寸说明：

(1)尺寸 a 是卡扣的配合量(扣合量)，设计要合理，如果大了就很难拆，小了就起不到连接的作用。尺寸建议在0.35~0.60 mm 范围内，常用扣合量尺寸是0.50 mm。

(2)尺寸 b 是公扣的厚度，为保证足够的强度，常用1.00 mm，最少0.80 mm。

(3)尺寸 c 是公扣上表面要比底壳分模面低，不小于0.05 mm，常用0.10 mm。主要作用就是有利于模具加工与修整，以免模具因加工误差而造成卡扣的上表面高出分模面，从而影响斜顶出模及壳体装配。

(4)尺寸 d 是母扣与公扣的 Z 向(厚度方向)的间隙0.05 mm，不能过大，以免卡扣起不到作用。

(5)尺寸 e 是母扣的厚度，为保证足够的强度，常用1.00 mm，最少0.80 mm。

(6)尺寸 f 是母扣与公扣倒角边的避让间隙，不少于0.20 mm。

(7)尺寸 g 是母扣与公扣的避让间隙，不少于0.20 mm。

(8)尺寸 h 也是母扣与公扣的避让间隙，不少于0.20 mm。这个间隙设计时可留大些，扣合量不够时可以加胶。

(9)尺寸 i 是母扣顶部的厚度,为保证足够的强度,常用 1.00 mm,最少 0.80 mm。

(10)尺寸 j 是公扣的倒角,为方便装配,倒角尺寸为 0.40 mm × 45°。

5. 整机卡扣个数的设计

卡扣既然是辅助螺丝固定壳体的,那么设计多少个卡扣才合理呢? 设计过多不仅增加模具制造成本,还会造成拆装困难,设计过少壳体连接可能出现问题。整机布扣主要分以下两种情况。

(1)整机有 6 个螺钉,布 8 个卡扣,布扣要均匀。如图 3-44 所示,尽可能地做到 $A = B = C$、$D = E$、$G = F$。

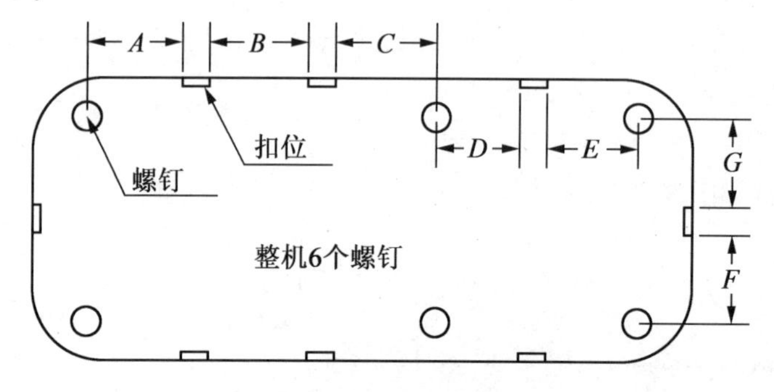

图 3-44　整机 6 个螺钉示意图

(2)整机有 4 个螺钉,布 8 ~ 10 个卡扣,布扣要均匀。如图 3-45 所示,尽可能地做到 $a = b = c = d$、$e = f$。

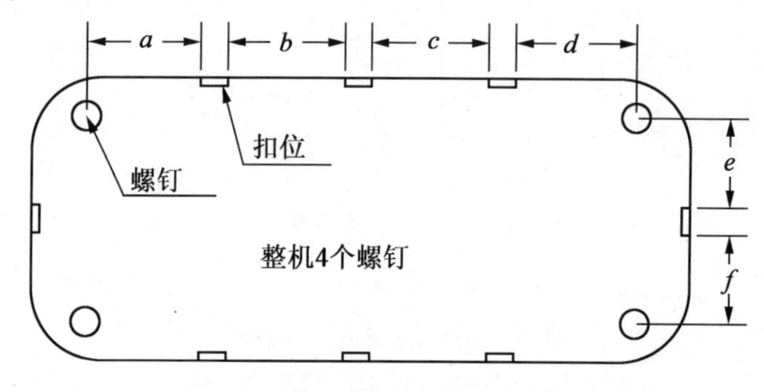

图 3-45　整机 4 个螺钉示意图

注:两个卡扣之间的距离最好控制在 30.00 mm 左右,如果超过 35.00 mm,建议增加卡扣,如果距离都小于 30.00 mm,可适当减少卡扣的数量。

拓展 3-2　模具上常要拆分镶件的位置

(1)在一个平面上有一部分凸出较高的部位。

如图 3-46 所示,如果模具拆分后出现平面上有一部分凸出较高的部位,常将凸出的部位拆分成镶件,以便于节省钢料及模具制造。

(a)未拆分镶件

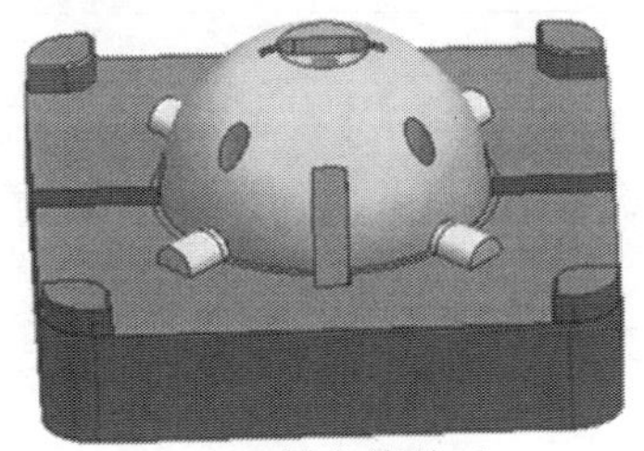

(b)拆分镶件后

图 3－46　凸出面拆分成镶件

(2)模具上的碰穿与插穿位。

碰穿与插穿是成型塑件上孔的方式。模具工作时,要求动、定模的零件端面或侧面接触,这些接触的面会随着模具使用时间的增长产生磨损或损坏,为了方便模具的更换与维修,常将这些容易损坏的部位拆分成镶件。(提示:碰穿与插穿的定义见项目1中拓展知识1－2)

(3)较深的加强筋位。

如图3－47所示,当制品上有较深的加强筋时,这样在模具上就会形成较深且窄的空间,在注塑时,会导致加工困难而且易在注塑时形成缺胶现象,故常将模具上的此部位拆分成镶件。

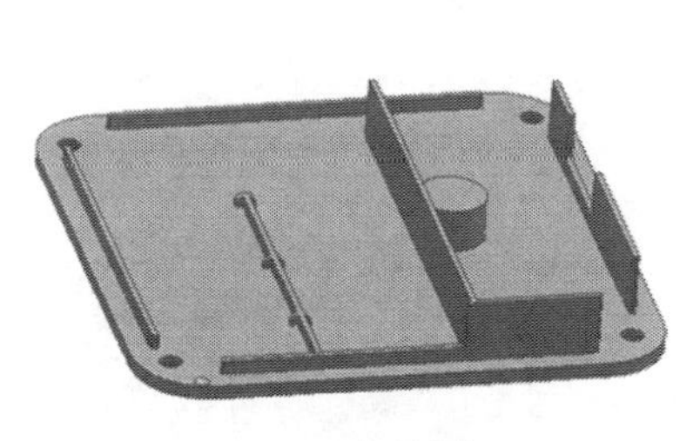

(a)产品图

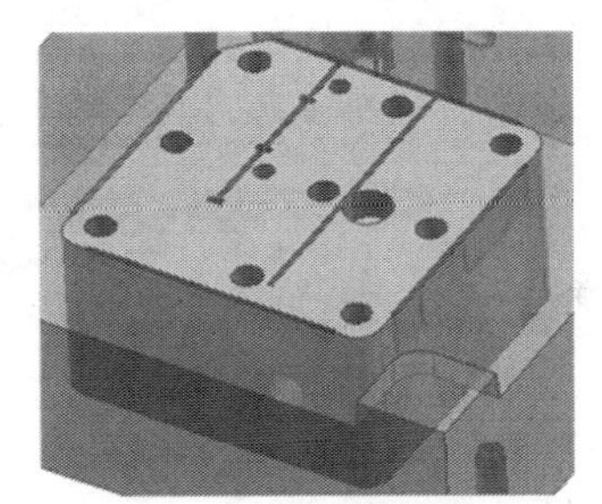

(b)拆分成镶件

图 3－47　加强筋位拆分成镶件

拓展3－3　滑块机构

1. 滑块机构的组成

如图3－48所示,在工业中,滑块结构是成型产品扣位的一种常用方式,其结构多种多样,但其组成部分一般包含以下几个部分:

(1)动力部分,如斜导柱、弯销、油缸和T形块等;

(2)锁紧部分,如锁紧块、弯销等;

(3)定位部分,如波仔螺钉、内置弹簧、外置弹簧和行位扣等;

(4)导滑部分,如导滑耐磨板、压条等;

(5)成型部分,如滑块等。

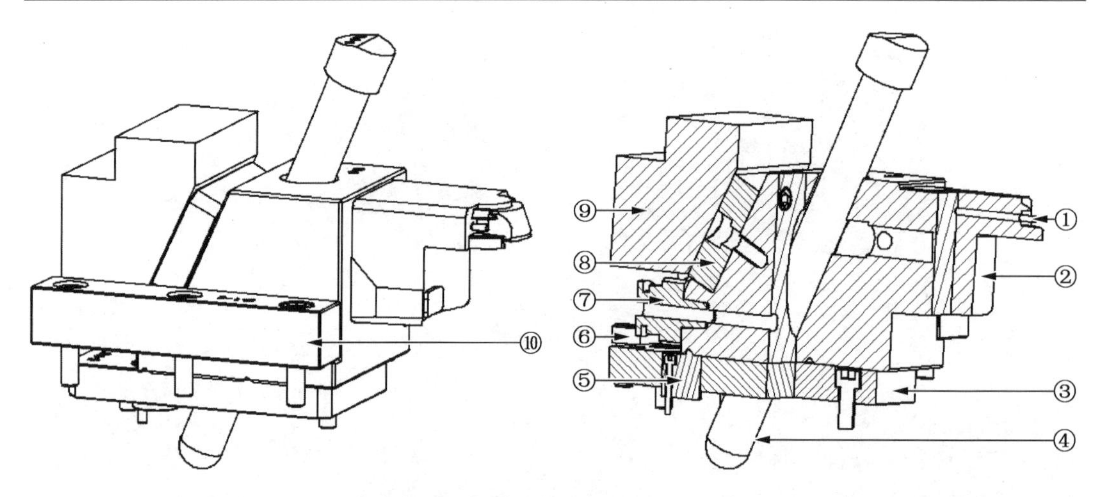

1,2—成型部分;3,8,10—导滑部分;4—动力部分;5,6—定位部分;7—水接头;9—锁紧部分

图 3－48　滑块组成

2. **滑块的制作方式**

滑块按制作方式分为两种,一种是整体式滑块如图 3－49(a)所示,另一种是组合式滑块如图3－49(b)所示,整体式滑块常用在大模具或精度要求不高的模具上或造价较低的中小型模具上。用在大模具上整体式滑块做主要是滑块结构稳定,用在中小型模具上是因为可减少制造成本,降低滑块的用料,而组合式滑块一般用在中小型精密模具上,方便加工、更换与维修,是由滑座与滑块镶件构成的。

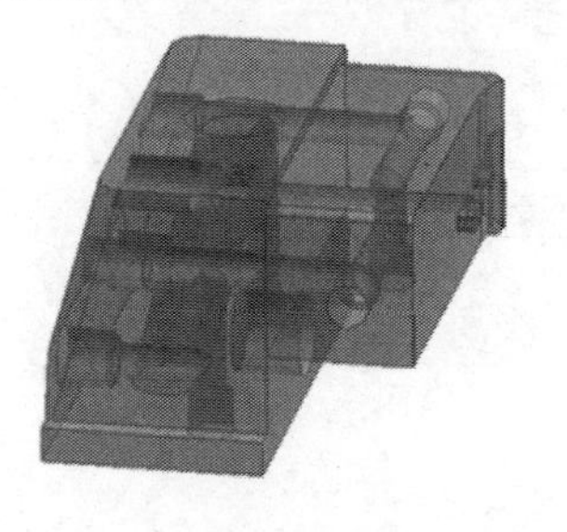

(a)整体式滑块

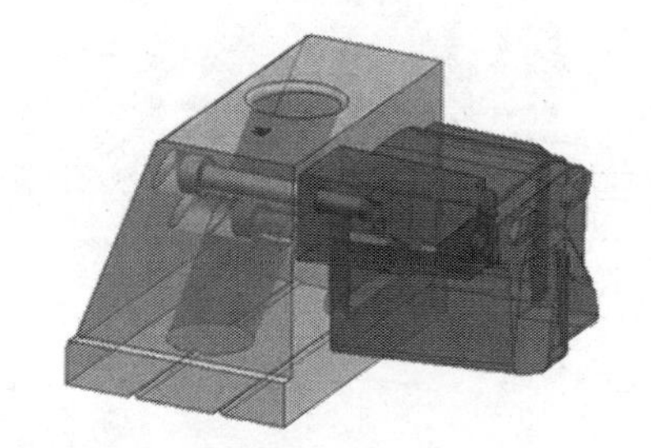

(b)组合式滑块

图 3－49　滑块的制作方式

在组合式滑块中,滑座的结构根据其大小,有 3 种设计方式,如图 3－50 所示。如图 3－50(a)所示,这种滑座多用于高度与长度比值为 1∶1 左右的情况;如图 3－50(b)所示多用于滑块高度大部分在 B 板上,为了避免滑块高度与长度的比值较大,故将滑块加长,组合滑块在运动中保持稳定;图 3－50(c)所示多用于滑块较高的场合,且可以保证滑块运动时较稳定,是一种较常用的滑块结构。

滑座与滑块镶件的连接方式除了可以用螺钉连接外,还可以采用压板和无头螺钉等方式,如图 3－51 所示。

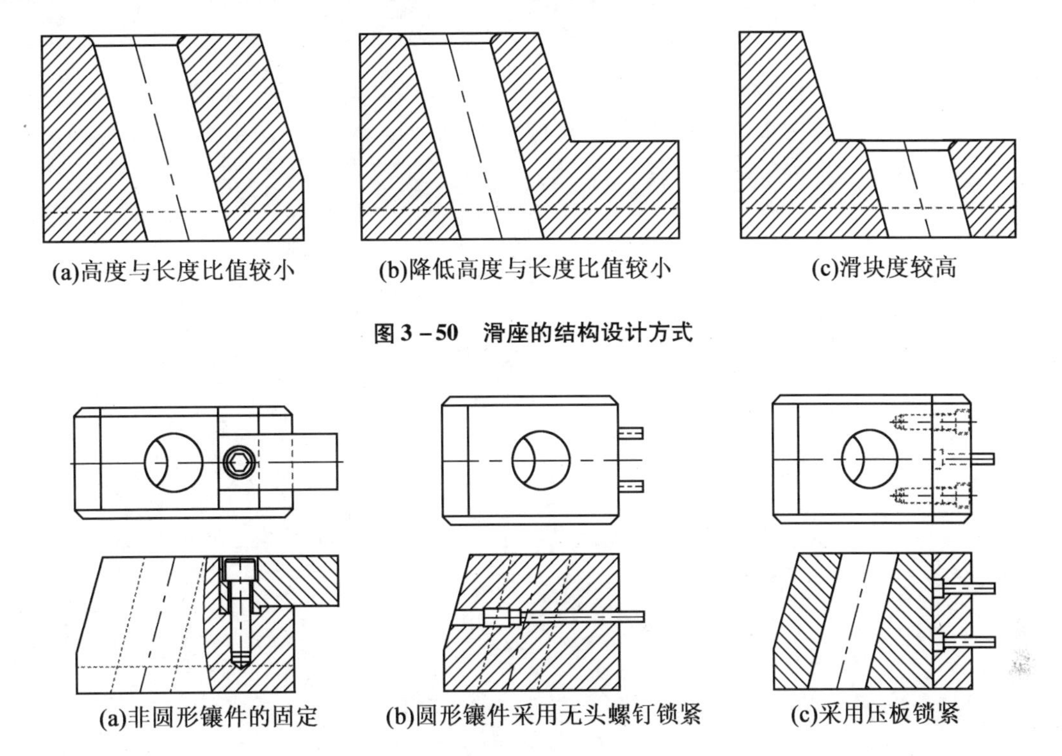

(a)高度与长度比值较小　(b)降低高度与长度比值较小　(c)滑块度较高

图3－50　滑座的结构设计方式

(a)非圆形镶件的固定　(b)圆形镶件采用无头螺钉锁紧　(c)采用压板锁紧

图3－51　滑座与滑块镶件的连接方式

3. 滑块的锁紧方式

合模后,为了防止滑块在注射压力下后退,常设计斜面作为锁紧面,根据滑块沉入A板的深度,锁紧块的设计有以下3种常用的方式,如图3－52所示。

(1)滑块采用镶拼式锁紧方式,结构强度好,是一种常用的锁紧方式,当滑块端面胶位较多时,应考虑设计反铲结构。

(2)同样采用镶拼式锁紧方式,适用于较宽的滑块,滑块采用整体式锁紧方式,适用于滑块端面胶位较少的情况。

(3)采用模板锁紧,适用成型胶位面处于A板中,这种锁紧结构强度好,可承受较大的注射压力。

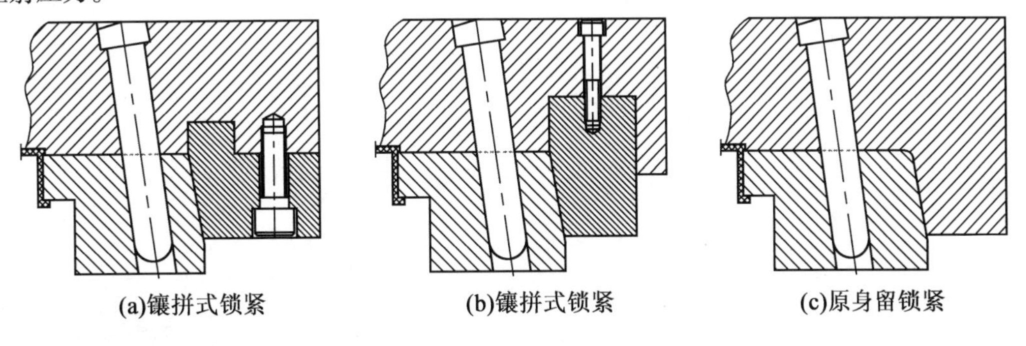

(a)镶拼式锁紧　(b)镶拼式锁紧　(c)原身留锁紧

图3－52　滑块的锁紧方式

4. 滑块导向

滑块的导向方式主要有两种:当滑块宽度小于或等于 120 mm 时,导向零件主要是滑块压条;当滑块宽度大于 120 mm 时,除了采用压条导向之外,在滑块中间还要加上导向条,如图 3 -53 所示。

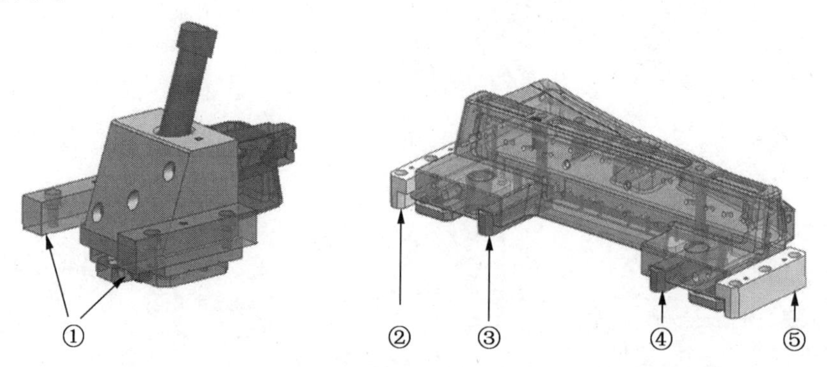

1—滑块压条;2,5—7 字形滑块压条;3,4—导向条

图 3 -53　滑块导向零件

如图 3 -54 及表 3 -10 为滑块压条在模具中的装配参数和设计参数。

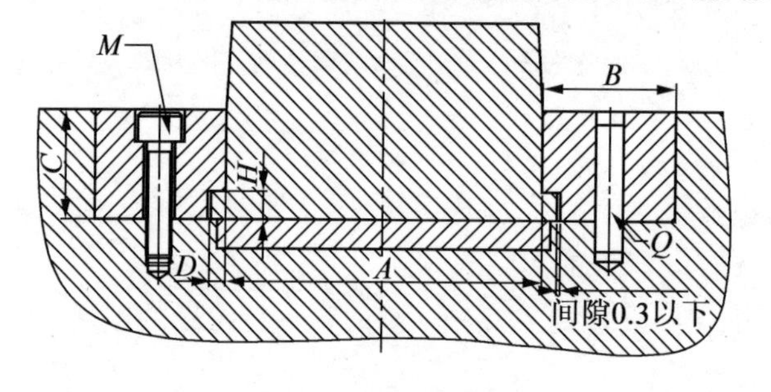

图 3 -54　压条装配

表 3 -10　滑块压条的设计参数

mm

A	20 ~ 25	25 ~ 75	75 ~ 100	100 ~ 150
$B \times C$	18 × 20	20 × 25	25 × 25	25 × 30
D	4	5	5	6
H	5	6	8	10
M	M5	M6	M6	M8
ϕ	ϕ4	ϕ5	ϕ5	ϕ6

5. 斜导柱

斜导柱是滑块结构中一种常用的驱动零件,其作用是为滑块的侧向运动提供驱动力,根据滑块大小,其规格有 ϕ10 mm,ϕ12 mm,ϕ16 mm,ϕ20 mm 和 ϕ25 mm 等,长度由滑块的抽芯距离决定。当滑块宽度大于 120 mm 时,则应考虑采用 2 支斜导柱。如图 3 -55 所示为斜导

柱的装配方式及应用。

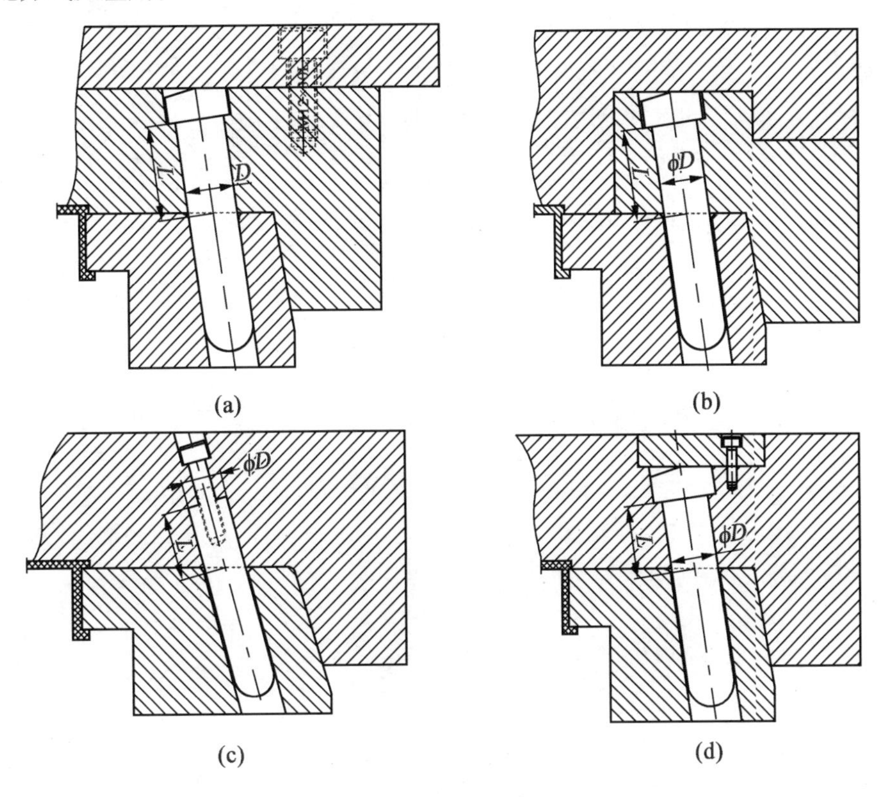

图3-55　斜导柱的装配

说明：

图3-55(a)中的斜导柱装配适宜用在模板较薄且上固定板与母模板不分开的情况下，其优点是配合面较长，稳定性较好。

图3-55(b)中的斜导柱装配适宜用在模板厚、模具空间大的情况下且两板模、三板模均可使用配合面 $L \geqslant 1.5D$（D 为斜撑销直径），稳定性较好。

图3-55(c)采用螺钉固定，其优点是减短了斜导柱长度，方便了模板上斜孔的加工，适用于模板较厚的情况。

图3-55(d)中的斜导柱装配适宜用在模板较薄且上固定板与母模板可分开的情况下配合面较长，稳定性较好。

6. 弹簧

弹簧在滑块上的作用有两点，既可以提供驱动力，也可以起到定位作用。在工业模具中，滑块的定位优先使用弹簧。弹簧在滑块上的装配位置如图3-56所示。

说明：

图3-56(a)弹簧内置，装配简单，定位效果好，优先使用。

图3-56(b) 弹簧置于滑块底部，当滑块定位面较小时采用，应用相对较少。

图3-56(c)弹簧外置，当滑块抽芯距离较长时采用。

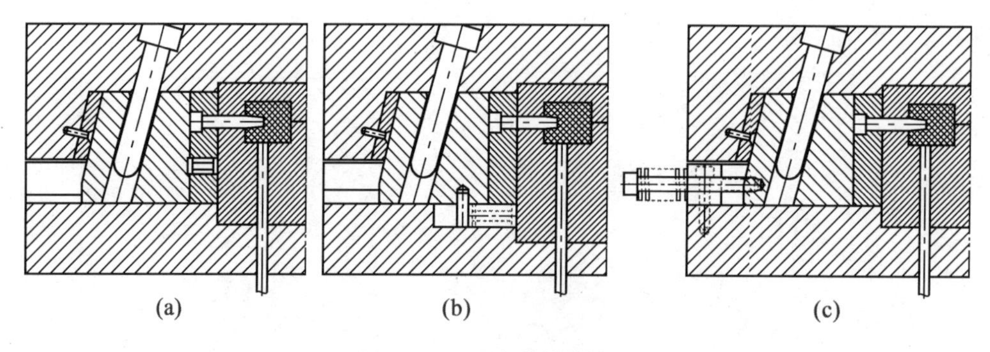

图 3－56　滑块弹簧的装配

拓展 3－4　斜销机构

斜销也称为斜顶，如图 3－57 所示是工业中几种常见的斜顶结构做法，在不同的企业及不同的制品类型中，斜顶的做法也不一样，但零件的结构组成原理是相通的，这里主要以图 3－51(a)中所示的斜顶结构作为知识的一个补充。

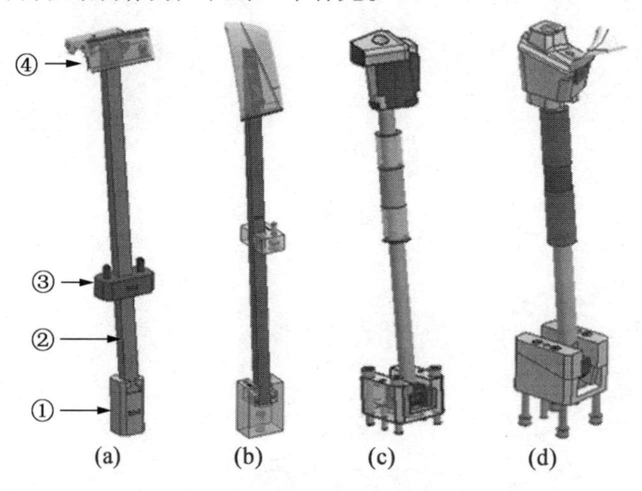

1—斜顶座；2—斜顶杆；3—导向块；4—产品

图 3－57　常见的斜顶结构

1. 斜顶座

如图 3－58 所示，其作用是将斜顶杆与顶针板(推出板)连接到一起，为斜顶提供顶出与复位的力。当斜顶宽度大于等于 8 mm 时，斜顶座采用图 3－58(a)型号；当宽度小 8 mm 时，则采用图 3－58(b)型号。

斜顶座的高度 H 主要由斜顶杆强度决定，斜顶杆强度越大，则斜顶座高度可取小值；当斜顶杆强度小时，应缩短斜顶杆的长度来保证其强度，故应增高斜顶座的高度。当斜顶宽小于 12 mm 时，T 形槽宽度 W 的取值一般与斜顶宽度一致 ；当斜顶宽度大于等于 12 时，W 一般取 10 mm。$W_1 = W - (2.5 \sim 4)$ mm(T 形槽单边宽度取 2 ~ 2.5 mm)。

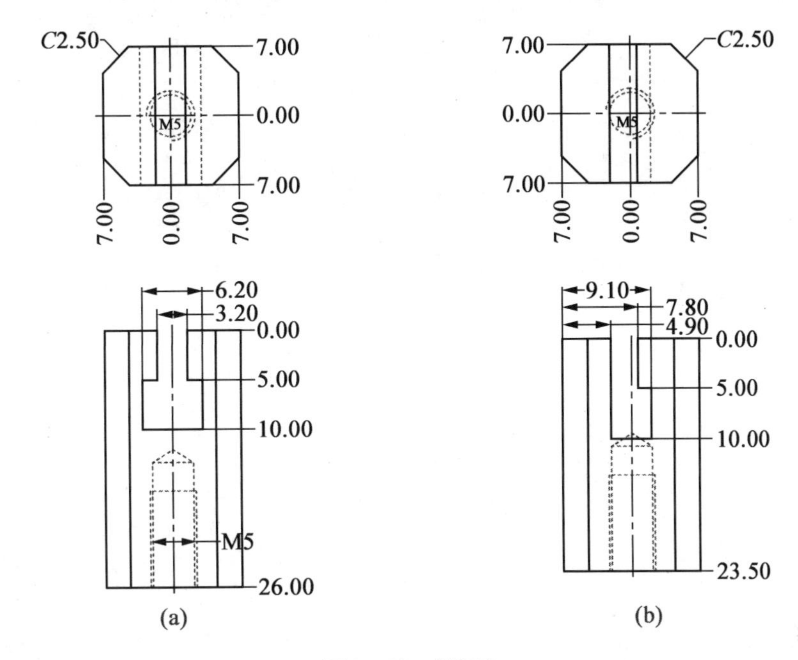

图3－58　斜顶座

2. 斜顶杆

斜顶杆是斜顶结构中的主要零件，从图3－57中可知，斜顶杆的制作方式也分整体式与组合式。但其设计参数基本一致，请参考斜销介绍。

3. 导向块

如图3－59所示，导向块一般采用材料是青铜或青铜石墨，其主要作用是增加斜顶的强度，防止斜顶受力后变形或折断。其尺寸规格由斜顶杆大小决定，一般固定在B板底部。

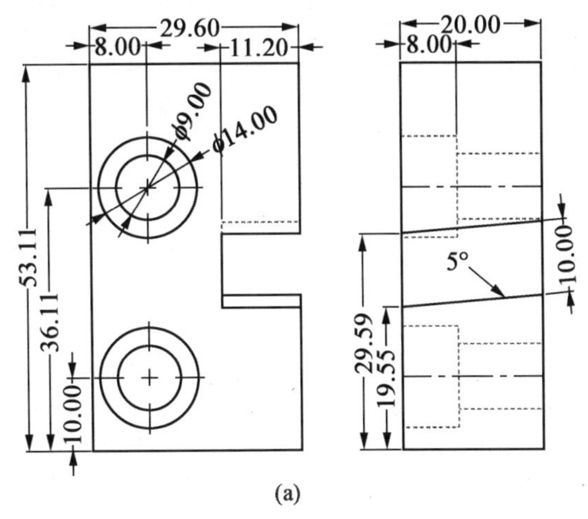

图3－59　导向块

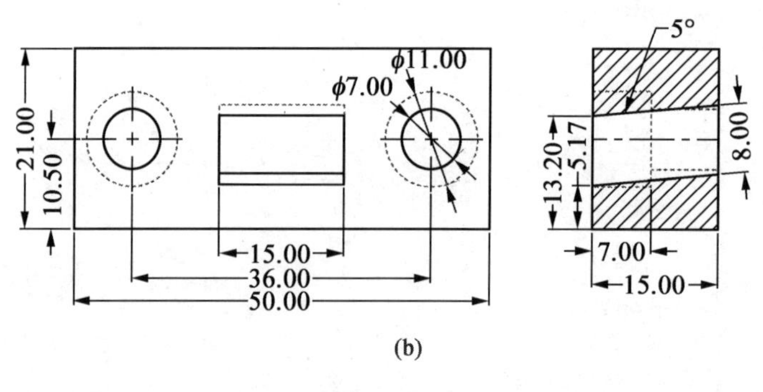

(b)

续图 3-59

项目4　MP3 上盖模具设计与制造

4.1　设计任务

零件名称:MP3 上盖,如图 4 - 1 所示。

材　　料:ABS

外形尺寸:70.35 mm × 50.25 mm × 18.09 mm;厚 1.5 mm

型 腔 数:1 × 2

生 产 量:5 万件/年

收 缩 率:1.005

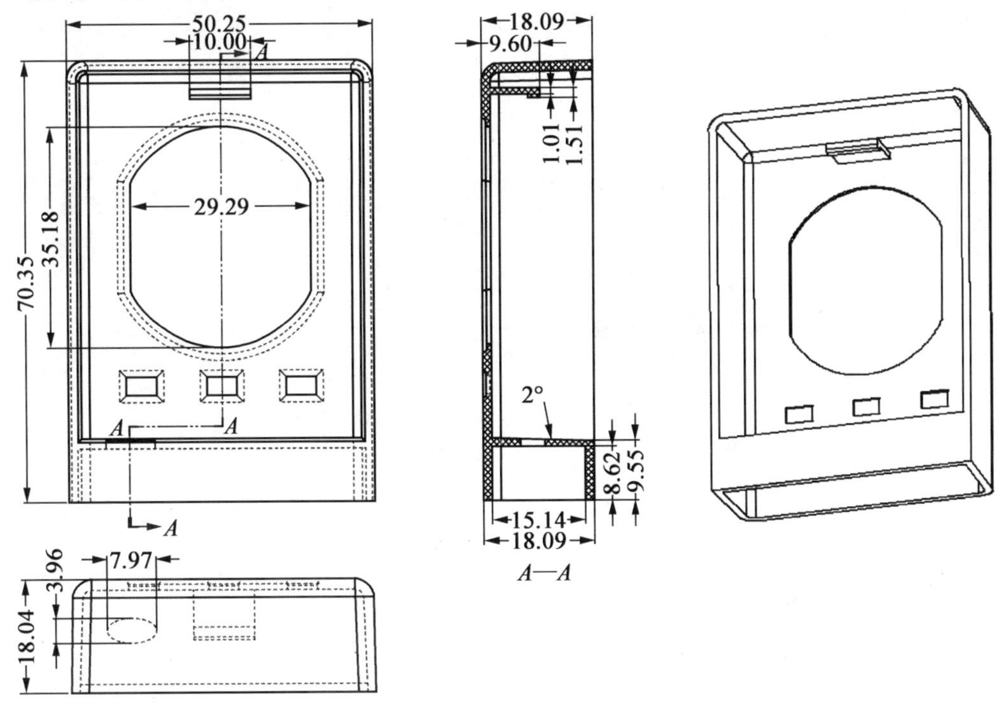

图 4 - 1　MP3 上盖产品图

技术要求:

(1)产品表面不允许出现缩痕及亮斑。

(2)注塑件不允许出现熔接痕的现象。

(3)产品未注公差为 ±0.1 mm。

(4)产品未注圆角为 *R*2。

(5)产品未注表面粗糙度 *Ra*0.8 μm。

4.2　MP3 注塑模具方案的确定

4.2.1　产品注塑工艺性分析

1. 产品形状

根据图 4 - 1 的产品图分析,得到以下几个结论。

(1)产品外形为长方体结构,顶面开有一处放置显示屏的孔及三处按键孔,外表面为外观面,尽量避免分型线。

(2)产品内侧有一处扣位,其作用是与底壳相连,需要做斜顶成型。

(3)侧面有一处放置电池的电池槽,深度为 8.62 mm,需要做滑块成型。

2. 产品胶位厚度分析

(1)分析方法。

基于 NX 软件进行产品胶位厚度分析的方法。

(2)分析结果。

由图 4 - 2 分析结果看,产品的平均厚度为 1.33 mm,最大厚度为 1.63 mm。从彩色条来看,可以判断胶位的厚度在 1 ~ 2 mm 之间。从产品颜色的分布情况看,整个产品胶位均匀,厚度为 1.5 mm,故该产品满足注塑工艺生产的条件。

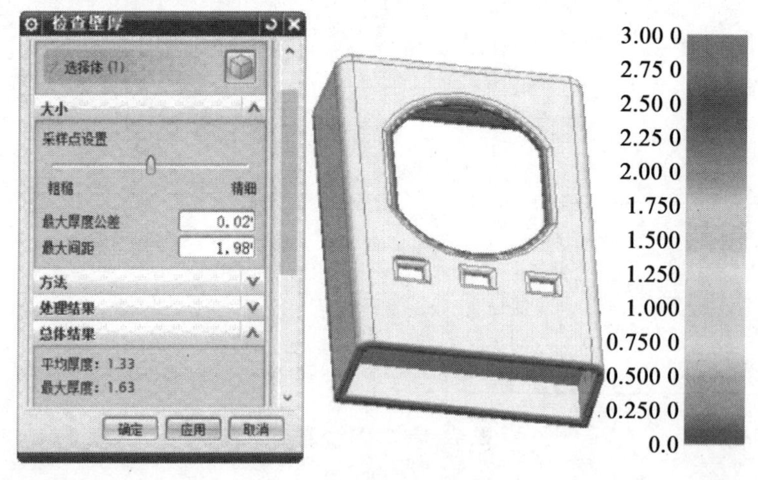

图 4 - 2　胶位厚度分析

3. 产品斜率分析

图 4 - 3 所示为斜率分析的结果图。

(1)分析方法。

基于NX软件进行产品斜率分析的方法。

(2)分析结果。

①产品侧面设计有拔模斜度,且均大于0.1°。

②整个产品有两处扣位,分别需要采用斜顶与滑块成型。

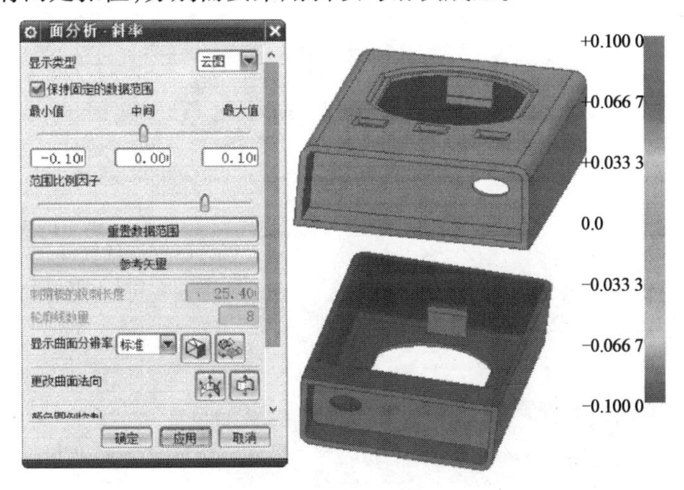

图4-3　斜率分析

4. **小结**

通过分析可知,产品壁厚均匀,平均厚度为1.33 mm,顶部有一处显示屏的通孔,可以用于设计分流道及浇口。内表面有一处扣位,需要设计斜顶成型。端面有一处深槽,需要采用滑块成型。拔模斜度、圆角设计合理。材料为ABS,流动性中等。在浇口设计上可采用多种类型的浇口,此处采用侧浇口成型。另外,产量为50 000件/年,为中大批量。综合以上分析,产品适合使用注塑工艺进行生产。

4.2.2　模具总体设计

1. **分析塑件**

由图4-1可以看出,该塑件外观表面有一定的要求。外形为长方体形状,长、宽、高分为70.35 mm、50.25 mm、18.09 mm。顶面有4处孔位,分别用来装配显示屏与按键,孔的分型面应选择在孔的内部边缘,装显示屏的孔较大,可用来设计分流道和浇口。产品内部有一处扣位,可采用斜顶成型。端面有一处电池槽,需要采用滑块成型。塑件精度为MT7级,尺寸精度不高,但外表面光洁度要求较高,*Ra*0.2 μm,生产量为5万件/年。塑件材料为ABS,流动性中等。

2. **分型面确定**

(1)外围分型面的确定。

根据塑件结构形式,以最大投影面边缘作为产品的分型线,故将分型面选在产品的底面。分型面的选取如图4-4所示。

(2)孔部位分型面的确定。

如图 4 -5 所示,为保证产品外观面不会有夹水线,故将分型面选在孔的内表面。

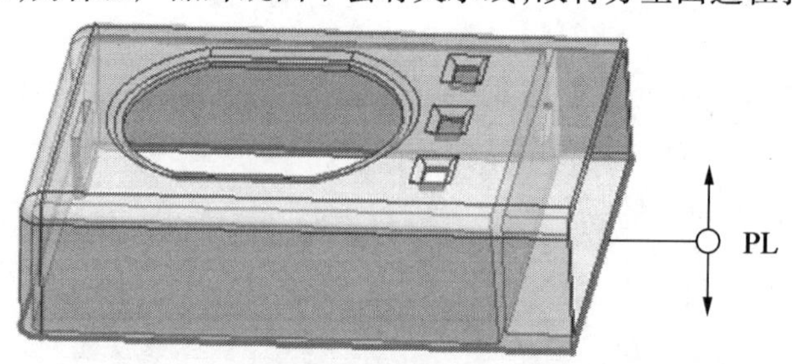

图 4 -4　外围分型面的选取

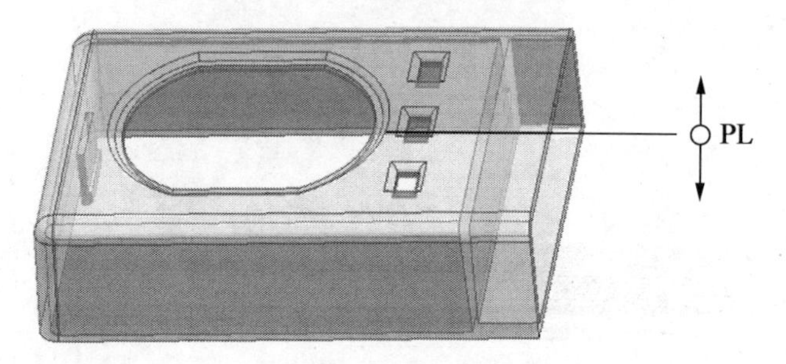

图 4 -5　孔部位的分型面选取

(3)斜顶部位分型面的确定。

如图 4 -6(a)所示为内侧扣位成型的分型线,如图 4 -6(b)所示为局部放大图。

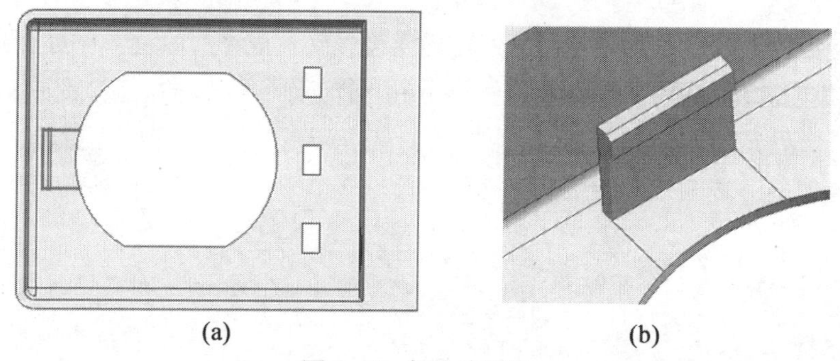

(a)　(b)

图 4 -6　扣位分型线

(4)如图 4 -7 所示为滑块成型的分型线,如图 4 -7(b)为局部放大图。

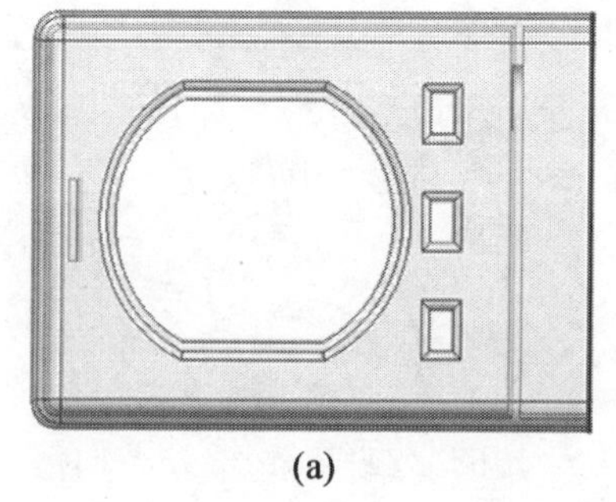

(a)

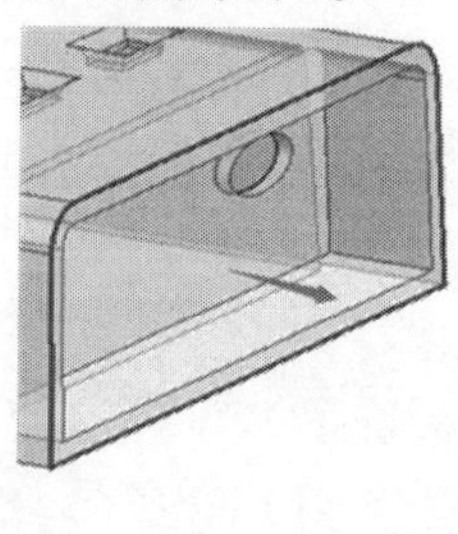

(b)

图 4 -7　滑块分型线

3. 确定型腔数量和排列方式

(1)型腔数量的确定。

该塑件精度要求一般,尺寸不大,考虑到模具制造成本和生产效率,故定为一模一腔的模具形式。

(2)型腔排列形式的确定。

该塑件外形为长方体形状,且采用一模一腔的模具形式,有一处后模滑块,为节省模具空间及方便浇口设计,故采用如图 4-8 所示的排列方式。

4. 确定模具结构形式

当模具决定采用一模两腔后,就可以确定进胶方式(参考浇注系统中的浇口位置的确定),本套模具采用侧浇口。模具上无其他侧向抽芯机构,故选择大水口的 CI 型龙记标准模架,如图 4-9 所示。

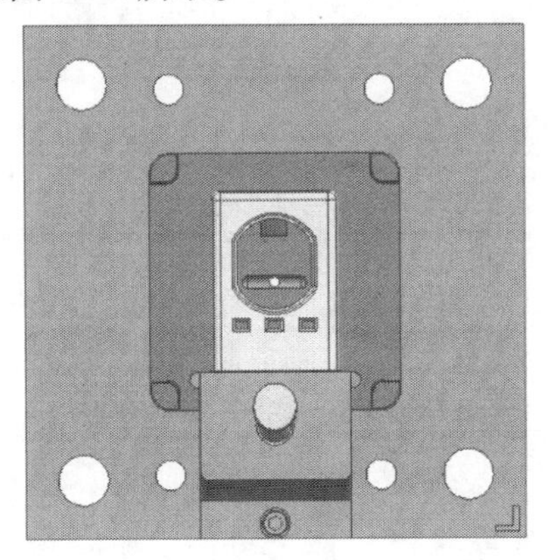

图 4-8 产品在模具上的布局

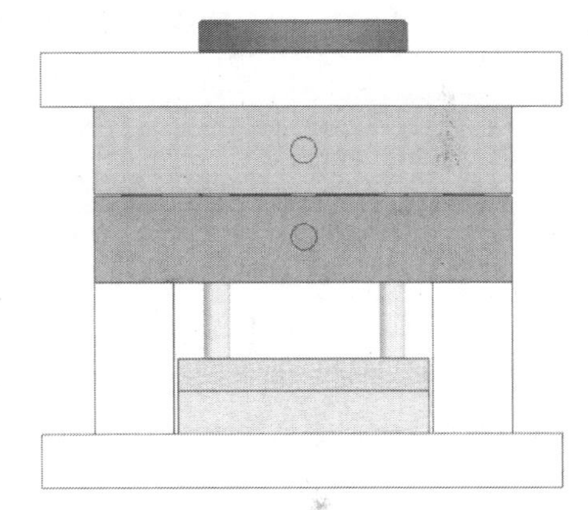

图 4-9 CI 型模架

5. 确定成型工艺

ABS 是由丙烯腈(A)、丁二烯(B)、苯乙烯(S)共聚生成的三元共聚物,外观上是淡黄色非晶态树脂,不透明,具有良好的综合力学性能。ABS 塑料的品级有:(1)通用型;(2)高耐热型;(3)电镀型;(4)透明型;(5)阻燃 ABS;(6)ABS 合金。广泛应用于家用电子电器、工业设备、建筑行业及日常生活用品等领域。

其成型特点是易吸水,成型加工前应进行干燥处理;注射是 ABS 塑料最重要的成型方法,可采用柱塞式注射机。ABS 在升温时黏度增高,易产生熔接痕,成型压力较高,塑料上的脱模斜度宜稍大。塑料注射时的料筒温度与模具温度可查阅表 1-1。

(1)注射量的计算。

通过计算或三维软件建模分析,可知塑件体积单个约为 9.6 cm^3。

按公式计算得 $1.6 \times 9.6 = 15.36(cm^3)$。查表得 ABS 的密度为 1.05 g/cm^3。

故塑料质量为 $1.06 \times 15.36 = 10.08(g)$。

(2)锁模力的计算。

如图 4-10 所示,通过 MoldFlow 软件分析,该套模具所应具备的最大锁模力为 6 t,转换成力约为 60 kN。

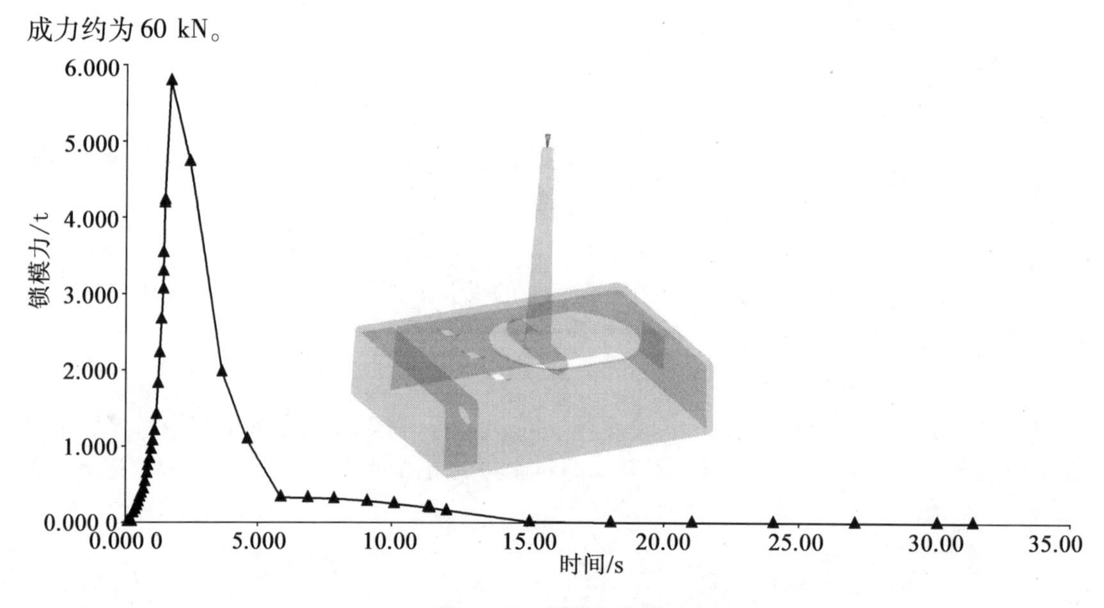

图 4 – 10　锁模力分析

(3)注射机的选择。

结合以上条件,通过查附表 2 可选用 XS – ZY60/40 的注射机。

(4)注射机有关参数的校核。

①最大注射量的校核。为了保证正常的注射成型,注射机的最大注射量应稍大于制品的质量或体积(包括流道凝料)。通常注射机的实际注射量最好在注射机的最大注射量的 80% 以内。注射机允许的最大注射量为 60 g,利用系数取 0.8,故允许的注塑量为 $0.8 \times 60 = 48$(g),10.08 g < 48 g,故最大注射量符合要求。

②注射压力的校核。如图 4 – 11 所示,安全系数取 2,通过模 MoldFlow 软件分析可得最大注射压力为30.35 MPa,$2 \times 30.35 = 60.7$(MPa),60.7 MPa < 135 MPa,注射压力校核合格。

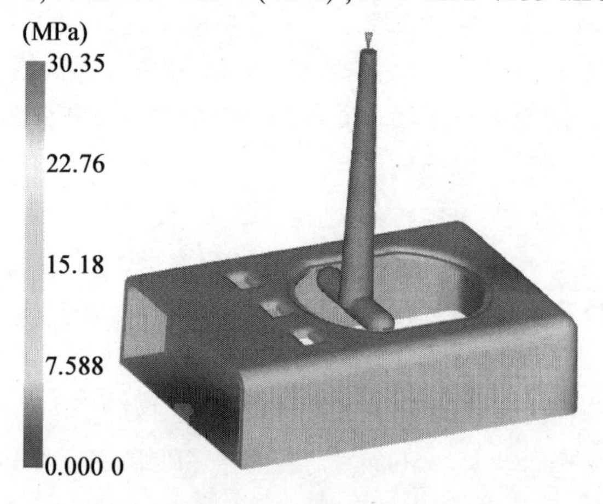

图 4 – 11　注射压力分析

③锁模力校核。前面分析的锁模力为 60 kN,安全系数取 1.2,$1.2 \times 60 = 72$(kN),小于

400 kN,锁模力校核合格。

4.3　MP3 注塑模具设计

4.3.1　成型零件设计

本模具采用一模一腔、侧浇口的成型方案。型腔和型芯均采用镶嵌结构,通过螺钉和模板相连。采用 NX 等三维软件进行分模设计,得到如图 4 - 12 所示的型腔和图 4 - 13 所示的型芯。

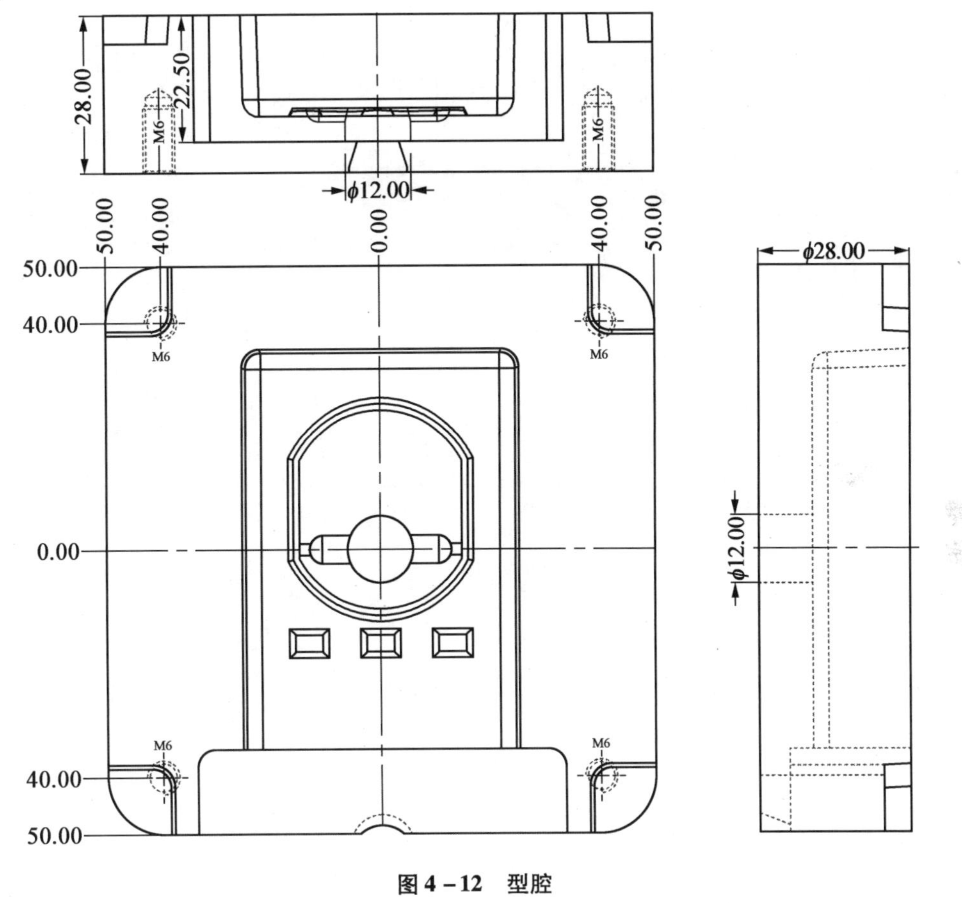

图 4 - 12　型腔

(1) 型腔。

塑件为透明件,故型腔表面的成型部位应抛光成镜面。塑件总体尺寸为 70.35 mm × 50.25 mm × 18.09 mm,考虑到一模两腔以及浇注系统和结构零件的设置,定模仁尺寸取 100 mm × 100 mm,深度根据模架的情况进行选择。为了安装方便,在定模模板上开设相应的型腔切口,并在直角上钻直径为 $\phi 10$ μm 的孔以便装配。

(2)型芯。

与型腔相一致,型芯的尺寸也取 100 mm × 100 mm 并在动模模板上开设相应的型芯切口。

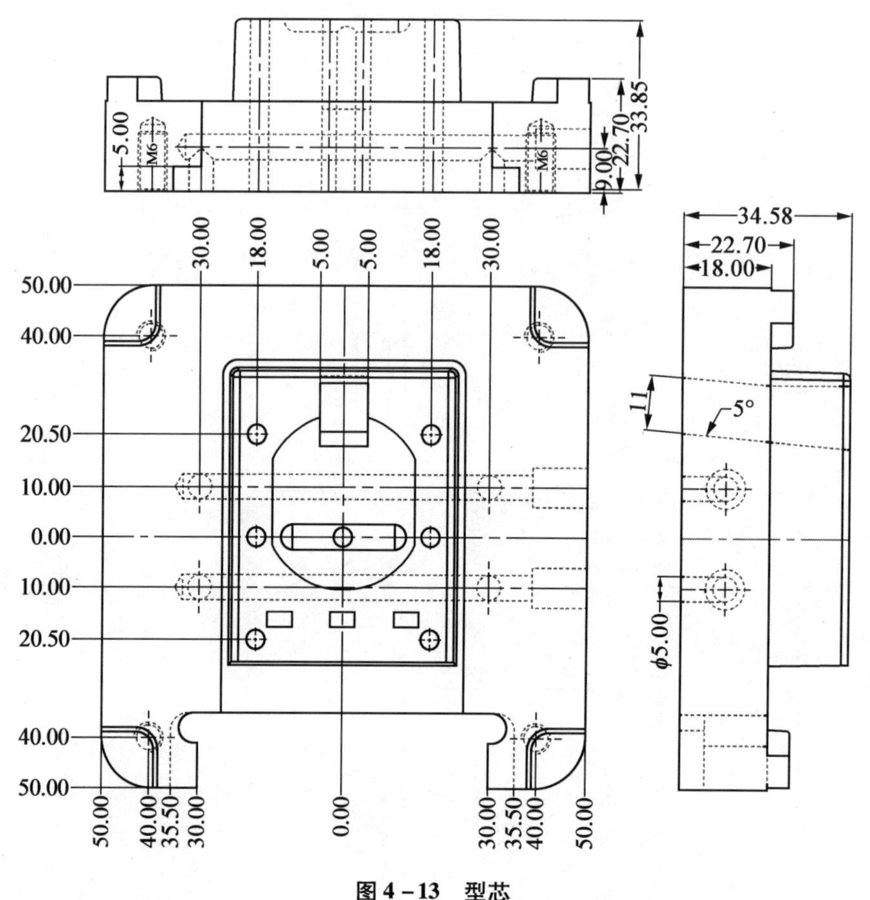

图 4-13　型芯

(3)成型零件钢材的选用。

该塑件是大批量生产,而且成型位表面要抛光成镜面,零件所选用钢材的耐磨性和抗疲劳性能应该良好,机械加工性能和抛光性能也应良好。因此,决定采用硬度比较高的模具钢 4Gr13,淬火后表面硬度为 HRC48 ~52。

4.3.2　浇注系统设计

1. 主流道设计

(1)根据所选注射机,则主流道小端尺寸为

$$d = \text{注射机喷嘴尺寸} + (0.5 \sim 1)\text{ mm} = 2\text{ mm} + 0.5\text{ mm} = 2.5\text{ mm}$$

主流道球面半径为

$$SR = \text{注射机喷嘴球面半径} + (1 \sim 2)\text{ mm} = 10\text{ mm} + 1\text{ mm} = 11\text{ mm}$$

(2)主流道衬套形式。

本设计虽然是小型模具,但为了便于加工和缩短主流道长度,将衬套和定位圈设计成分

体式,主流道衬套长度取 52.41 mm。主流道设计成圆锥形,锥角取 2°,内壁粗糙度 $Ra0.4\ \mu m$。衬套材料采用 T10A 钢,热处理淬火后表面硬度为 HRC53 ~ 57,如图 4 – 14 所示。

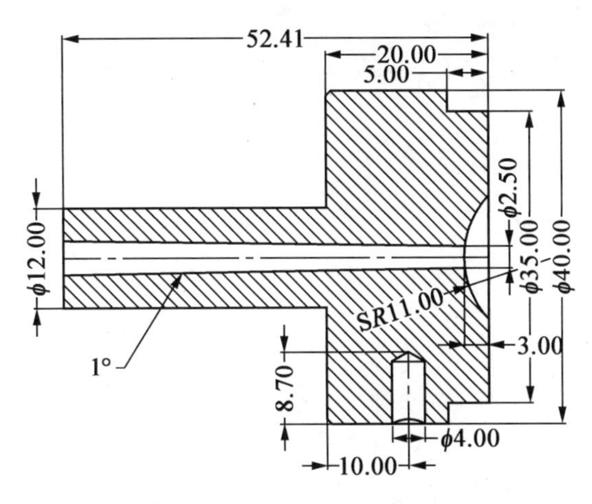

图 4 – 14　主流道衬套

2. **分流道设计**

(1)分流道布置形式。

因为本套模具是从产品顶面进胶,分流道布置采用了“一”字形的流道。图 4 – 15 所示为分流道布置。

(2)分流道长度。

分流道分为两级,对称分布,考虑到浇口的位置,取总长为 26 mm,如图 4 – 16 所示。

图 4 – 15　分流道布置

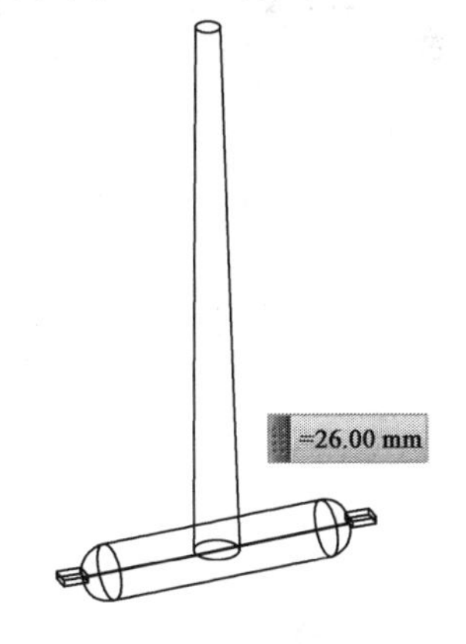

图 4 – 16　分流道的长度分析

(3)分流道的形状和截面尺寸。

为了便于机械加工及凝料脱模,分流道的截面形状常采用加工工艺性比较好的圆形截面。根据经验,分流道的直径一般取 2 ~ 12 mm。本模具分流道的半径取 5 mm,以产品顶面大孔的分型面为对称中心,设计在动、定模仁上,如图 4 – 17 所示。

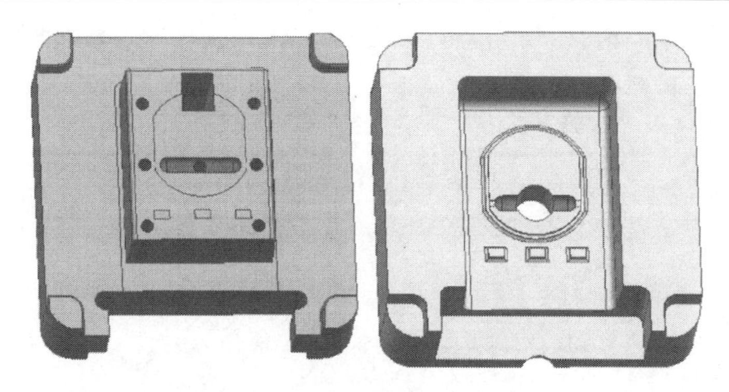

图 4 – 17　动、定模仁上的流道

(4)分流道的表面粗糙度。

分流道的表面粗糙度 *Ra* 要求并不低,一般取 0.8 ~ 1.6 μm 即可,在此取 1.6 μm。

3. 浇口设计

因产品设计为一模一腔,且产品顶面有一处 U 形孔,故优先选择从孔的侧面进胶,另外本产品的胶位较薄,不便于潜浇口设计,如果采用点浇口又会增加模具制造成本,故选择侧浇口进胶,其形状如图 4 – 18 所示。

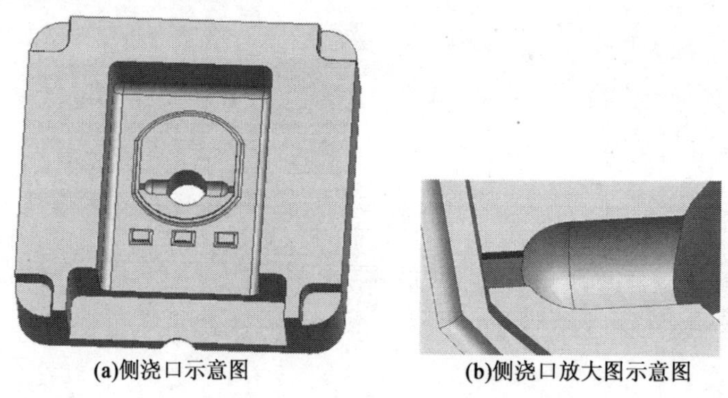

(a)侧浇口示意图　(b)侧浇口放大图示意图

图 4 – 18　侧浇口形状示意图

4. 冷料穴与拉料杆设计

(1)冷料穴。

本套模具设计只有 1 级分流道,故只在主流道末端设计有冷料穴。如图 4 – 19 所示,主流道末端的黑色面所表达的部位均为冷料穴。

主流道末端的冷料穴直径为 6 mm,深度为 5 mm。分流道末端的冷料井一般超出次分流道 5 ~ 8 mm,截面形状与分流道的截面形状一致。

(2)拉料杆。

本套模具的拉料杆直径为 ϕ4 mm,采用 Z 形结构,其底端面固定在顶针板上,如图 4 – 20 所示。其作用是开模时拉出浇口套中的水口料。

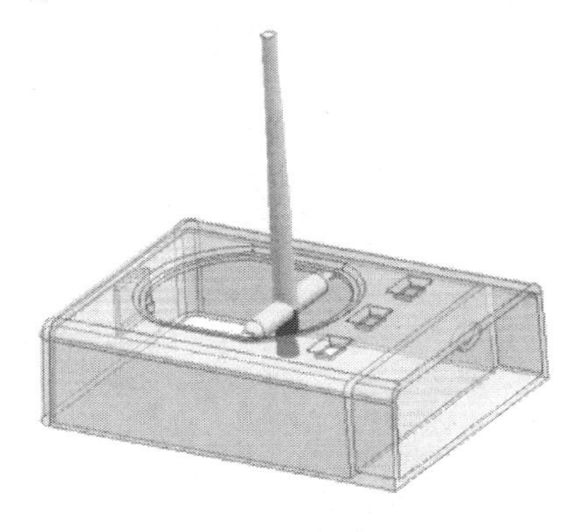

图 4－19　冷料穴

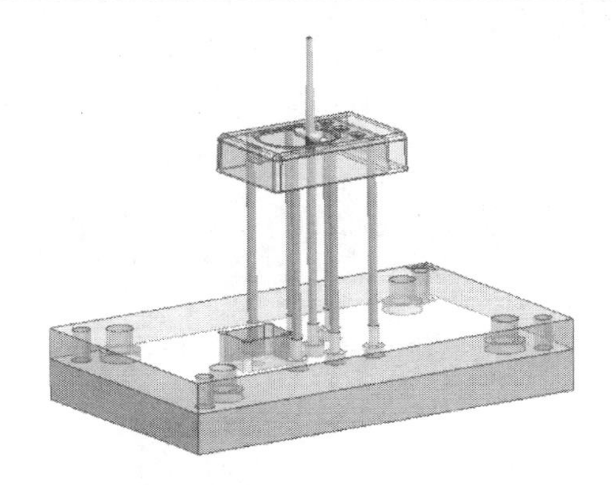

图 4－20　拉料杆及其装配

4.3.3　推出及复位系统设计

1. 推出机构设计

如图 4－21 所示，本套模具主要采用了圆推杆加斜销的顶出方式，其工作原理是顶棍推动顶针板，带动顶针板上的圆推杆及斜销将产品从模具顶出，达到脱模的目的。

(1) 本套模具的推出机构分析。

本套模具中一共排了 6 支圆推杆及 1 支斜销，其原因有以下几点。

①产品型腔较深（16.57 mm），冷却成型后，包在型芯上的力较大，为了保证产品顺利脱模，故采用 6 支对称布置的顶针。

②产品内侧有 1 处扣位，设计斜销起到顶出与侧向抽芯的作用。

(2) 圆推杆。

本套模具一用了 6 支 $\phi4$ mm 的圆推杆，长度为 107.1 mm，且端面顶在平面上，所以不需要做防转处理，如图 4－22 所示。

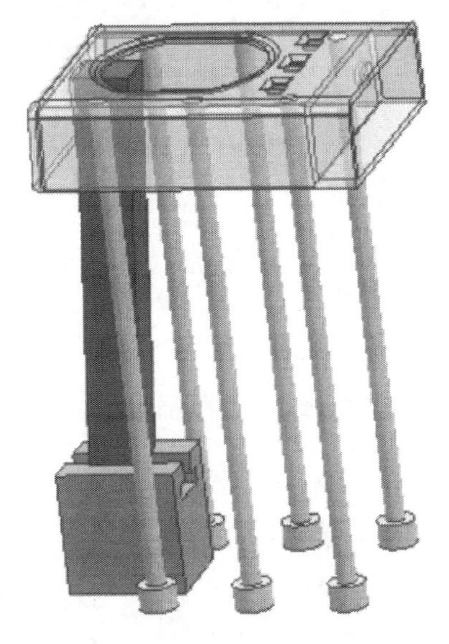

图 4－21　推杆及斜销布置

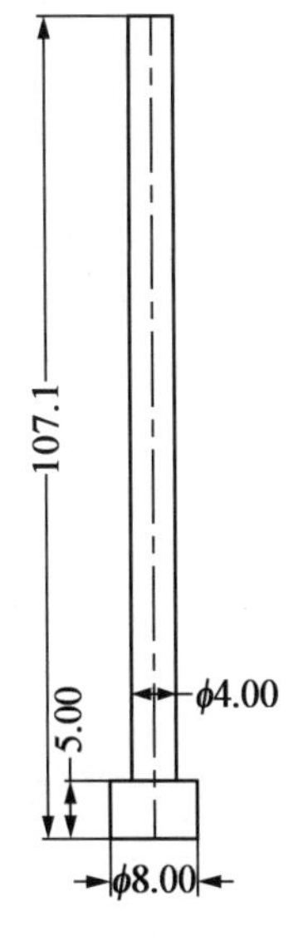

图 4－22　圆推杆

2. **复位机构设计**

此套模具中顶针板的复位主要用到弹簧与复位杆，如图 4 - 23 所示。其工作原理是当顶针板上的顶棍退回之后，顶针板在 4 支弹簧的弹力作用下，先回到原位，直到动模与定模完全合模，借助复位杆，确保顶针复位的精度。

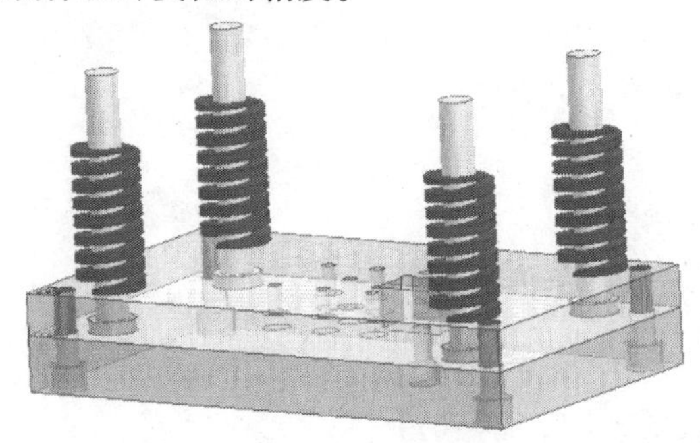

图 4 - 23　复位机构

(1)复位弹簧。

本套模具采用了 4 个规格为 TF25 mm × 13.5 mm × 55 mm 的黄弹簧，设计的预压量为 5 mm，通过软件计算得到的单只弹簧预压力为 9.1 kgf(1 kgf ≈ 10 N)，故 4 支弹簧提供的预压力为 9.1 × 4 × 10 = 36.4 × 10 = 364(kN)；通过 NX 软件分析出顶针板的质量为 7.24 kg，故所需要的力为 7.24 × 10 = 72.4(kN)，故弹簧提供的预压力大于 2 倍以上的顶针板重力。所以完成可确保顶针板能复到原位。

弹簧自由长度为 55 mm，根据黄弹簧的压缩量为 50% 可计算得，弹簧可压缩 27.5 mm，减去预压量，还可压缩 22.5 mm，产品的高度为 16.59 mm，根据顶出行程 = 产品高度 + 5 mm 可得出本套模具的顶出行程为 21.59 mm，压缩量大于顶出行程，符合选型要求。

(2)复位杆。

本套模具一共用了 4 支复位杆，其规格为 ϕ12 mm × 91 mm，可达到顶针板完全复位的目的。

4.3.4　温度调节系统设计

通过查表可得，ABS 的注塑温度为 150 ~ 200 ℃，而模具成型温度在 50 ~ 80 ℃，为了获得较高生产效率，模具必须设计温度调节系统。但本套模具的定模部分没有设计水路，主要原因是产品生产量较少，定模仁上的钢料预留较少。

如图 4 - 24 所示，动模部分的水路受模顶出及侧向抽芯零件的限制作用，设计成两条直通式水路。

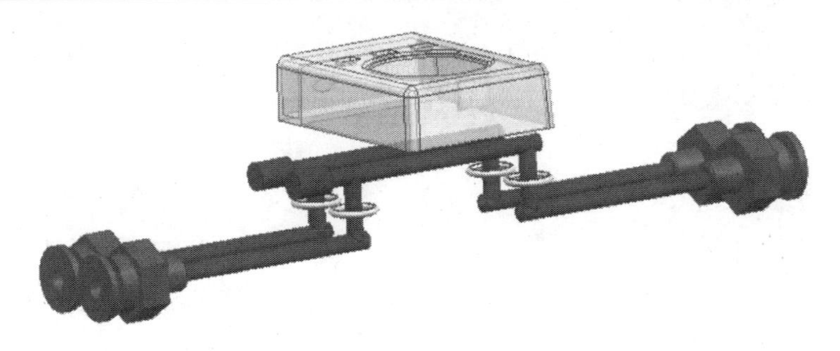

图 4－24　动模水路

4.3.5　模架设计

1. 模架的选型

根据型腔的布局可看出，模具的制作方式是采用镶拼式结构，模仁的尺寸为 100 mm × 100 mm，考虑到模具强度，导柱、导套及连接螺钉布置应占的位置和采用的推出机构等各方面问题，确定选用板面为 200 mm × 200 mm。另外，因本套模具采用的是侧浇口，故选取结构为 CI 型模架。

2. 各模板厚度尺寸的确定

（1）定模板尺寸。

定模板也称为 A 板，其高度根据定模仁的高度来取值，前面已经确认定模仁高度为 28 mm，沉入定模板的深度为 27.5 mm，考虑到定模板的强度，故 A 板厚度取 40 mm。

（2）动模板尺寸的确定。

动模板也称为 B 板，其高度根据动模仁的高度来取值，前面已经确认动模仁高度为 34.58 mm，沉入定模板的深度为 17.5 mm，考虑到水路的布置与动模板的强度，故 B 板厚度取 40 mm。

（3）C 垫块尺寸。

C 垫块也称为方铁或模脚。

垫块 = 推出行程 + 推板厚度 + 推杆固定板厚度 +（5 ~ 10）mm + 垃圾钉高度

　　= 25 + 15 + 20 +（5 ~ 10）+ 0

　　= 65 ~ 70（mm）

根据计算，垫块厚度取 70 mm，长和宽尺寸分别取 200 mm 和 38 mm。

其他板块的厚度均按龙记标准来取，从而可以确定本套模架的外形尺寸为 250 mm × 200 mm × 201 mm。

3. 校核注射机

模具平面尺寸为 250 mm × 200 mm < 330 mm × 300 mm（拉杆间距），故合格。

模具高度为 201 mm，处于注射机对模具要求的最小厚度 150 mm 与最大模具厚度 250 mm 之间，故合格。

模具开模所需行程 = 18.09 mm +（5 ~ 10）mm +（80 ~ 100）mm

　　=（103.09 ~ 128.09）（mm）< 270（mm），故合格。

所以本模具所选注射机(XS－ZY60/40)完全满足使用要求。式中,18.09 mm 为塑件高度;5～10 mm 为产品顶出后高出型芯表面距离;80～100 mm 为取件空间;270 mm 为注射机开模行程。

4. 选用标准件

(1)螺钉。

分别用 4 个 M10 的内六角圆柱螺钉将定模板与定模座板,动模板与动模座板连接。定位圈通过 4 个 M6 的内六角圆柱螺钉与定模座板连接。

(2)导柱导套。

本模具采用 4 支导柱对称布置,导柱和导套的直径均为 20 mm。导柱固定部分与模板按 H7/f7 的间隙配合。直接在模板上加工出导套孔,导柱工作部分的表面粗糙度 $Ra0.4$ μm。

4.3.6　导向机构设计

1. 模架导向机构介绍

如图 4－25 所示为一套 CI 型的大水口模架,只有定模板与动模板之间打开,主要导向零件为导柱与导套。4 支导柱装配在动模板,导套装配在定模板,对模具的动模与定模起导向与定位作用。顶针板主要借助 4 支复位杆进行导向,从而构成了模架上的导向机构。因本套模具为标准模架,所以采购时,导柱、导套和复位杆由模架厂一起配送。

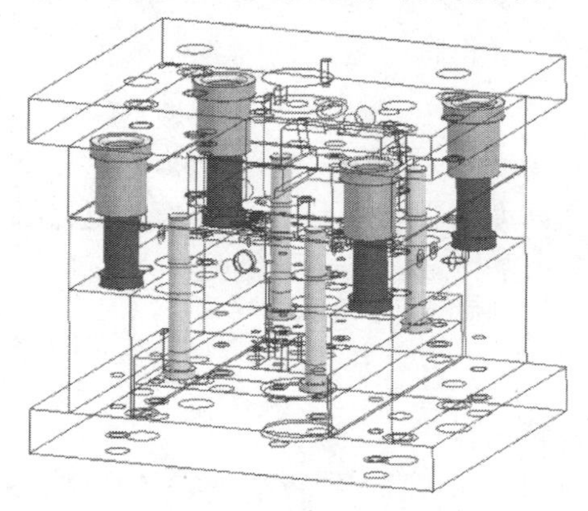

图 4－25　模具导向机构

2. 模仁上的定位机构

模仁上的定位主要是通过设计 4 个角上的虎口进行定位,长与宽分别设计为 12 mm、12 mm,高度为 5 mm,单边的斜度设计 5°,如图 4－26 所示。

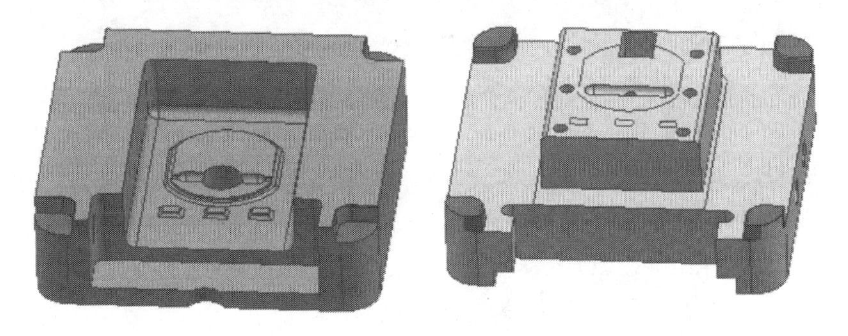

图4－26　动、定模仁的虎口设计

4.3.7　滑块结构设计

本套模具主要是采用斜导柱结构。开模时，在斜导柱提供驱动力的作用下，滑块沿着B板上的T形型槽方向运动，直到滑块碰到限位螺钉的同时，斜导柱也脱离滑块，并且滑块底部的波珠螺钉中的波珠在弹簧的作用下弹起，将滑块卡住，即完成滑块的抽芯与定位。合模时，通过斜导柱的作用力，推动滑块合模，完成后由定模板上的斜面将滑块锁紧，如图4－27所示为本套模具的滑块结构组成。

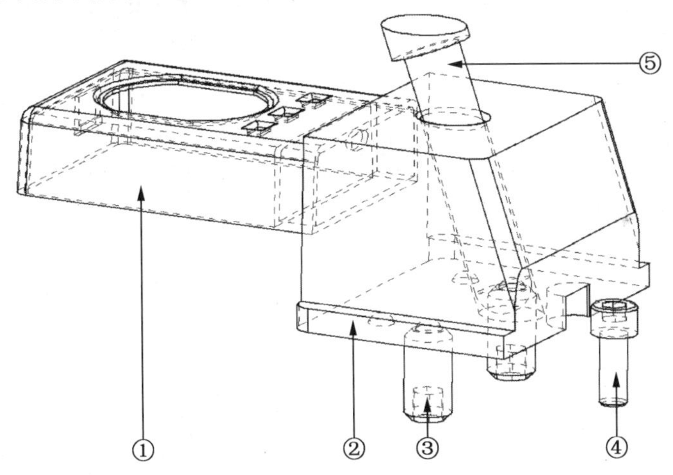

1—塑料制品；2—滑块；3—波珠螺钉；4—限位螺钉；5—斜导柱

图4－27　滑块结构组成

(1)滑块。

本套模具滑块的制作方式为整体式，即成型位与滑座连在一起。由图4－27可知，滑块端面的成型位较大，扣位深度为8.62 mm，考虑到滑块的强度及与斜导柱的配合，故将滑块的尺寸设计为60 mm×70 mm×40 mm，如图4－28所示。

(2)抽芯型程计算及斜导柱规格的确定。

在项目3中已经介绍过滑块的抽芯行程＝扣位深度＋(2～3)mm，由前期分析可知扣位深度为8.62 mm，所以可以确定抽芯行程为(10.62～11.62) mm，这里取11 mm。

(3)斜导柱规格确定。

从图 4 - 27 可知,滑块侧向运动的驱动力主要来自于斜导柱。通过 NX 软件分析可得滑块的质量约为 0.92 kg,考虑到设计的角度及斜导柱强度,根据经验采用直径为 ϕ12 mm 的斜导柱。斜导柱长度主要由抽芯行程及斜导柱角度决定,如图 4 - 29 所示,每一个滑块的抽芯行程 S 是一定的,当斜导柱角度 α 越大时,斜导柱作用段的长度 L 就会越短。综合考虑之后,本套模具的斜导柱角度取 20°,故可计算得出斜导柱作用段的长度 L = 32. 16 mm,加上固定端的长度后,斜导柱长度取 65 mm(包括沉头)。

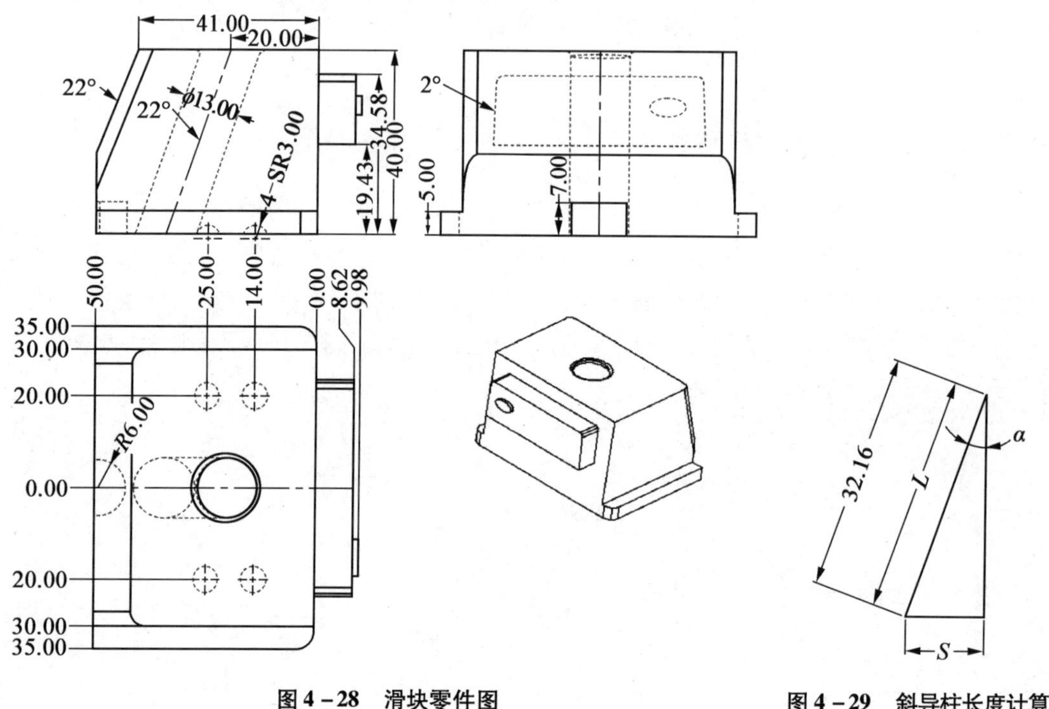

图 4 - 28　滑块零件图　　**图 4 - 29　斜导柱长度计算**

(4)滑块的导向与限位。

本套模具上滑块的导向采用 T 形槽结构,如图 4 - 30 所示,T 形槽的规格为 5 mm × 5 mm,直接开设在定模板上。滑块采用限位螺钉限位,限位距离 = 抽芯距离 = 11 mm。

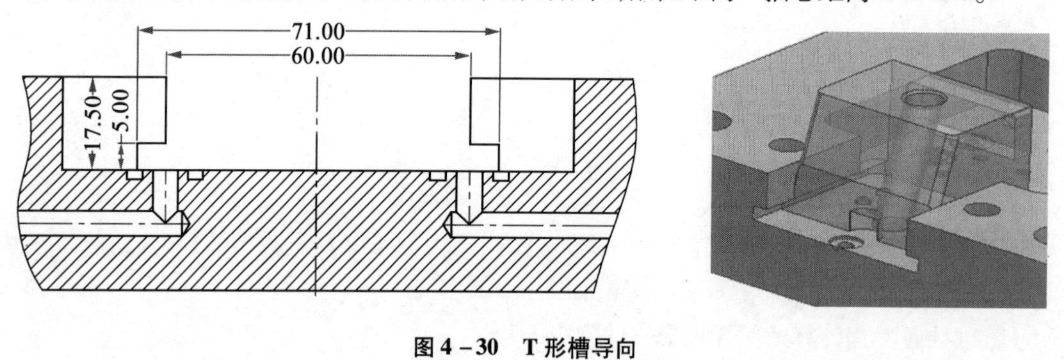

图 4 - 30　T 形槽导向

(5)滑块的锁紧面。

如图4－31所示,滑块右侧的斜面为滑块的锁紧面,其作用是在模具合模后,通过定模板上的斜面将其锁紧,防止滑块在注射压力下后退。通常其与竖直方向的角度等于斜导柱角度加2°,故锁紧面的角度为22°。

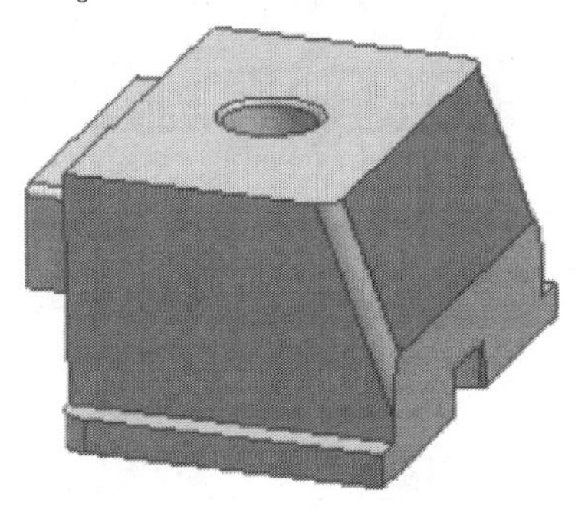

图4－31　滑座的锁紧面

4.3.8　斜顶结构设计

如图4－32所示为本套模具的斜销结构。其工作原理是:当模具打开后,产品黏在动模上,顶针板在注射机顶棍的作用下,带动推杆和斜销将产品顶出,而斜销在动模仁及导向块的作用下,做斜向运动并完成侧向抽芯,从而完成制品上扣位的成型及脱模。

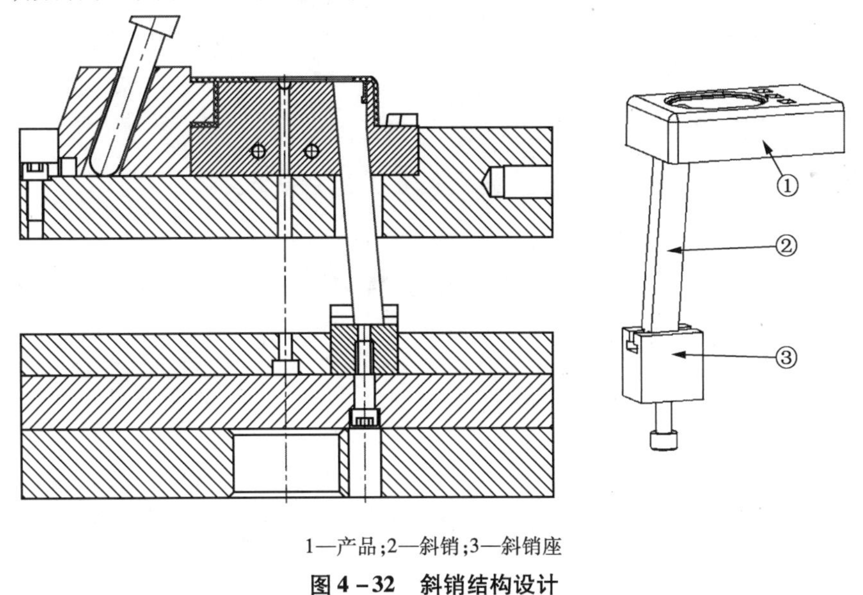

1—产品;2—斜销;3—斜销座

图4－32　斜销结构设计

斜销结构零件介绍如下。

1. 斜销

如图4－33所示为本套模具的斜销零件图,本套模具因扣位深度0.5 mm,扣位宽度为10 mm,为了保证斜销的强度,故斜销的取值为$\alpha=5°$,$T=10$ mm,$W=11$ mm。

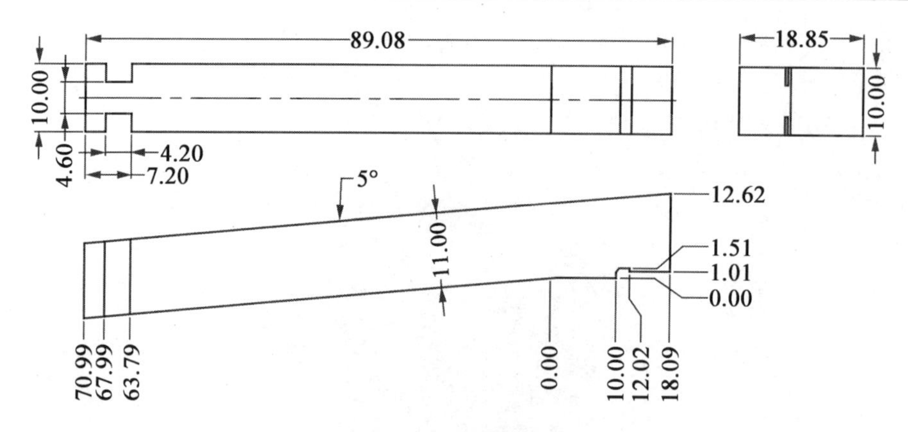

图 4－33　斜销零件图

2. 斜销座

如图 4－34 所示为斜销座的零件图，本套模具的斜顶座采用 T 形槽结构，受斜销及抽芯行程限制，其外形尺寸取 20 mm×25 mm×25 mm。

3. 斜顶的抽芯行程计算及校核

抽芯行程＝扣位深度＋(0.5～2)mm。本套制品的扣位深度为 0.5 mm，故斜销的抽芯行程为(1～2.5)mm。通过前面(推出机构)分析，已知推出行程为 22.5 mm，斜销的角度为 5°，通过 AutoCAD 构造三角形(图 4－35)分析得出，本套模具的斜销实际抽芯距离为 1.97 mm，可确定斜销在顶出 22.5 mm 后可与制品上的扣位完全分离。

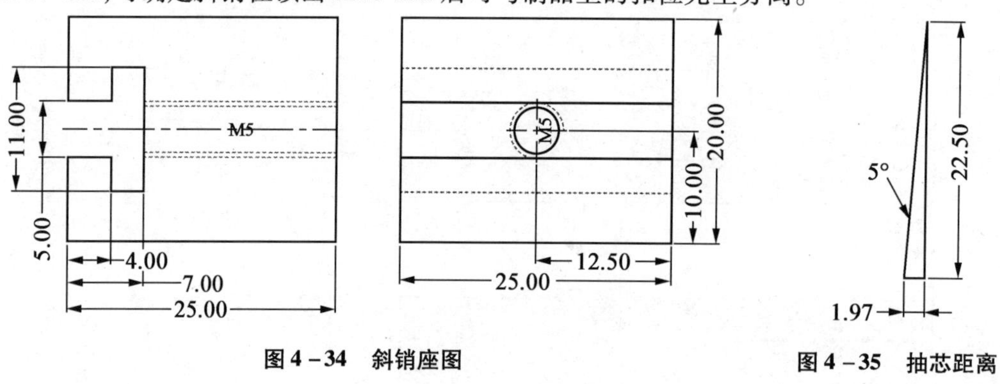

图 4－34　斜销座图　　图 4－35　抽芯距离

4.4　MP3 上盖注塑模具制造

4.4.1　模具零件制造

1. 型腔制造

材料：P20

毛坯尺寸：100 mm×100 mm×28 mm(精料)

数量：1 件

正面加工:直接 CNC 加工

背面加工:钻螺纹孔

注:可先完成螺纹孔加工,然后再加工正面。

每完成一个面的加工后应做零件检测,以便及时修正。表 4 - 1 与表 4 - 2 为型腔正、反面数控加工工序卡。

表 4 - 1　型腔正面数控加工工序卡

×××学院	机械加工工序卡片	产品名称	零件名称	零件图号
		斜顶滑块	型腔正面	XDXQ - 3

材料	材料名称	毛坯种类	毛坯尺寸/(mm × mm × mm)	零件重	每台件数	卡片编号	第 1 页
	P20	方料	100 × 100 × 28		1		共 1 页

加工工序图

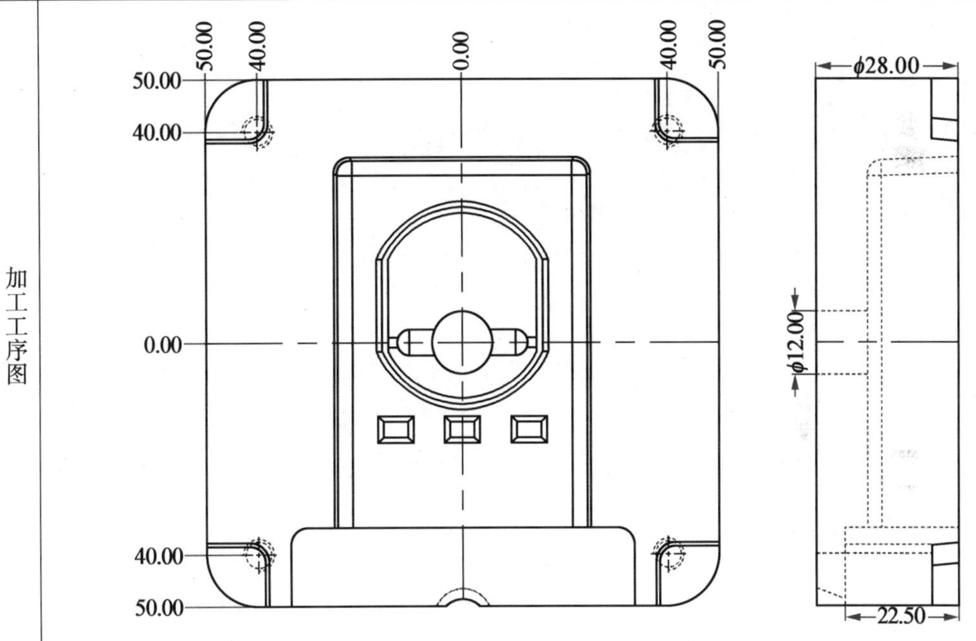

工序号	XDXQ - ZM	工序名	CNC	设备	加工中心 850
夹具	平口钳	工量具	游标卡尺	刃具	

工步	工步内容及要求	刀具类型及大小	主轴转速/($r \cdot min^{-1}$)	吃刀深度/mm	每刀吃刀深度/mm	进给量/($mm \cdot min^{-1}$)	余量/mm	刀长/mm
1	粗加工	圆鼻刀 D12R1	2 300	22.5	0.4	1 600	0.3	35
2	清角加工	圆鼻刀 D6R0.5	3 500	22.5	0.25	1 600	0.3	35
3	底面半精加工	圆鼻刀 D6R0.5	3 800	22.5	22.5	1 000	0.1	35
4	侧壁半精加工	圆鼻刀 D6R0.5	3 800	18	0.2	1 600	0.1	35
5	侧壁半精加工	圆鼻刀 D6R0.5	3 800	22.5	5	800	0.1	35
6	清料粗加工	圆鼻刀 D2R0.2	4 000	18	0.08	600	0.2	35
7	清料精加工	圆鼻刀 D2R0.2	4 000	18	0.08	600	0.1	35

续表 4－1

工步	工步内容及要求	刀具类型及大小	主轴转速/(r·min⁻¹)	吃刀深度/mm	每刀吃刀深度/mm	进给量/(mm·min⁻¹)	余量/mm	刀长/mm
8	底面精加工	圆鼻刀 D6R0.5	3 800	22.5	0.2	1 000	0.1	35
9	侧壁精加工	圆鼻刀 D6R0.5	3 800	6.2	0.15	1 600	0	35
10	侧壁精加工	平铣刀 D6	3 800	22.5	5	800	0	35
11	侧壁精加工	平铣刀 D6	3 800	6.2	0.1	1 600	0	35
12	底面精加工	圆鼻刀 D4R0.5	4 000	18	18	800	0	30
13	侧壁精加工	D4R0.5 鼻刀	4 000	18	0.15	1 600	0	30
14	侧壁精加工	平铣刀 D2	4 200	17.4	0.1	800	0	35
15	精加工进胶口	平铣刀 D2	4 200	17.1	0.1	800	0	35
16	清料精加工	圆鼻刀 D2R0.2	4 200	18	0.08	600	0	30
17	流道精加工	球刀 $R2.5$	4 000	18	0.2	800	0	35
18	倒角×2	倒角刀 D8	3 000	2	2	1 000	-0.5	20
工艺编制		学号		审定		会签		
工时定额		校核		执行时间		批准		

表 4－2　型腔反面数控加工工序卡

×××学院	机械加工工序卡片		产品名称		零件名称		零件图号
			斜顶滑块		型腔反面		XDXQ－3
材料	材料名称	毛坯种类	毛坯尺寸/(mm×mm×mm)	零件重	每台件数	卡片编号	第 1 页
	P20	方料	100×100×28		1		共 1 页
加工工序图	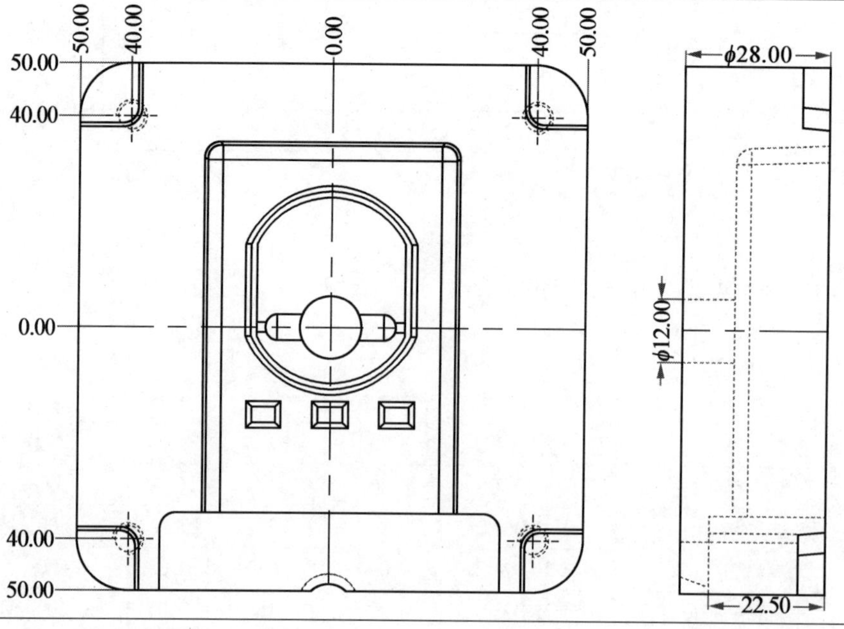						

续表4-2

<table>
<tr><td colspan="2">工序号</td><td>XDXQ -FM</td><td>工序名</td><td>CNC</td><td>设备</td><td colspan="3">加工中心850</td></tr>
<tr><td colspan="2">夹具</td><td>平口钳</td><td>工量具</td><td>游标卡尺</td><td>刃具</td><td colspan="3"></td></tr>
<tr><td>工步</td><td>工步内容及要求</td><td>刀具类型及大小</td><td>主轴转速/(r·min^{-1})</td><td>吃刀深度/mm</td><td>每刀吃刀深度/mm</td><td>进给量/(mm·min^{-1})</td><td>余量/mm</td><td>刀长/mm</td></tr>
<tr><td>1</td><td>中心钻</td><td>中心钻D8</td><td>1 000</td><td>2</td><td>/</td><td>100</td><td>0</td><td>20</td></tr>
<tr><td>2</td><td>钻D5.5孔</td><td>钻头D5.5</td><td>600</td><td>18</td><td>1</td><td>40</td><td>0</td><td>45</td></tr>
<tr><td>3</td><td>钻D11.8孔</td><td>钻头D11.8</td><td>600</td><td>20</td><td>3</td><td>70</td><td>0</td><td>45</td></tr>
<tr><td>4</td><td>铰D12孔</td><td>铰刀D12</td><td>300</td><td>15</td><td>/</td><td>30</td><td>0</td><td>45</td></tr>
<tr><td>5</td><td>倒角</td><td>倒角刀D8</td><td>3 000</td><td>2</td><td>2</td><td>1 000</td><td>-0.5</td><td>30</td></tr>
<tr><td>工艺编制</td><td></td><td>学号</td><td></td><td>审定</td><td></td><td>会签</td><td colspan="2"></td></tr>
<tr><td>工时定额</td><td></td><td>校核</td><td></td><td>执行时间</td><td></td><td>批准</td><td colspan="2"></td></tr>
</table>

2. 型芯制造

材料:P20

毛坯尺寸:100 mm×100 mm×35 mm(精料)

数量:1件

正面加工:直接CNC加工

背面加工:先钻好螺纹孔、顶针孔及线割穿丝孔

注:可先完成螺纹孔、顶针孔及水孔加工,然后再加工正面。

每完成一个面的加工后都应做零件检测,以便及时修正。表4-3与表4-4为型芯正、反面数控加工工序卡。

表 4－3　型芯正面数控加工工序卡

×××学院	机械加工工序卡片	产品名称	零件名称	零件图号
		斜顶滑块	型芯正面	XDXX－5

材料	材料名称	毛坯种类	毛坯尺寸/(mm×mm×mm)	零件重	每台件数	卡片编号	第 1 页
	P20	方料	100×100×35		1		共 1 页

加工工序图

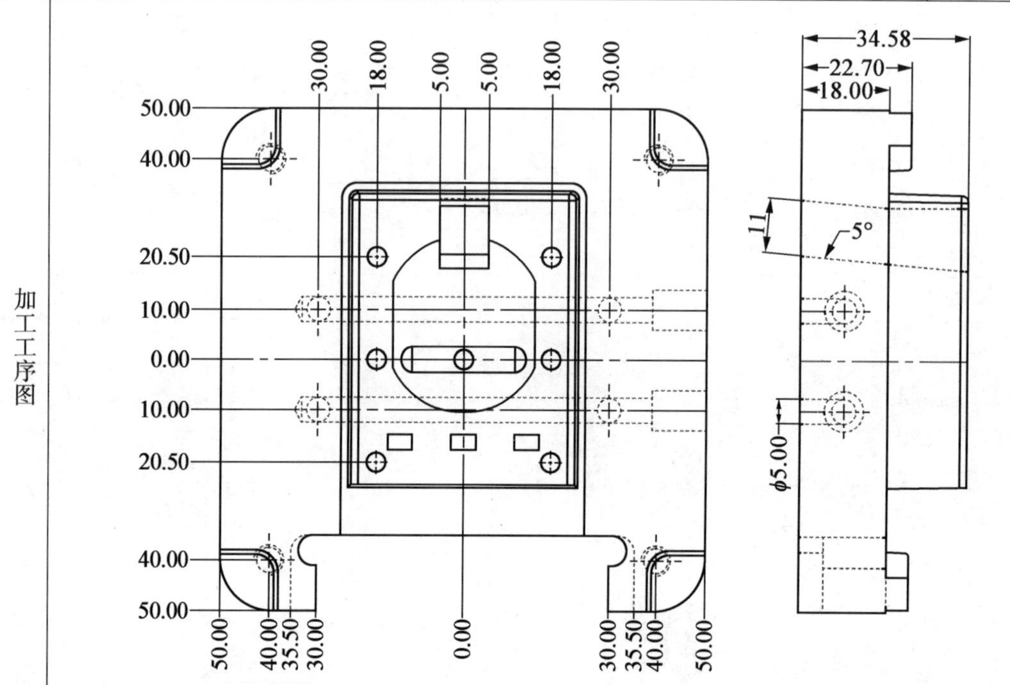

工序号	XDXX－Z	工序名	CNC	设备	加工中心 850
夹具	平口钳	工量具	游标卡尺	刃具	

工步	工步内容及要求	刀具类型及大小	主轴转速/(r·min^{-1})	吃刀深度/mm	每刀吃刀深度/mm	进给量/(mm·min^{-1})	余量/mm	刀长/mm
1	粗加工	圆鼻刀 D16R0.8	2 200	16.6	0.5	1 600	0.3	30
2	底面半精加工	圆鼻刀 D10R0.5	3 500	16.6	16.6	1 000	0.4	30
3	侧壁半精加工	圆鼻刀 D10R0.5	3 500	16.6	0.2	1 600	0.1	30
4	底面精加工	圆鼻刀 D10R0.5	3 500	16.6	16.6	1 000	0	30
5	侧壁精加工	圆鼻刀 D10R0.5	3 500	16.6	0.15	1 600	0	30
6	侧壁精加工	平底刀 D10	3 500	16.6	0.1	1 600	0	30
7	侧壁精加工	平底刀 D10	3 500	16.6	0.1	600	0	30
8	流道精加工	球刀 R2.5	3 800	2.5	0.2	800	0.1	30

工艺编制		学号		审定		会签	
工时定额		校核		执行时间		批准	

表 4－4　型芯反面数控加工工序卡

×××学院	机械加工工序卡片	产品名称	零件名称	零件图号
		斜顶滑块	型芯反面	XDXX－5

材料	材料名称	毛坯种类	毛坯尺寸/(mm×mm×mm)	零件重	每台件数	卡片编号	第 1 页
	P20	方料	100×100×35		1		共 1 页

加工工序图

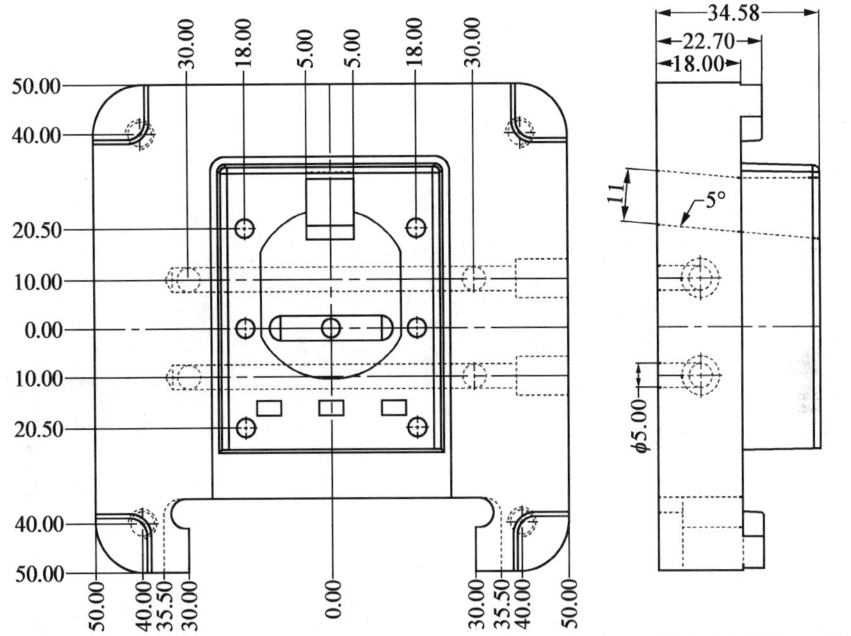

工序号	XDXX－F	工序名	CNC	设备	加工中心 850
夹具	平口钳	工量具	游标卡尺	刃具	

工步	工步内容及要求	刀具类型及大小	主轴转速/(r·min^{-1})	吃刀深度/mm	每刀吃刀深度/mm	进给量/(mm·min^{-1})	余量/mm	刀长/mm
1	中心钻	中心钻 D8	1 000	2	—	100	0	30
2	钻 M6 螺纹底孔	钻头 D5.5	600	15	1	40	0	45
3	钻 D5 孔	钻头 D5	600	13	1	40	0	45
4	钻 D4 孔	钻头 D4	600	40	1	30	0	50
5	钻 D6 孔	钻刀 D6	600	25	1	40	0	45
6	深度加工轮廓－精加工	圆鼻刀 D12R1	3 500	24	0.3	1 500	0	40
7	型腔铣－精加工	圆鼻刀 D8R0.5	3 000	20	0.3	1 500	0.2	40
8	型腔铣－清角加工	圆鼻刀 D4R0.5	3 800	19.5	0.2	1 200	0.3	30
9	深度加工轮廓－精加工	D4R0.5 鼻刀	3 800	20	0.2	1 500	0	30
10	平面铣－倒角加工	倒角刀 D8	3 000	2	2	1 000	－0.5	30

工艺编制		学号		审定		会签	
工时定额		校核		执行时间		批准	

3. 定模板加工

材料:45#

毛坯尺寸:200 mm × 200 mm × 40 mm(精料)

数量:1 件

正面加工:(1)开框;(2)倒角

反面加工:钻螺钉过孔,浇口套孔及斜导柱孔

每完成一个面的加工后都应做零件检测,以便及时修正,表 4 - 5 与表 4 - 6 为定模板正、反面数控加工工序卡。

表 4 - 5　定模板正面数控加工工序卡

× × ×学院		机械加工工序卡片		产品名称		零件名称	零件图号
				斜顶滑块		定模板	XDDMB - 2
材料	材料名称	毛坯种类	毛坯尺寸/(mm × mm × mm)	零件重	每台件数	卡片编号	第 1 页
	45#	方料	200 × 200 × 40		1		共 1 页
加工工序图	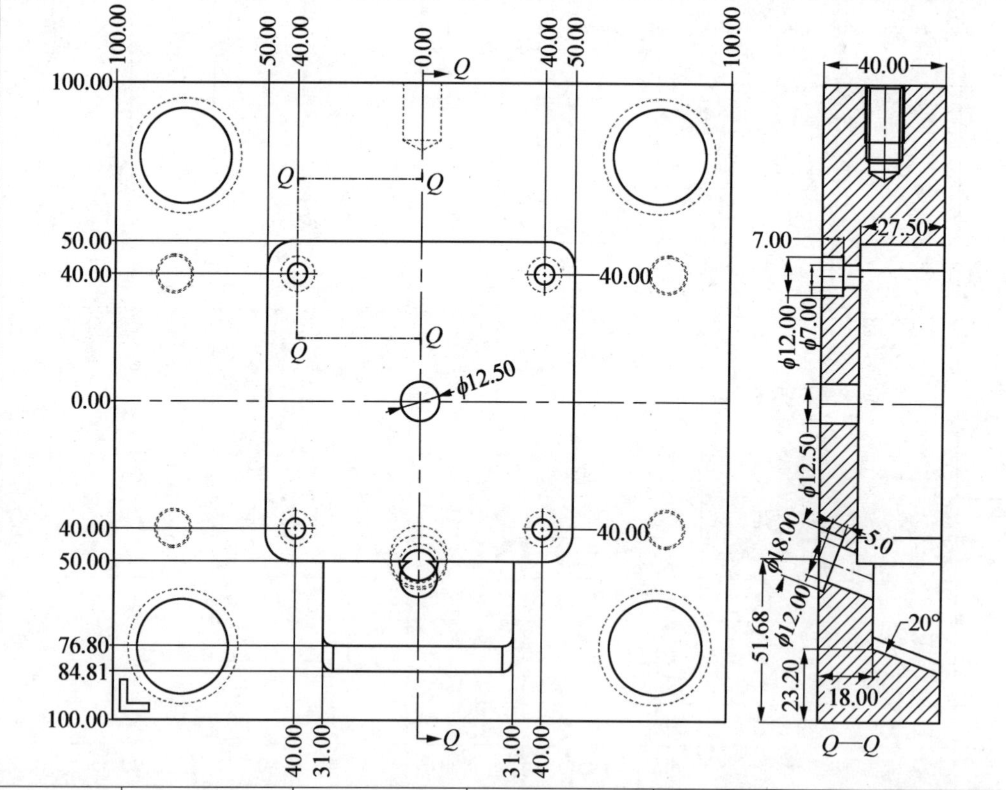 100.00 50.00 40.00 0.00 40.00 50.00 100.00 100.00 50.00 40.00 0.00 40.00 50.00 76.80 84.81 100.00 40.00 40.00 40.00 40.00 Q Q Q Q Q Q Q Q ϕ12.50 40.00 31.00 31.00 40.00 40.00 27.50 7.00 ϕ12.00 ϕ7.00 ϕ12.50 ϕ18.00 5.0 ϕ12.00 51.68 20° 23.20 18.00 Q—Q							
工序号	XDDMB - Z	工序名	CNC	设备	加工中心 850		
夹具	平口钳	工量具	游标卡尺	刃具			

续表 4-5

工步	工步内容及要求	刀具类型及大小	主轴转速/(r·min^{-1})	吃刀深度/mm	每刀吃刀深度/mm	进给量/(mm·min^{-1})	余量/mm	刀长/mm
1	开框	圆鼻刀 D16R0.8	2 200	27.5	0.5	1 600	0.3	40
2	半精侧壁	圆鼻刀 D10R0.5	3 500	22.5	0.2	1 600	0.3	40
3	半精底面	圆鼻刀 D10R0.5	3 500	27.5	27.5	1 000	0.1	40
4	半精侧壁	圆鼻刀 D10R0.5	3 500	27.5	15	800	0.1	40
5	精铣底面	平底刀 D10	3 500	27.5	0.1	1 000	0	40
6	精铣侧壁	平底刀 D10	3 500	27.5	15	800	0	40
7	精铣侧壁	圆鼻刀 D6R0.5	3 800	22.5	0.12	1 600	0	40
8	倒角×2	倒角刀 D8	3 000	2	2	1 000	-0.5	35

工艺编制		学号		审定		会签	
工时定额		校核		执行时间		批准	

表 4-6　定模板反面数控加工工序卡

×××学院		机械加工工序卡片	产品名称		零件名称		零件图号
			斜顶滑块		定模板		XDDMB-2
材料	材料名称	毛坯种类	毛坯尺寸/(mm×mm×mm)	零件重	每台件数	卡片编号	第 1 页
	45#	方料	200×200×40		1		共 1 页
加工工序图							

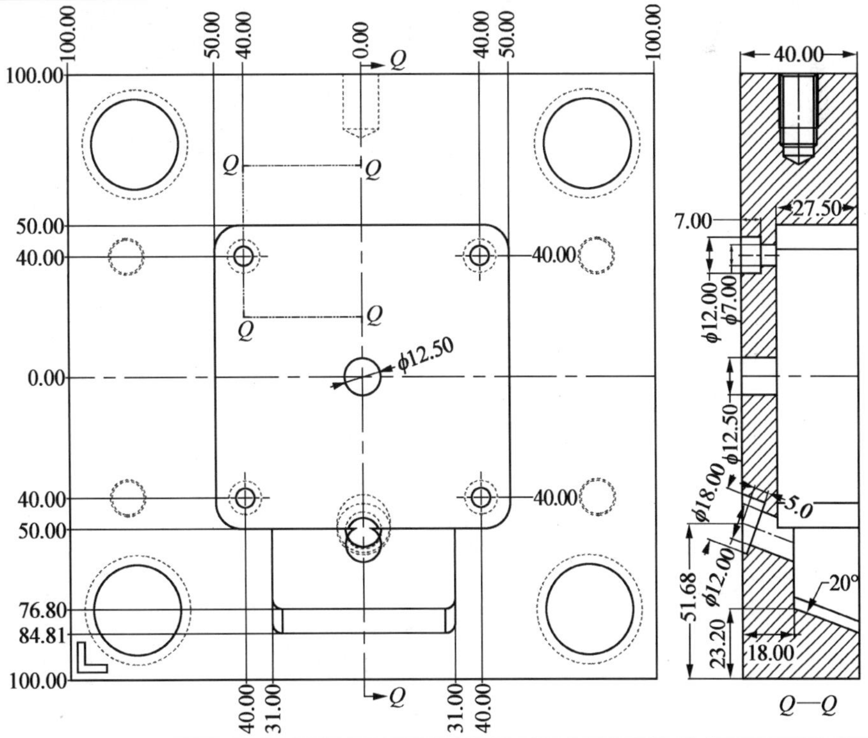

续表 4 -6

工序号	XDDMB -F	工序名	CNC	设备	加工中心 850
夹具	平口钳	工量具	游标卡尺	刃具	

工步	工步内容及要求	刀具类型及大小	主轴转速/(r · min⁻¹)	吃刀深度/mm	每刀吃刀深度/mm	进给量/(mm · min⁻¹)	余量/mm	刀长/mm
1	中心钻	中心钻 DD8	1 000	2	—	100	0	30
2	钻 M6 螺钉过孔	钻头 D7	600	18	2	60	0	70
3	钻 M6 螺钉沉头孔	钻头 D12	800	7	3	60	0	70
4	钻 D12.5 浇口套过孔	钻头 D12.5	600	18	3	70	0	60
5	倒角	倒角刀 D8	3 000	2	2	1 000	-0.5	30

工艺编制		学号		审定		会签	
工时定额		校核		执行时间		批准	

4. 动模板加工

材料:45#

毛坯尺寸:200 mm × 200 mm × 40 mm(精料)

数量:1 件

正面加工:(1)钻避空角;(2)开框;(3)钻水孔及密封槽;(4)加工 T 形槽

反面加工:(1)钻螺钉过孔,顶针孔;(2)加工弹簧孔

侧面加工:钻水孔

每完成一个面的加工后都应做零件检测,以便及时修正。表 4 -7 与表 4 -8 为动模板正、反面数控加工工序卡。

表4－7　动模板正面数控加工工序卡

×××学院	机械加工工序卡片	产品名称	零件名称	零件图号
		斜顶滑块	动模板	XDDMB－6

材料	材料名称	毛坯种类	毛坯尺寸/(mm×mm×mm)	零件重	每台件数	卡片编号	第1页
	45#	方料	200×200×40		1		共1页

加工工序图

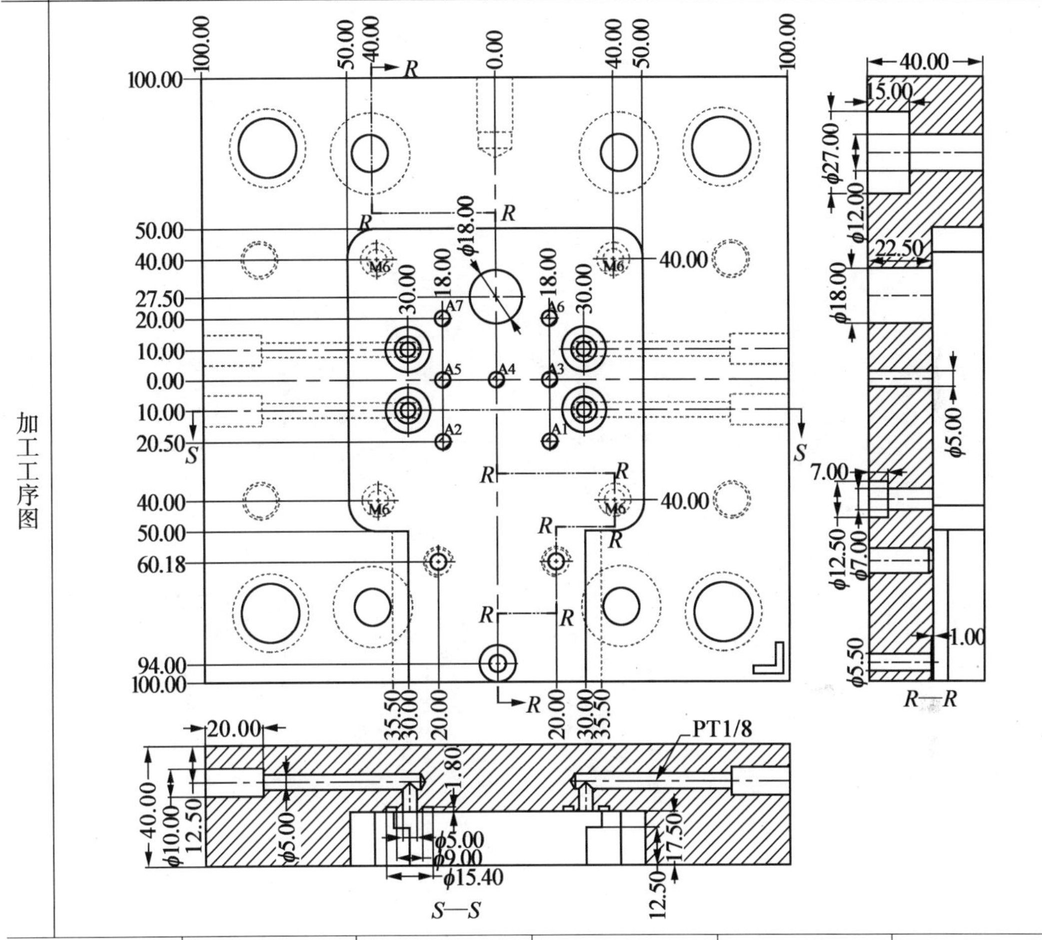

工序号	XDDMB－Z	工序名	CNC	设备	加工中心850
夹具	平口钳	工量具	游标卡尺	刃具	

工步	工步内容及要求	刀具类型及大小	主轴转速/(r·min⁻¹)	吃刀深度/mm	每刀吃刀深度/mm	进给量/(mm·min⁻¹)	余量/mm	刀长/mm
1	开框	圆鼻刀D16R0.8	2 200	17.5	0.5	1 600	0.3	40
2	半精底面	圆鼻刀D10R0.5	3 500	17.5	17.5	1 000	0.1	40
3	半精侧壁	圆鼻刀D10R0.5	3 500	17.5	17.5	800	0.1	40
4	精铣底面	平底刀D10	3 500	17.5	17.5	1 000	0	40
5	精铣侧壁	平底刀D10	3 500	17.5	17.5	800	0	40

续表 4-7

工步	工步内容及要求	刀具类型及大小	主轴转速/(r·min^{-1})	吃刀深度/mm	每刀吃刀深度/mm	进给量/(mm·min^{-1})	余量/mm	刀长/mm
6	倒角×2	倒角刀 D8	3 000	2	2	1 000	-0.5	30
7	中心钻	中心钻 D8	1 000	19.5	—	100	0	30
8	钻 D5 孔	钻头 D5	600	15	1	40	0	50
9	钻 D12 沉头孔	平底刀 D12	800	19	—	60	0	50

工艺编制		学号		审定		会签	
工时定额		校核		执行时间		批准	

表 4-8　动模板反面数控加工工序卡

×××学院		机械加工工序卡片		产品名称	零件名称		零件图号
				斜顶滑块	动模板		XDDMB-6
材料	材料名称	毛坯种类	毛坯尺寸/(mm×mm×mm)	零件重	每台件数	卡片编号	第 1 页
	45#	方料	200×200×40		1		共 1 页
加工工序图							

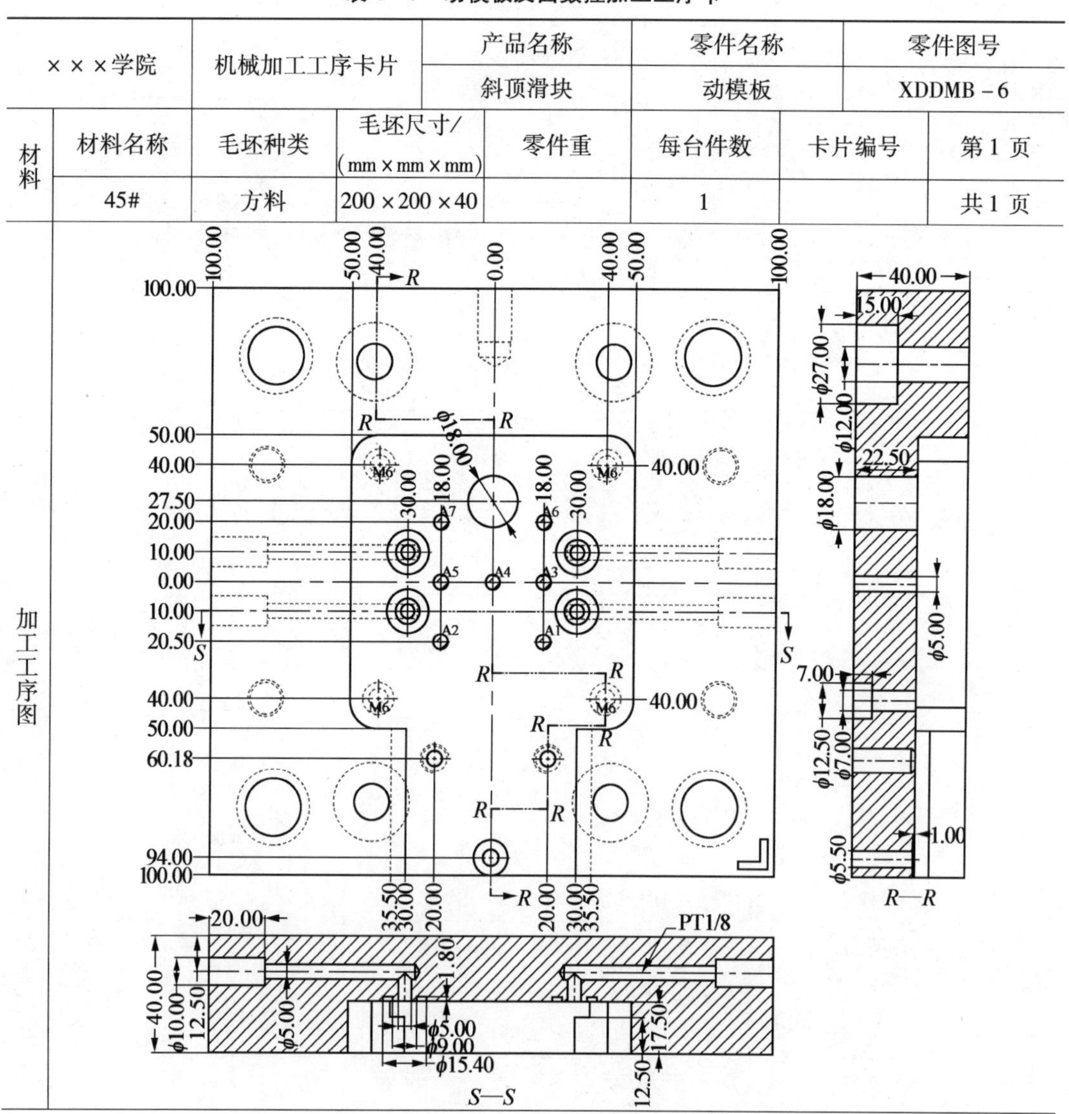

续表4－8

工序号	XDDMB－F	工序名	CNC	设备	加工中心850
夹具	平口钳	工量具	游标卡尺	刃具	

工步	工步内容及要求	刀具类型及大小	主轴转速/(r·min^{-1})	吃刀深度/mm	每刀吃刀深度/mm	进给量/(mm·min^{-1})	余量/mm	刀长/mm
1	中心钻	中心钻D8	1 000	2	—	100	0	30
2	钻M6螺丝过孔	钻头D7	600	28	2	60	0	60
3	钻M6螺丝沉头孔	平底刀D12	800	7	3	60	0	50
4	钻顶针过孔	钻头D5	600	28	1	40	0	60
5	钻M6螺纹底孔	钻头D5.5	600	28	1	40	0	60
6	钻D9孔	钻头D9	600	28	3	60	0	70
7	钻D18孔	钻头D18	600	30	3	60	0	70
8	精铣弹簧沉头孔	圆鼻刀D10R0.5	3 000	15	0.3	1 500	0	45
9	倒角	倒角刀D8	3 000	2	2	1 000	−0.5	30

工艺编制		学号		审定		会签	
工时定额		校核		执行时间		批准	

5.滑块加工

材料:45#

毛坯尺寸:70 mm×60 mm×40 mm(精料)

数量:1件

滑块加工顺序:

(1)钻斜导柱孔、加底面、球面及限位面;

(2)数铣侧面,加工出T形台及锁紧面;

(3)数铣正面成型位每完成一个面的加工后都应做零件检测,以便及时修正。表4－9～表4－11为滑块的正、侧及反面数控加工工序卡。

表 4－9　滑块正面数控加工工序卡

×××学院	机械加工工序卡片	产品名称	零件名称	零件图号
		斜顶	滑块	XDHK－4

材料	材料名称	毛坯种类	毛坯尺寸/(mm×mm×mm)	零件重	每台件数	卡片编号	第 1 页
	45#	方料	70×60×40		1		共 1 页

加工工序图

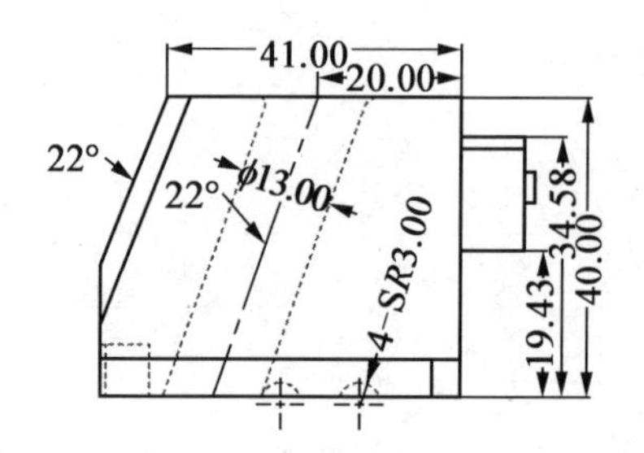

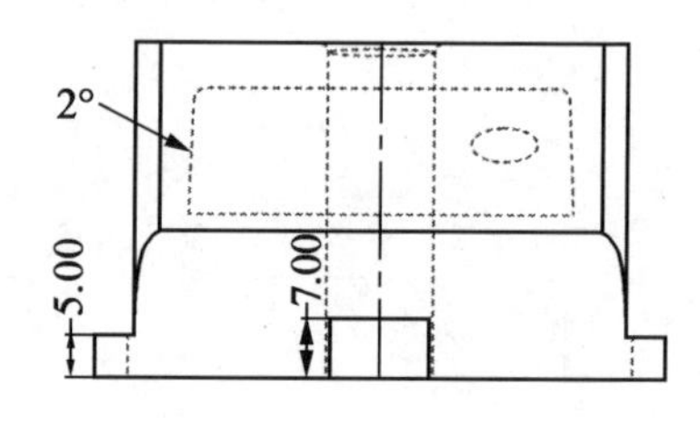

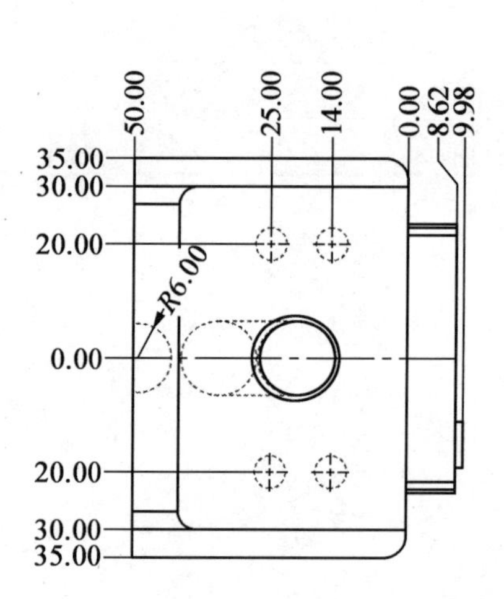

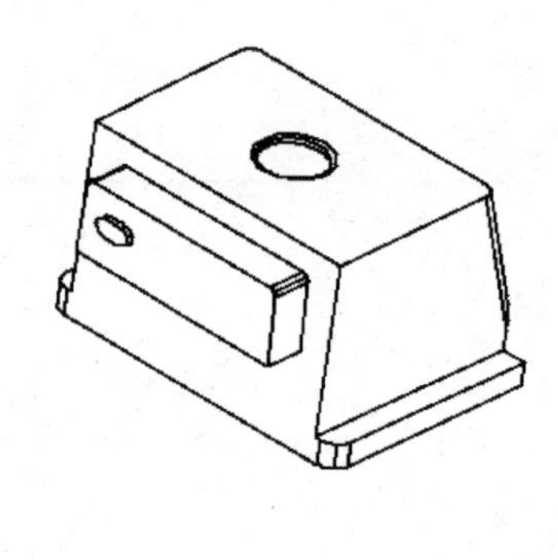

工序号	XDHK－Z	工序名	CNC	设备	加工中心 850
夹具	平口钳	工量具	游标卡尺	刃具	

工步	工步内容及要求	刀具类型及大小	主轴转速/(r·min^{-1})	吃刀深度/mm	每刀吃刀深度/mm	进给量/(mm·min^{-1})	余量/mm	刀长/mm
1	侧壁精加工	平底刀 D12	3 500	35	0.3	1 000		
2	曲面精加工	圆鼻刀 D12R1	3 500	32	0.2	1 500	0	35

工艺编制		学号		审定		会签	
工时定额		校核		执行时间		批准	

表 4－10　滑块侧面数控加工工序卡

×××学院	机械加工工序卡片	产品名称	零件名称	零件图号
		斜顶	滑块	XDHK－4

材料	材料名称	毛坯种类	毛坯尺寸/（mm×mm×mm）	零件重	每台件数	卡片编号	第 1 页
	45#	方料	70×60×40		1		共 1 页

加工工序图

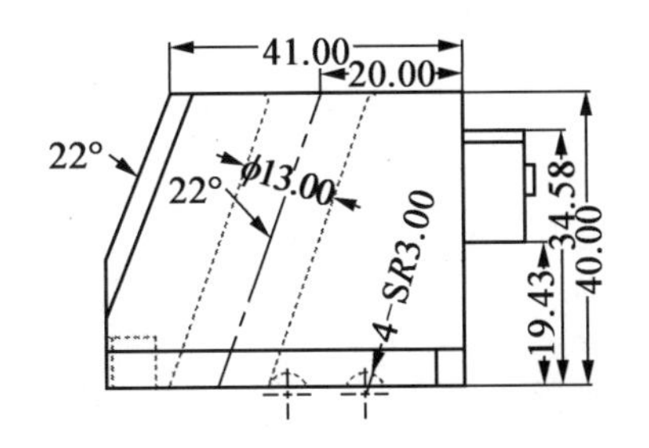

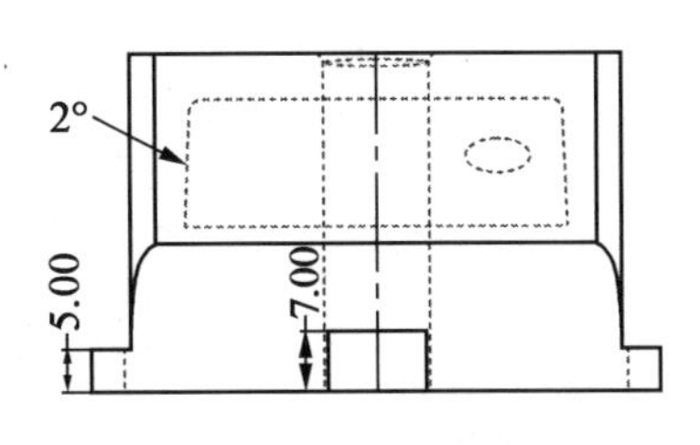

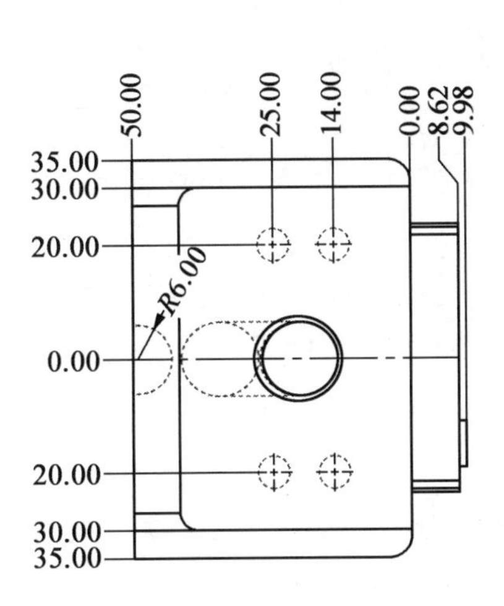

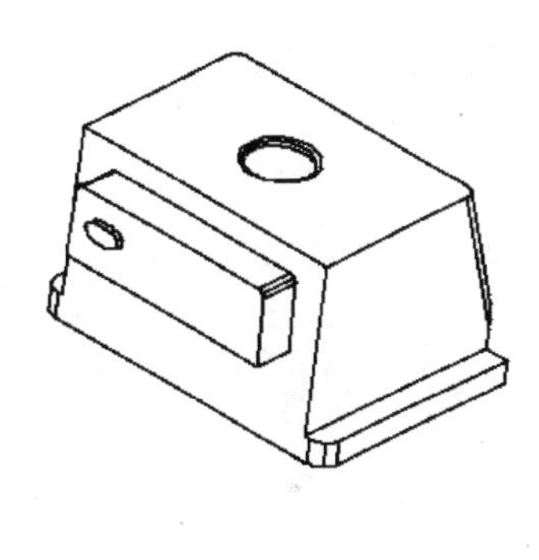

工序号	XDHK－Z	工序名	CNC	设备	加工中心 850
夹具	平口钳	工量具	游标卡尺	刃具	

工步	工步内容及要求	刀具类型及大小	主轴转速/（r·min⁻¹）	吃刀深度/mm	每刀吃刀深度/mm	进给量/（mm·min⁻¹）	余量/mm	刀长/mm
1	精加工	圆鼻刀 D10R0.5	2 500	10	0.3	1 500	0	30
2	底面精加工	平底刀 D8	3 500	10	10	1 000	0	35
3	侧壁精加工	平底刀 D8	3 500	10	10	800	0	35
4	侧壁精加工	平底刀 D8	3 500	1.2	0.15	1 000	0	35
5	曲面精加工	球刀 *R*2	4 000	—	—	1 000	0	25

工艺编制		学号		审定		会签	
工时定额		校核		执行时间		批准	

表 4－11　滑块反面数控加工工序卡

工步	工步内容及要求	刀具类型及大小	主轴转速/(r·min^{-1})	吃刀深度/mm	每刀吃刀深度/mm	进给量/(mm·min^{-1})	余量/mm	刀长/mm
1	中心钻	中心钻 D8	1 000	2	—	100	0	30
2	打点	球刀 R3	1 000	2	2	30	0	30
3	沉头孔 D12 加工	平底刀 D12	800	7	2	60	0	35

工艺编制		学号		审定		会签	
工时定额		校核		执行时间		批准	

注：推杆固定定模固定板，推杆垫板，动、定模固定板加工请参考加工工艺卡。

4.4.2　模具装配

1. 定模装配

（1）检查定模仁腔体的表面部分表面处理是否满足要求。

（2）把定模仁按照基准角（标识）装进定模框，锁紧螺丝。

（3）装入斜导柱，检查斜导柱的配合并保证其沉头端面与 A 板底面齐平。

（4）模具定模固定板按照基准角贴平定模板，装入定位圈和浇口套，注意浇口套的定位销位置，再检查出胶口是否和定模仁方向一致，锁紧定模固定板螺钉和定位圈螺钉。

（5）装模时要检查每个零部件是否黏有铁屑粉尘等，可用风枪吹或碎布抹干净。

（6）定模安装完毕，装配图如图 4－36 所示。

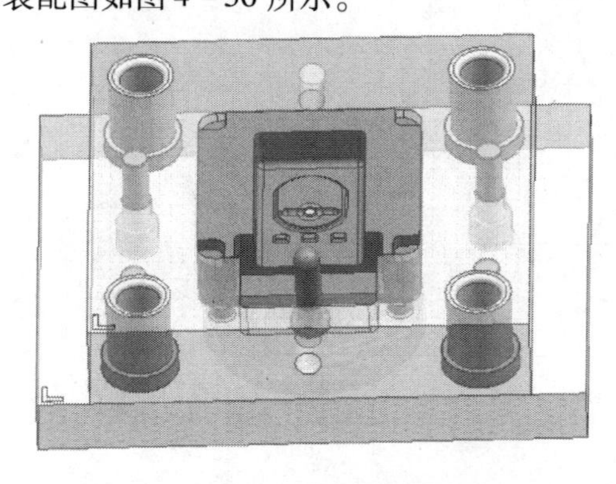

图 4－36　定模装配图

2. 动模装配

（1）检查动模仁腔体的表面部分以及运水孔末端的防漏水中螺丝安装。

（2）动模框底装入密封圈，并装上导柱。动模仁按照基准角（标识）装进动模框，锁紧螺钉，进、出水路的水嘴是否安装正确。

（3）装配滑块，确保滑块与模仁的配合及在动模板上滑动顺畅，然后装上限位螺钉及波珠螺钉。

(4)装配斜销,确认斜销端面与型芯表面齐平,并确保斜顶顶出顺畅,然后套上斜顶座。

(5)把顶针定模固定板按照基准角平衡动模板,装上回针,弹簧装在回针上,依次把顶针和水口针及斜顶座装上。

(6)顶针定模固定板贴平顶针定模固定板,锁紧螺钉。

(7)装上模具动模固定板及模脚,按照基准角和动模板一致摆正。

(8)锁紧锁模螺钉,注意模脚的外边和动模板持平。

(9)动模安装完毕后,测试水路是否畅通及是否有漏水现象,装配图如图 4 – 37 所示。

3. 模具总装配(图 4 – 38)

(1)在动、定模合模之前,检查顶出是否正常;滑块与斜导柱配合是否满足要求。

(2)运动零件(回针、导柱)涂上黄油增加润滑。

(3)前、后模仁喷上洗模剂清洗干净,再在模仁上喷上一层薄薄的防锈剂。

(4)M12 吊环锁上,整套模具装配完成,等待试模。

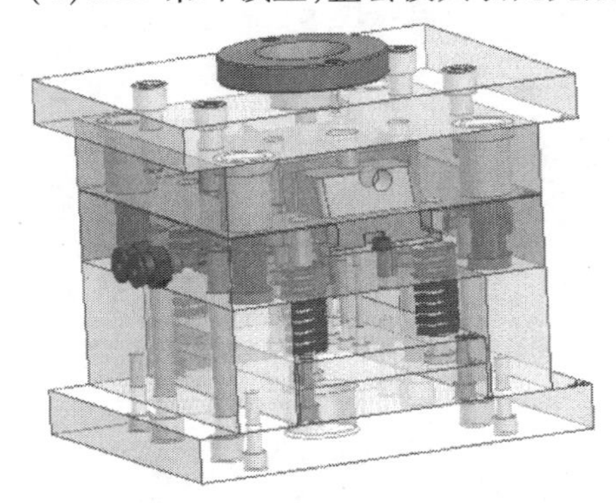

图 4 – 37　动模装配图

图 4 – 38　模具总装图

4. 试模与验收

试模与验收请参考项目 1 中的试模,因知识点一致,所以此处不再赘述。

【拓展知识 4】

拓展 4 – 1　产品收缩率

注塑成型时,因制件由熔融的流体冷却成固态会经历热胀冷缩的过程,所以模具设计时,制件必须要放大收缩率的倍数。但每一种胶料都有不同的收缩率,虽有些名称相同,但生产的厂家不一样,其材料的收缩率也会不一样。所以,客户或者塑料供应商必须提供准确的收缩率,常用的塑料收缩率见表 4 – 12。

表 4－12　常用塑料收缩率

序号	名称	缩水率	备注
01	PETG(乙二改性－聚对苯二甲酸乙二醇酯)	4/1 000	新透明工程塑胶
02	Z－MAK	4/1 000	
03	Z－ALLOY	4/1 000	
04	ABS(丙烯－丁二烯－苯乙烯共聚物)	5/1 000	
05	C－ABS	5/1 000	
06	SHIPS	5/1 000	不碎胶
07	AIM4800	5/1 000	防弹胶
08	STYRON	5/1 000	
09	BS	5/1 000	K 胶
10	HIS	5/1 000	
11	ARCYLIC	5/1 000	
12	AS(苯乙烯－丙烯共聚物)	6/1 000	又名 SAN
13	PMMA(聚甲基丙烯酸甲酯)	6/1 000	亚克力
14	PC(聚碳酸酯)	7/1 000	又名 LAXEN
15	KR(01－03)	8/1 000	又名 BDS
16	KRATON	8/1 000	人造橡胶
17	GP	8/1 000	
18	PU	15/1 000	
19	HYTREL	15/1 000	
20	TPE	15/1 000	
21	PP－CO	20/1 000	百折胶
22	POM(聚甲醛)	20/1 000	又名 EDLRIN
23	AC	20/1 000	又名 A－CELCON
24	NYLON	20/1 000	尼龙(又名 PAS66)
25	PVC(聚氯乙烯)	20/1 000	
26	C－PVC	20/1 000	
27	PE(聚乙烯)	20/1 000	
28	LDPE	20/1 000	(低度)
29	SINGAPREN	20/1 000	
30	TPE＋HIPS(SBS)	20/1 000	
31	EVA	20/1 000	
32	HDPE	30/1 000	子力士(高度)

注:本表数据资料供参考,请参照产品外形尺寸与胶位厚薄最终确定数值。

拓展 4 –2　产品扣位分析

1. 基于 NX 软件的扣位分析

(1)启动指令,通过分析菜单栏,找到检查区域指令。

分析 ⟶ 模具部件验证 ⟶ 检查区域

(2)对话框设置步骤,如图 4 –39 所示。

第 1 步:选择要进行扣位分析的产品。

第 2 步:分析矢量的方向。

第 3 步:进行计算。

第 4 步:进入面菜单,勾选底切区域,扣位面就会高亮显示。

第 5 步:将未选定的面拉成透明,即可找到所有的扣位面。

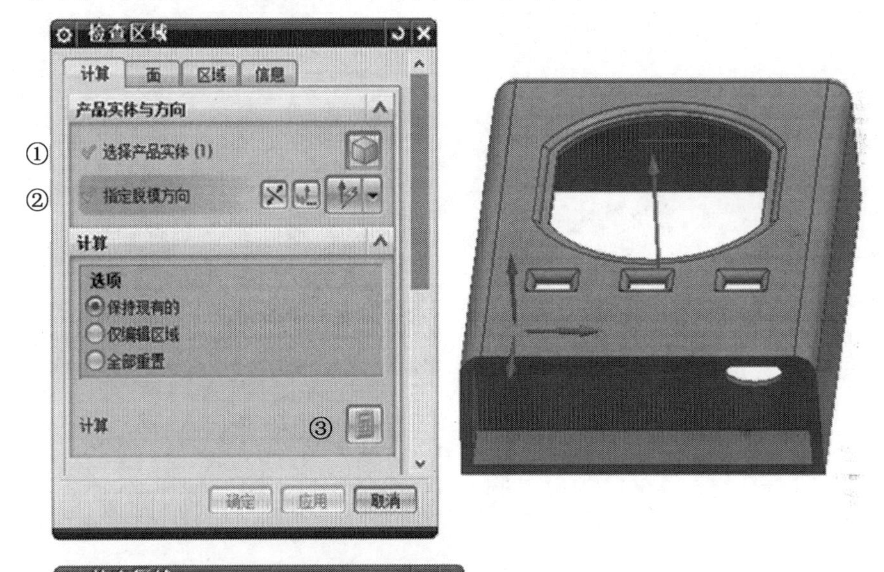

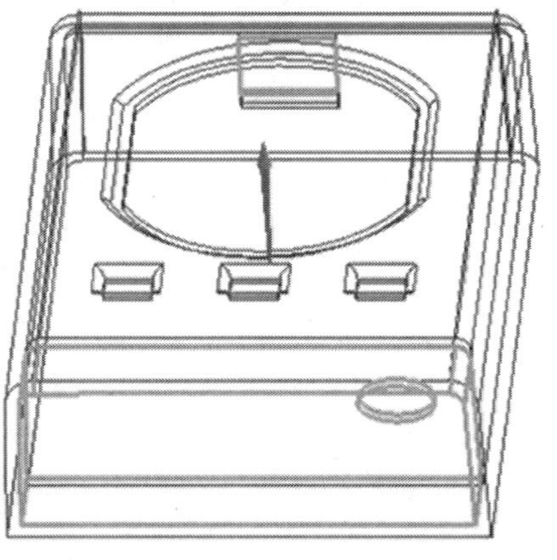

图 4 –39　检查区域

项目 5　分流罩模具设计与制造

5.1　设计任务

零件名称:分流罩,如图 5-1 所示。
材　　料:PC
外形尺寸:51.8 mm×34.9 mm×25.3 mm
型 腔 数:1×2
生 产 量:5 万件/年
收 缩 率:1.005
技术要求:
(1)产品不能有气泡、变形等缺陷。
(2)注塑件不允许出现熔接痕的现象。
(3)产品未注公差为 ±0.1 mm。
(4)产品未注圆角为 $R0.3$。
(5)产品未注表面粗糙度 $Ra0.2\ \mu m$。

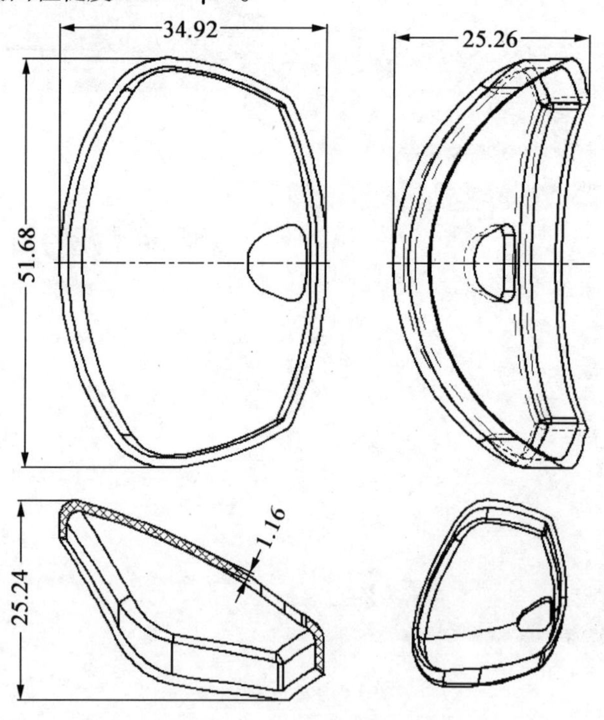

图 5-1　分流罩零件图

5.2　分流罩注塑模具方案的确定

5.2.1　产品注塑工艺性分析

1. **产品形状**

(1)如图5-2所示,从产品的外观与内表面上看,产品表面大多以圆角过渡,既可以避免产品上内应力的集中,也有利于模具的加工,在注塑时也有利于塑料的流动。

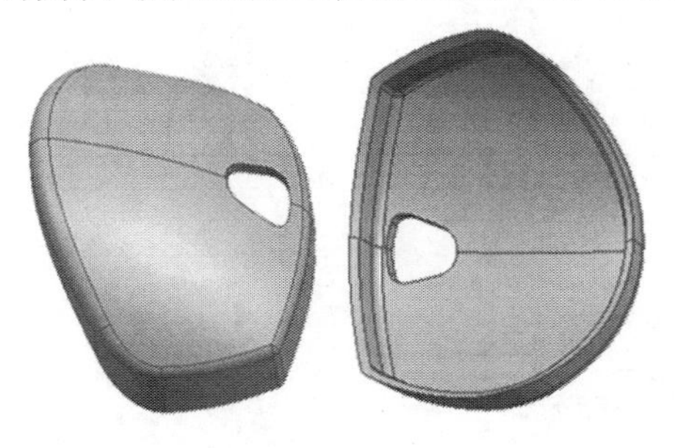

图5-2　产品形状

(2)因为产品的作用主要是保护其他电子元件,所以结构设计简单,外形特别,分型面要做曲面分型,加工与设计具有一定的难度。

(3)产品中间除有一处碰穿孔外无其他特征,可以保证产品光顺美观。

2. **产品胶位厚度分析**

(1)分析方法。

基于NX软件进行产品胶位厚度分析的方法。

(2)分析结果。

由图5-3分析结果看,产品的平均厚度为1.06 mm,最大厚度为1.48 mm。从彩色条来看,可以判断胶位的厚度在1 mm左右。从产品颜色的分布情况看,胶位所有面均成绿色,表示产品胶位厚度一致。

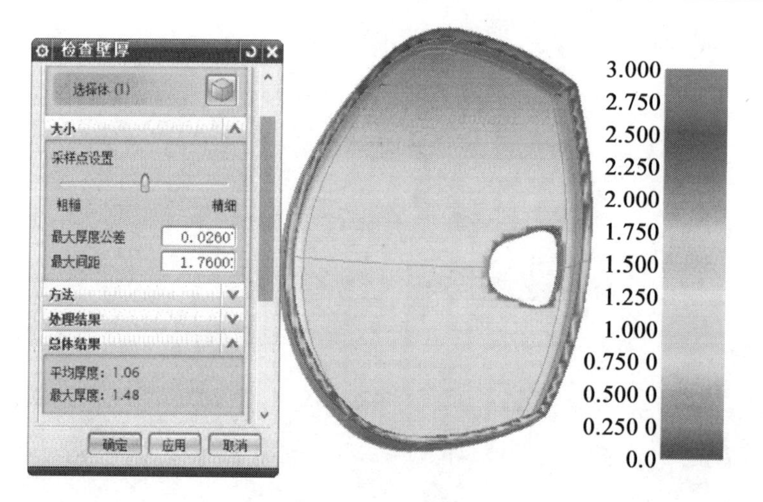

图 5－3　厚度分析

3. **产品斜率分析**

(1)分析方法。

基于 NX 软件进行产品斜率分析的方法,如图 5－4 所示。

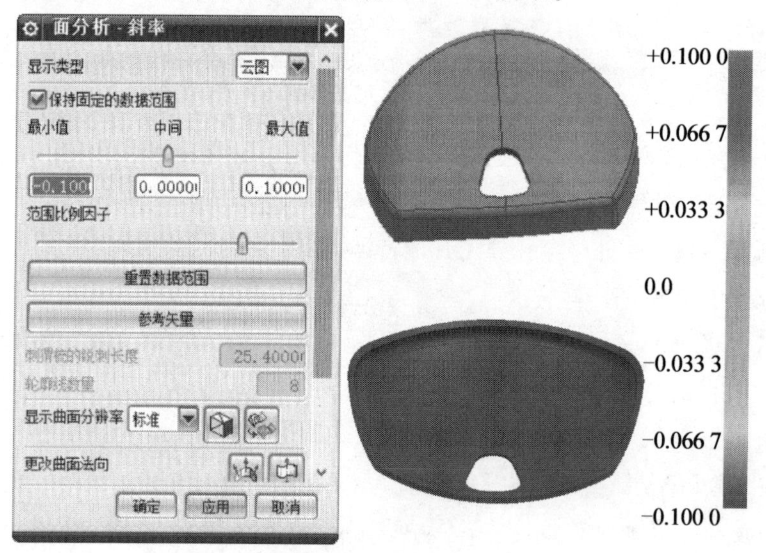

图 5－4　斜率分析

(2)分析结果。

①产品侧面设计有拔模斜度,且均大于 0.1°。

②整个产品没有倒扣及交叉面,简化了模具结构,产品设计符合开模要求。

4. **小结**

通过前面的分析可知,产品壁厚均匀。产品外形结构主要由曲面构成,无倒槽扣部位,尺寸精度一般,但产品表面粗糙度要求很高,要求达到镜面级别。拔模斜度及圆角设计合理。材料为 PC,流动性较差。在浇口设计上需要采用侧浇口、扇形浇口或护耳式浇口。另外,产量5万件/年,为中大批量。综合以上,产品适合使用注塑工艺进行生产。

5.2.2　模具总体设计

1. 分析塑件

由图5－1可以看出,该塑件结构简单。外形主要由自由曲面构建,总体尺寸为51.81 mm×34.92 mm×25.27 mm。塑件精度为MT7级,尺寸精度不高,但产品为透明件,表面光洁度要求较高,生产量为5万件/年。塑件材料为PC,流动性较差。

2. 分型面确定

(1)外围分型面的确定。

如图5－5所示,底部边缘为产品的外围分型线,因产品底边为不规则曲面结构。因此,构成的分型面也为不规则曲面。

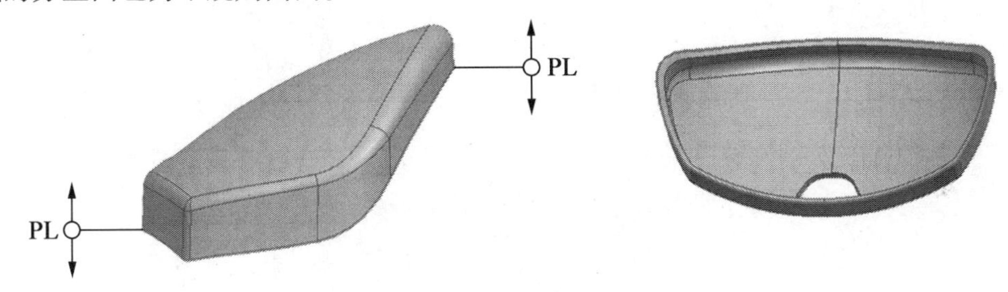

图5－5　分型面的选取

(2)孔部位分型面的确定。

如图5－6所示,此处孔的分型面选在产品外表面,便于加工。

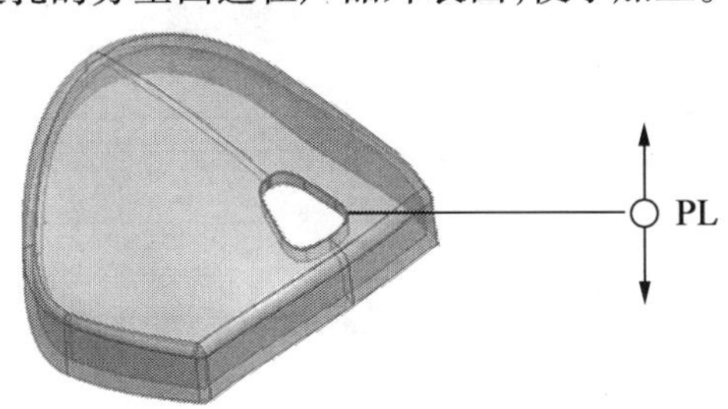

图5－6　孔部位分型面的选取

3. 确定型腔数量和排列方式

(1)型腔数量的确定。

该塑件精度要求不高,尺寸中等,考虑到模具制造成本和生产效率,故定为一模两腔的模具形式。

(2)型腔排列形式的确定。

虽然该塑件外形不规则,但整体还是呈长方形,采用一模两腔的模具形式既可节省模具空间,也方便浇口设计,如图5－7所示。

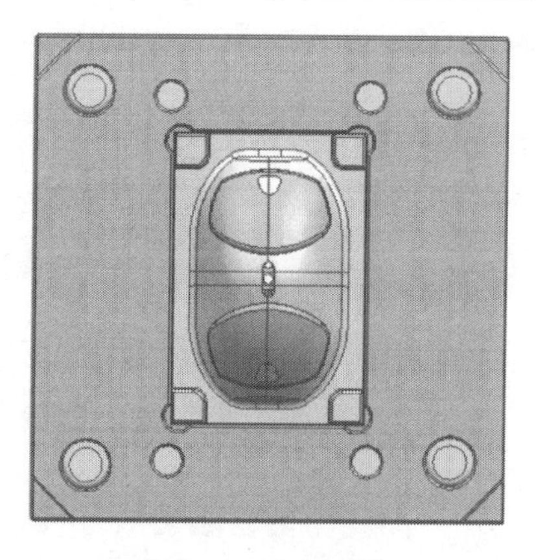

图 5－7　产品布局

4. 确定模具结构形式

当模具决定采用一模两腔后，就可以确定进胶方式（参考浇注系统中的浇口位置的确定），本套模具采用潜浇口。模具上无其他侧向抽芯机构，故选择大水口的 CI 型龙记标准模架，如图 5－8 所示。

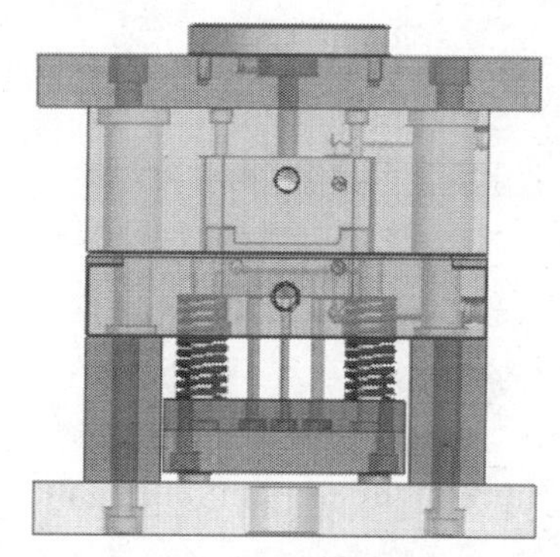

图 5－8　CI 型模架

5. 确定成型工艺

PC（聚碳酸酯）具有吸湿性，必须在加工前进行干燥处理。PC 熔体黏度大，流动性稍差，因此必须采用高料温、高注射压力的注塑形式才行，其中注射温度的影响大于注射压力的影响，但注射压力的提高，有利于改善产品的收缩率。注射温度范围较宽，熔融温度为 210～285 ℃，而分解温度达 270 ℃。因此料温调节范围较宽，工艺性较好。调整注射温度，可改善流动性，提高模温，改善冷凝过程，能够克服冲击性差、耐磨性不好、易划花、易脆裂等缺陷。

（1）注射量的计算。

通过计算或三维软件建模分析，可知塑件体积单个约 2.53 cm^3，按公式计算得 $1.6 \times 2.53 = 4.05(cm^3)$。PC 的密度为 1.18～1.22 g/cm^3，取中间值 1.2 g/cm^3，即可得塑料质量为 $1.2 \times 4.05 \times 2 = 9.72(g)$。

（2）锁模力的计算。

通过 MoldFlow 软件分析，该套模具所应具备的最大锁模力为 10 t，转换成力为100 kN，如图 5－9 所示。

(3)注射机的选择。

结合以上条件,通过查附表2可选用XS-ZY60/40的注射机。

(4)注射机有关参数的校核。

①最大注射量的校核。为了保证正常的注射成型,注射机的最大注射量应稍大于制品的质量或体积(包括流道凝料)。通常注射机的实际注射量最好在注射机的最大注射量的80%以内。注射机允许的最大注射量为60 g,利用系数取0.8,$0.8\times60=48$(g),9.72 g<48 g,最大注射量符合要求。

②注射压力的校核。如图5-10所示,安全系数取1.3,通过模MoldFlow软件分析可得最大注射压力为95.54 MPa,$1.3\times95.54=124.2$(MPa),小于注射机所提供的注射压力135 MPa,故注射压力校核合格。

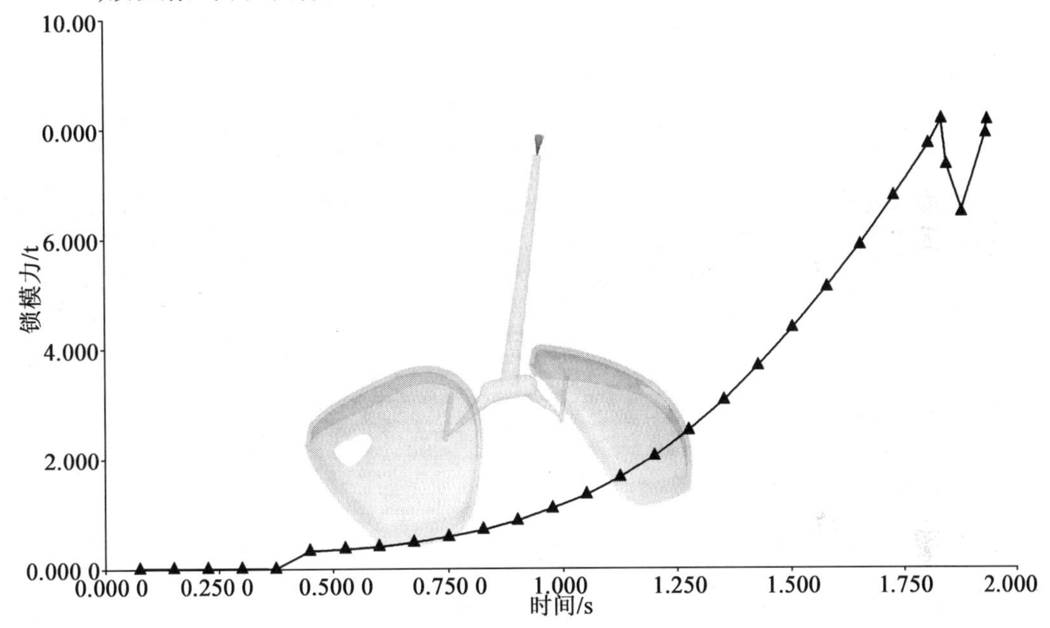

图5-9　锁模力分析

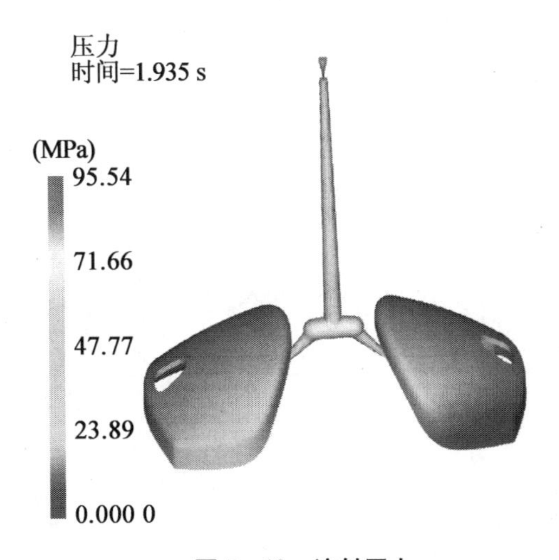

图5-10　注射压力

③锁模力校核。前面分析的锁模力为 100 kN，安全系数取 1.2，$1.2\times100=120(\text{kN})$，小于注射机的锁模力 400 kN，锁模力校核合格。

5.3　分流罩模具设计

5.3.1　成型零件设计

本模具采用一模两腔、侧浇口的成型方案。型腔和型芯均采用镶嵌结构，通过螺钉和模板相连。采用 NX 等三维软件进行分模设计，得到型腔（图 5－11）和型芯（图 5－12）。

1. **型腔**

塑件为透明件，故型腔表面的成型部位应抛光成镜面。塑件总体尺寸为 51.81 mm × 34.92 mm × 25.27 mm，考虑到一模两腔以及浇注系统和结构零件的设置，定模仁尺寸取 82 mm × 120 mm，深度根据模架的情况进行选择。为了安装方便，在定模模板上开设相应的型腔切口，并在直角上钻直径为 ϕ10 mm 的孔以便于装配。

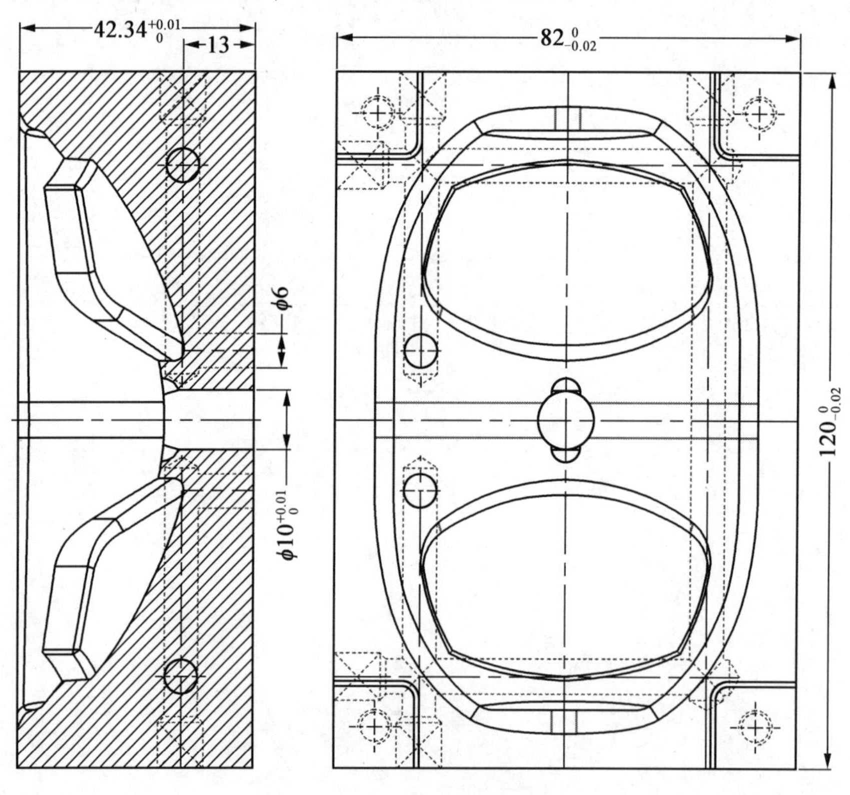

图 5－11　型腔

2. **型芯**

与型腔相一致，型芯的尺寸也取 82 mm × 125 mm，并在动模模板上开设相应的型腔切口。

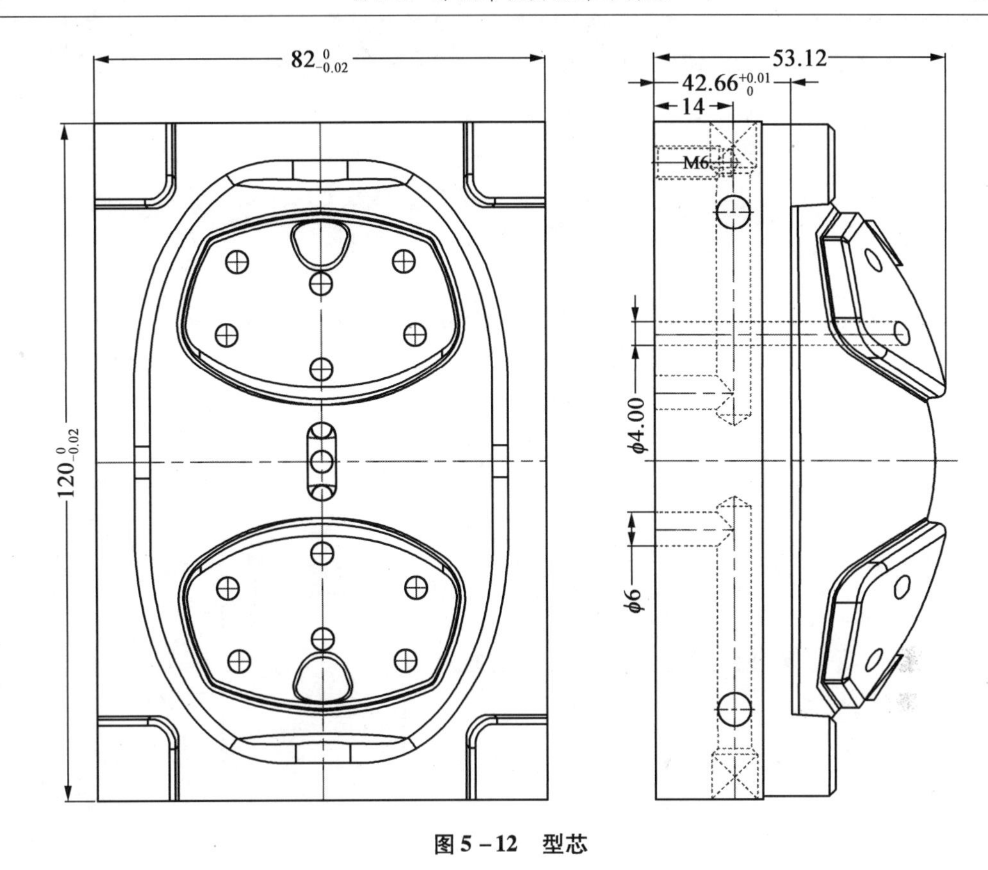

图 5 – 12　型芯

3. **成型零件钢材的选用**

该塑件是大批量生产，而且成型位表面要抛光成镜面，零件所选用钢材的耐磨性和抗疲劳性能应该良好，机械加工性能和抛光性能也应良好。因此，决定采用硬度比较高的模具钢 4Gr13，淬火后表面硬度为 HRC48 ~ 52。

5.3.2　浇注系统设计

如图 5 – 13 所示为本套模具的浇注系统组成。其工作原理是开模时，因潜浇口的作用，使整个水口料留在动模；顶出时，在推杆及拉料杆的作用下，分别将产品及水口料顶出，潜浇口中的水口料主要是通过塑料的变形，被强行拉出。

1. **主流道设计**

(1) 根据所选注射机，则主流道小端尺寸为

$$d = 注射机喷嘴尺寸 + (0.5 \sim 1)\,\text{mm} = 2 + 0.5 = 2.5(\text{mm})$$

主流道球面半径为

$$SR = 注射机喷嘴球面半径 + (1 \sim 2)\,\text{mm} = 10 + 1 = 11(\text{mm})$$

(2) 主流道衬套形式。

本设计虽然是小型模具，但为了便于加工和缩短主流道长度，将衬套和定位圈设计成分体式，主流道衬套长度取 66.5 mm。主流道设计成圆锥形，锥角取 2°，内壁粗糙度 *Ra*

0.4 μm。衬套材料采用 T10A 钢,热处理淬火后表面硬度为 HRC53 ~57,如图 5 - 14 所示。

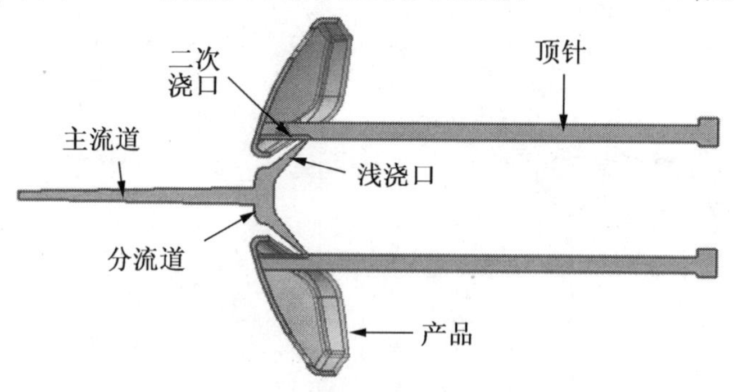

图 5 - 13　浇注系统组成

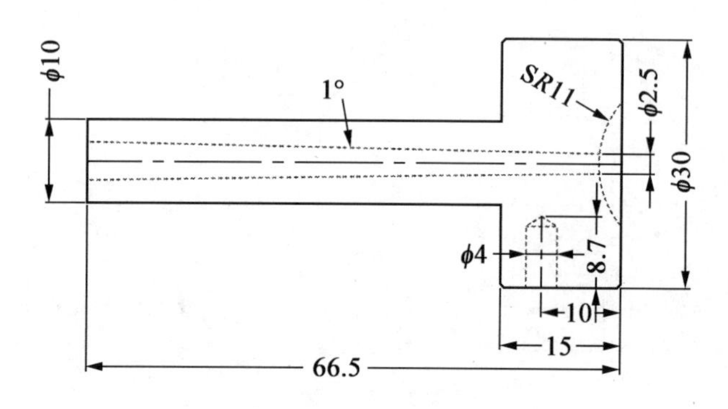

图 5 - 14　主流道衬套

2. **分流道设计**

(1)分流道布置形式。

因为本套模具为一模两腔,分流道布置采用了“一”字形的流道。图 5 - 15 所示为分流道布置。

(2)分流道长度。

为了保证水口料顶出时有足够的变形空间,故分流道长度取 14.38 mm,如图 5 - 16 所示。

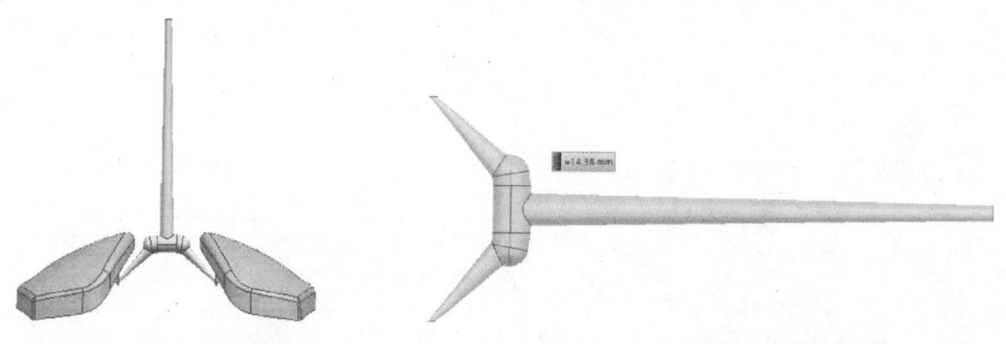

图 5 - 15　分流道布置图　　图 5 - 16　分流道的长度分析

(3)分流道的形状和截面尺寸。

为了便于机械加工及凝料脱模，分流道的截面形状常采用加工工艺性比较好的圆形截面。根据经验，分流道的直径一般取2～12 mm，比主流道的大端小1～2 mm。本模具分流道的直径取5 mm，以分型面为对称中心，设计在模具的分型面上。分流道的表面粗糙度 Ra 一般取0.8～1.6 μm即可，在此取1.6 μm。

3. **浇口设计**

因塑件表面质量要求较高，且模具为一模两腔，方便采用侧面进胶。但因产品外观要求及生产量较大，为实现全自动化生产，故选择采用潜推杆的方式进胶，其形状如图5－17所示。

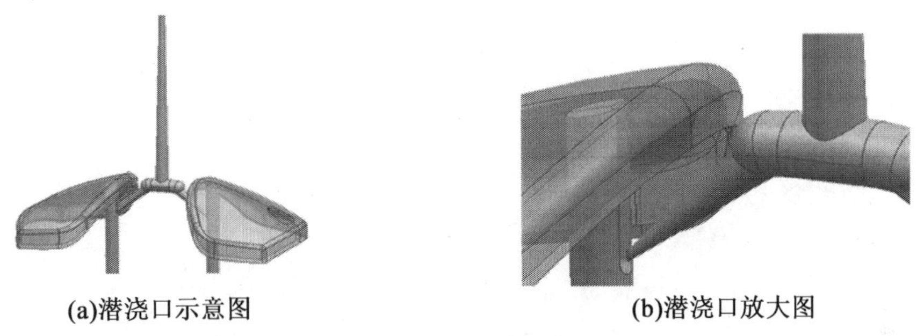

(a)潜浇口示意图　　(b)潜浇口放大图

图5－17　分流道的长度分析

4. **冷料穴与拉料杆设计**

(1)冷料穴。

本套模具设计有1级分流道，且分流道长度较短，故只在主流道末端设计有冷料穴。如图5－18所示，黑色面所表达的部位为冷料穴，冷料穴的尺寸为 $\phi4\times8$ mm。

(2)拉料杆。

本套模具的拉料杆直径为 $\phi4$ mm，采用锥形结构，其底端面固定在顶针板上。其作用是在潜浇口的作用下，将浇口套中的水口料拉出来；推出时，通过拉料杆将潜浇口中的水口料推出，为防止顶出时不平衡，故将推料杆顶部设计成锥形，其结构如图5－19所示。

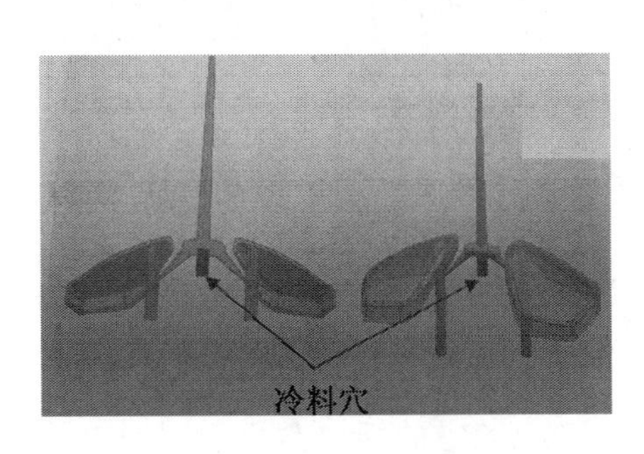

图5－18　冷料穴图

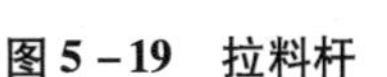

图5－19　拉料杆

5.3.3　推出及复位系统设计

1. **推出机构设计**

如图5－20所示，本套模具主要采用了圆推杆的顶出方式，其工作原理是顶棍推动顶针板，带动顶针板上的圆推杆将产品从模具顶出，达到脱模的目的。

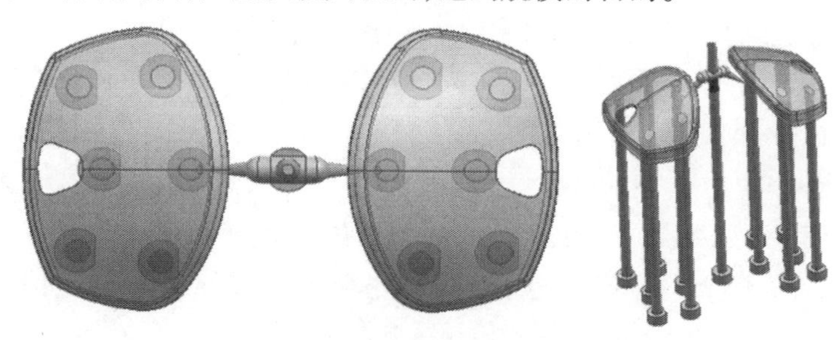

图 5-20 推杆布置

(1)本套模具的推出机构分析。

本套模具中，每个型腔上面只排了 6 支推杆，其原因有以下几点。

①产品为腔形，成型后包住型芯的力较大。

②产品尺寸为51.81 mm×34.92 mm×25.27 mm。包紧力最大处是在4个角上，现分别布置了一支；中间部有一处通孔，需要加强顶出；另外一支要用来设计潜浇口上的二次浇口。所以每个产品上需要布置6支顶针。

(2)圆推杆。

本套模具一用了 13 支 ϕ4 mm 的圆推杆，长度为 118.11 mm，且端面顶在曲面上，所以沉头需要做防转处理，如图 5-21 所示。

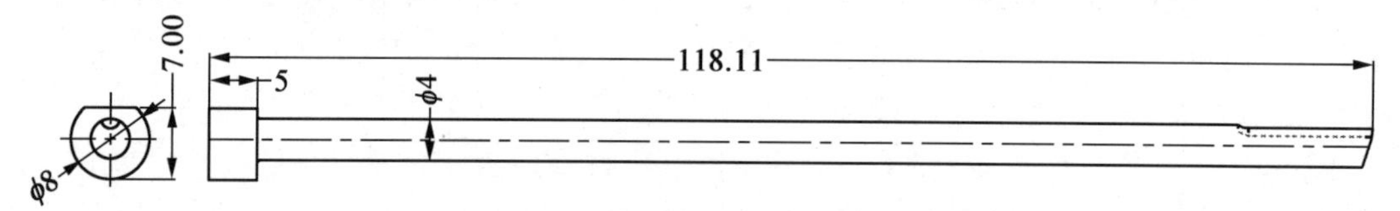

图 5-21 圆推杆

2. **复位机构设计**

此套模具中的复位机构主要指顶针板的复位，用到的标准零件有弹簧与复位杆，如图 5-22 所示。其工作原理是当顶针板上顶棍退回之后，顶针板在 4 支弹簧的弹力作用下，先回到原位，直到动模与定模完全合模，借助复位杆，确保顶针复位的精度。

(1)复位弹簧。

本套模具采用了 4 个规格为 TF25 mm×13.5 mm×55 mm 的黄弹簧，设计的预压量为 5 m，通过软件计算得到的单只弹簧预压 9.1 kgf(1 kgf≈10 N)，故 4 支弹簧提供的预压力为 9.1×4×10 = 36.4×10 = 364(kN)；通过 NX 软件分析出顶针板的质量为 7.18 kg，故所需要的力为7.18×10 = 71.8(kN)，故弹簧提供的预压力大于 2 倍以上的顶针板重力。所以完成可确保顶针板能恢复到原位。

弹簧自由长度为 55 mm，根据黄弹簧的压缩量为 50% 可计算得，弹簧可压缩 27.5 mm，减去预压量，还可压缩 22.5 mm，产品需要顶出 15 mm，根据顶出行程 = 产品高度 +5 mm 可得出本套模具的顶出行程为 20 mm，压缩量大于顶出行程，符合选型要求。

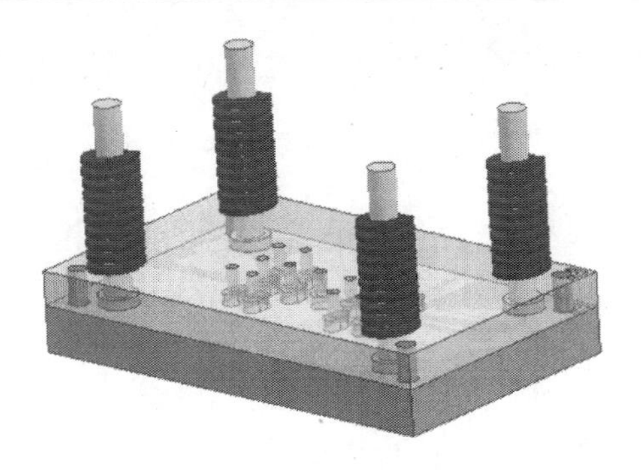

图5－22　复位机构

(2)复位杆。

本套模具一共用了4支复位杆,其规格为ϕ12 mm×86 mm。复位杆属于标准件,一般随模架一起配送。

5.3.4　温度调节系统设计

通过表1－1可得,PC的注塑温度为240～250 ℃,而模具成型温度在60～80 ℃,为了获得较高生产效率,模具必须设计温度调节系统。

1. 定模部分的水路设计

如图5－23所示,定模部分水路采用循环式单条水路冷却,水孔直径为ϕ6 mm,其主要构成如下。

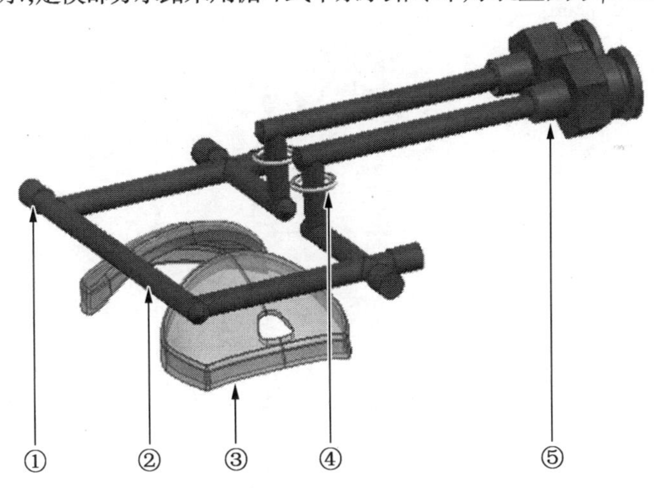

1—堵头;2—冷却水路;3—塑料制品;4—密封圈;5—水嘴

图5－23　定模水路

(1)堵头。主要是防止水渗出,可以用比水路直径大1 mm的铜棒、铝棒或密封管螺纹。

(2)冷却水路。水路直径为ϕ6 mm,总长度为381 mm。

(3)密封圈。安装在定模仁与定模板之间的接触面上,防止水渗出,其规格一般根据水路直径来选取。例如此处的水路为ϕ6 mm,所选密封圈规格为P9(ϕ12.8 mm×ϕ9 mm×ϕ2.4 mm)。

(4)水嘴。水嘴的大小同样根据水路直径来选取,当水路直径为ϕ6 mm或ϕ8 mm时,水嘴用 PT1/8″;当水路直径为 ϕ10 mm 时,水嘴用 PT1/4″; 当水路直径为 ϕ12 mm 时,水嘴用 PT3/8″。所以本套模的水嘴采用 1/8″。

2. 动模部分的水路设计

如图 5 – 24 所示,动模部分的水路同样采用循环式,与定模部分的水路一致。

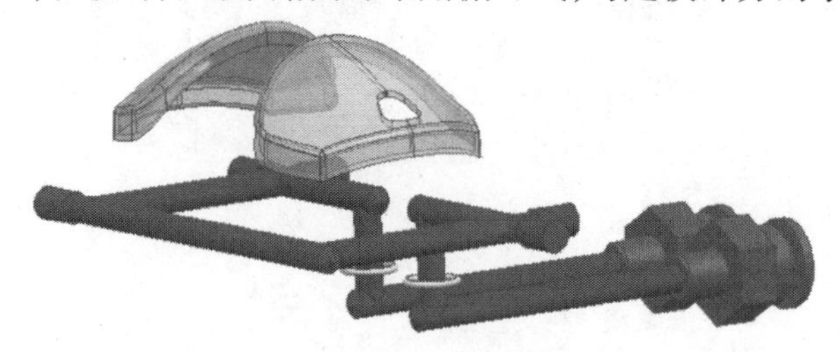

图 5 – 24　动模水路

5.3.5　模架设计

1. 模架选型

根据型腔的布局可看出,模具制作方式采用镶拼式结构,定模仁的尺寸为 82 mm × 120 mm,考虑到模具强度,导柱、导套及连接螺钉布置的位置和采用的推出机构等各方面问题,确定选用板面尺寸为 200 mm × 200 mm。另外,因本套模具采用的是潜浇口,故选取龙记公司提供的 CI 型模架可满足使用要求,如图 5 – 25 所示。

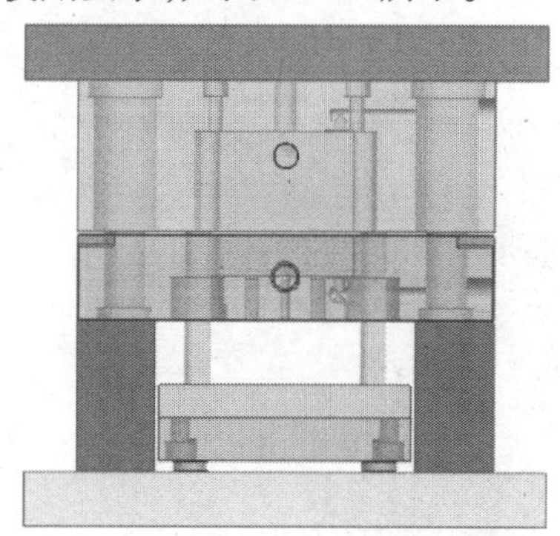

图 5 – 25　CI 型模架

2. 各模板厚度尺寸的确定

(1)定模板尺寸的确定。

定模板也称为 A 板,其高度一般根据定模仁的高度来取值,前面已经确认定模仁高度为 42.34 mm,沉入定模板的深度为 46.5 mm,考虑到水路的布置与定模板的强度,故定模板厚度取 70 mm。

(2)动模板尺寸的确定。

动模板也称为 B 板,其高度一般根据动模仁的高度来取值,前面已经确认动模仁高度为 53.12 mm,沉入定模板的深度为 19.5 mm,考虑到水路的布置与动模板的强度,故动模板厚度取 40 mm。

(3)C 垫块尺寸的确定。

C 垫块也称为方铁或模脚。

垫块 = 推出行程 + 推板厚度 + 推杆固定板厚度 + (5 ~ 10)mm + 垃圾钉高度

= 20 + 15 + 20 + 5 + (5 ~ 10)

= 65 ~ 70(mm)

根据计算,垫块厚度取 70 mm,长和宽尺寸分别取 200 mm 和 38 mm。

其他板块的厚度均按龙记标准来取,从而可以确定本套模架的外形尺寸为 250 mm × 200 mm × 246 mm。

3. 校核注射机

模具平面尺寸:250 mm × 200 mm < 330 mm × 300 mm(拉杆间距),故合格。

模具高度 246 mm,处于注射机对模具的最小厚度 150 mm 与最大模具厚度 250 mm 之间,故合格。

模具开模所需行程 = 10(塑件高度) + (5 ~ 10) mm + (80 ~ 100)(取件空间)

= (115 ~ 120) mm < 270(mm)(注射机开模行程),故合格。

所以本模具所选注射机完全满足使用要求。

4. 标准件选用

(1)螺钉。

分别用 4 个 M10 的内六角圆柱螺钉将定模板与定模座板,动模板与动模座板连接。定位圈通过 4 个 M6 的内六角圆柱螺钉与定模座板连接。

(2)导柱导套。

本模具采用 4 导柱对称布置,导柱和导套的直径均为 20 mm。导柱固定部分与模板按 H7/f7 的间隙配合。直接在模板上加工出导套孔,导柱工作部分的表面粗糙度 *Ra*0.4 μm。

5.3.6　导向机构设计

1. 模架导向机构介绍

如图 5 - 26 所示为一套 CI 型的大水口模架,只有定模板与动模板之间打开,主要导向零件为导柱与导套。4 支导柱装配在动模板,导套装配在定模板,对模具的动模与定模起导向与定位作用。顶针板主要借助 4 支复位杆进行导向,从而构成了模架上的导向机构。因本套模具为标准模架,所以采购时,导柱、导套和复位杆由模架厂一起配送。

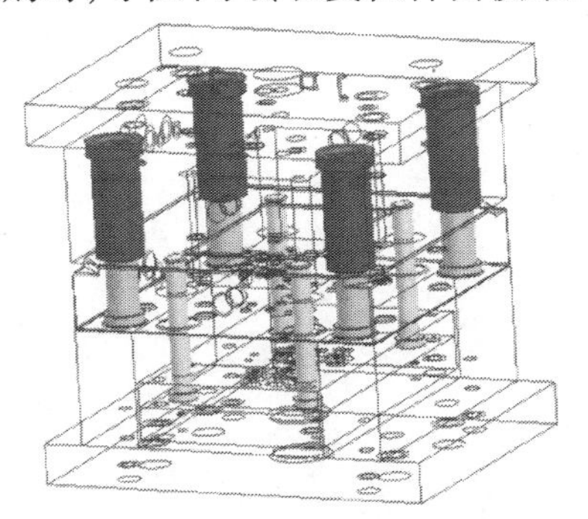

图 5 - 26　模架的导向机构

2. 模仁上的定位机构

模仁上的定位主要是通过设计 4 个角上的虎口进行定位,长与宽分别设计为 14.5 mm、14.5 mm,高度为 8 mm,单边的斜度设计 5°,如图 5-27 所示。

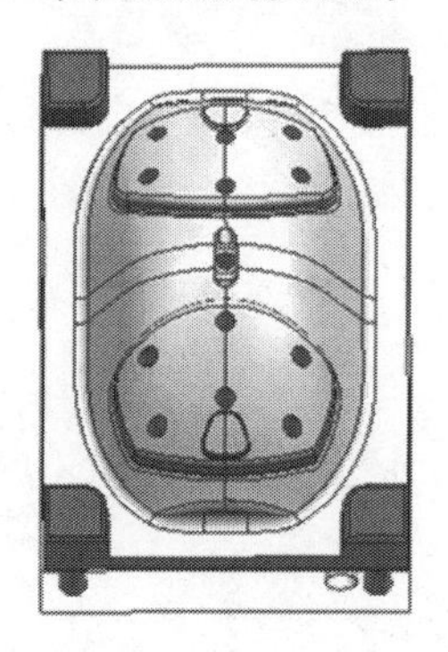
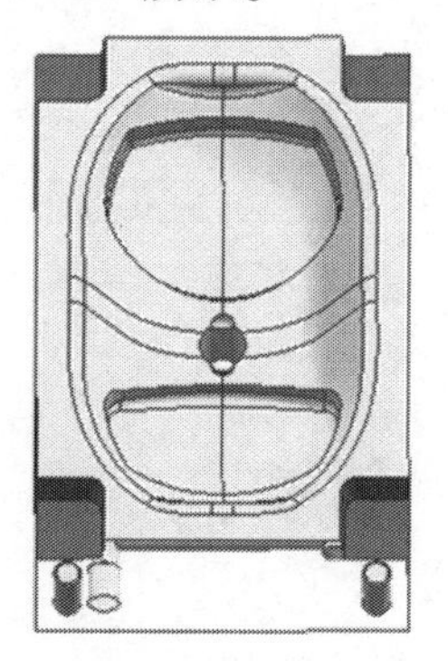

图 5-27　动、定模仁的虎口设计

5.4　分流罩注塑模具制造

5.4.1　模具零件制造

1. 型腔制造

材料:P20

毛坯尺寸:120 mm×82 mm×43 mm(精料)

数量:1 件

正面加工:直接 CNC 加工

背面加工:钻螺纹孔

注:可先完成螺纹孔加工,然后再加工正面。

每完成一个面的加工后都应做零件检测,以便及时修正。表 5-1 与表 5-2 为型腔正、反面数控加工工序卡。

表 5－1　型腔正面数控加工工序卡

×××学院	机械加工工序卡片	产品名称	零件名称	零件图号
		分流罩	型腔正面	FLZXQ－3

材料	材料名称	毛坯种类	毛坯尺寸/(mm×mm×mm)	零件重	每台件数	卡片编号	第 1 页
	P20	方料	120×82×43		1		共 1 页

加工工序图

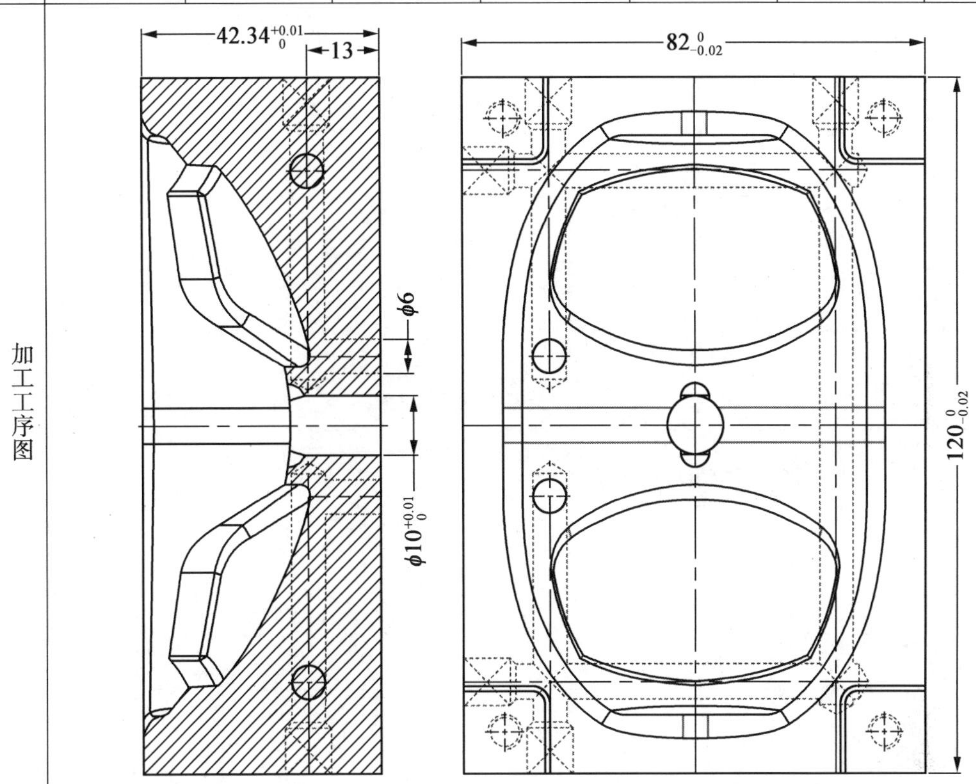

工序号	FLZXQ－ZM	工序名	CNC	设备	加工中心 850
夹具	平口钳	工量具	游标卡尺	刀具	

工步	工步内容及要求	刀具类型及大小	主轴转速/(r·min⁻¹)	吃刀深度/mm	每刀吃刀深度/mm	进给量/(mm·min⁻¹)	余量/mm	刀长/mm
1	粗加工	圆鼻刀 D16R0.8	2 000	24.5	0.35	1 500	0.3	40
2	清料粗加工	圆鼻刀 D8R0.5	3 000	28	0.3	1 500	0.3	40
3	半精底面	圆鼻刀 D8R0.5	3 800	8.5	8.5	1 000	0.1	40
4	清料半精加工	圆鼻刀 D4R0.5	3 500	29	0.2	1 000	0.1	40
5	半精侧壁	圆鼻刀 D4R0.5	4 000	8.5	0.15	1 200	0.1	40
6	曲面半精加工	球刀 R4	3 500	26	0.25	1 600	0.2	45
7	曲面半精加工	球刀 R3	3 800	29.3	0.25	1 600	0.1	40
8	清根半精加工	球刀 R2	3 800	29.7	0.15	1 200	0.1	35

续表 5－1

工步	工步内容及要求	刀具类型及大小	主轴转速/(r·min⁻¹)	吃刀深度/mm	每刀吃刀深度/mm	进给量/(mm·min⁻¹)	余量/mm	刀长/mm
9	精铣底面	圆鼻刀 D8R0.5	3 800	8.5	8.5	1 000	0	35
10	精铣侧壁	圆鼻刀 D4R0.5	4 000	8.5	0.1	1 200	0	35
11	精铣侧壁	平铣刀 D4	4 000	8.5	0.1	1 200	0	35
12	精加工流道	球刀 R3	3 800	29	0.1	1 000	0	35
13	曲面精加工	球刀 R3	4 000	28.4	0.15	1 800	0	35
14	曲面精加工	球刀 R2	4 000	29.7	0.15	1 600	0	35
15	倒角	倒角刀 D8	3 000	2	2	1000	－0.5	35

工艺编制		学号		审定		会签	
工时定额		校核		执行时间		批准	

表 5－2　型腔反面数控加工工序卡

×××学院	机械加工工序卡片	产品名称	零件名称	零件图号
		分流罩	型腔反面	FLZXQ－3

材料	材料名称	毛坯种类	毛坯尺寸/(mm×mm×mm)	零件重	每台件数	卡片编号	第 1 页
	P20	方料	120×82×43		1		共 1 页

加工工序图

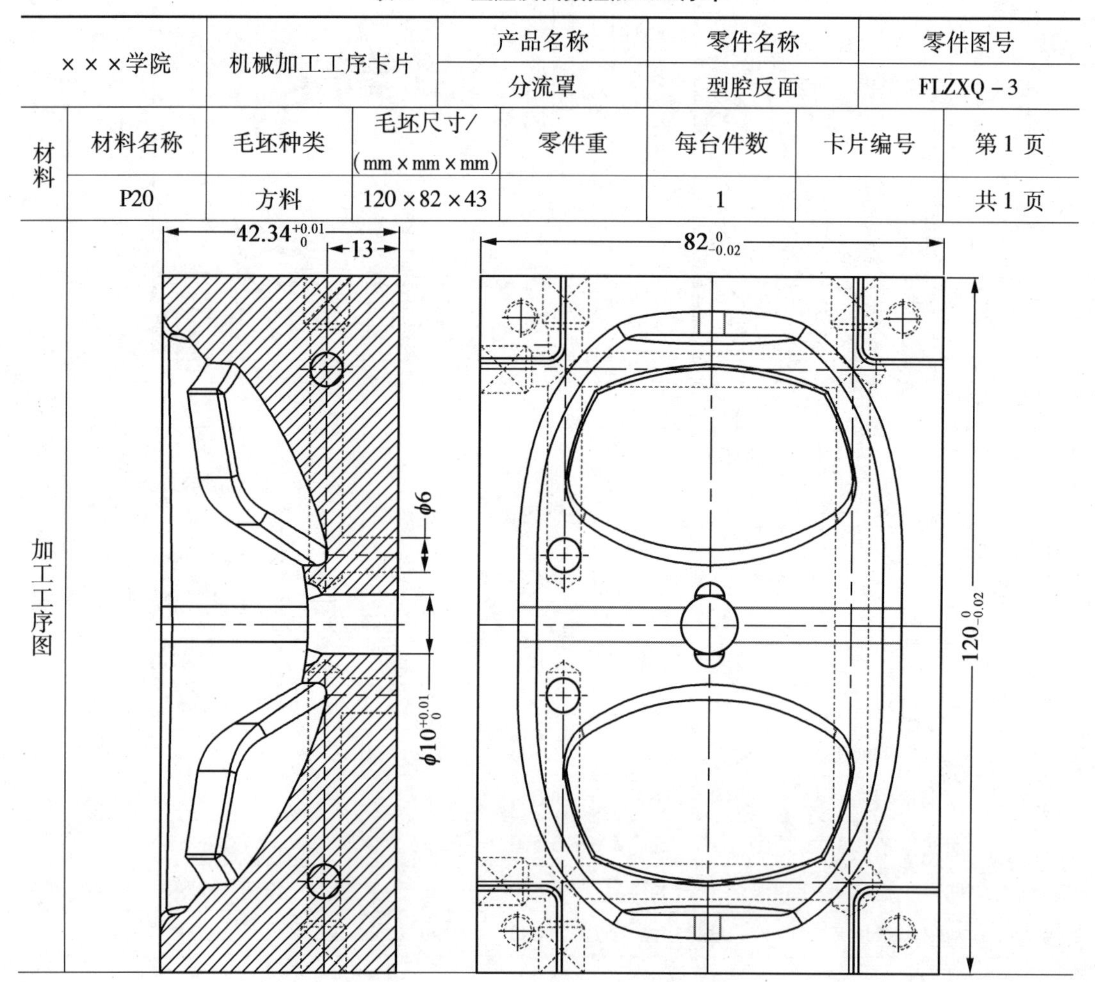

续表5－2

工序号		FLZXQ－FM	工序名		FDJXQFM－04	设备	加工中心850	
夹具		平口钳	工量具		游标卡尺	刃具		
工步	工步内容及要求	刀具类型及大小	主轴转速/(r·min^{-1})	吃刀深度/mm	每刀吃刀深度/mm	进给量/(mm·min^{-1})	余量/mm	刀长/mm
1	中心钻	中心钻D8	1 000	2	/	100	0	20
2	钻M6螺丝底孔	钻头D5.5	600	20	1	40	0	70
3	钻D9.8孔	钻头D9.8	600	30	2	60	0	65
4	铰D10孔	铰刀D10	300	25	/	30	0	55
工艺编制		学号		审定		会签		
工时定额		校核		执行时间		批准		

2.型芯制造

材料:P20

毛坯尺寸:120 mm×82 mm×54 mm(精料)

数量:1件

正面加工:直接CNC加工

背面加工:钻螺纹孔、顶针孔

注:可先完成螺纹孔、顶针孔及水孔加工,然后再加工正面。

每完成一个面的加工后都应做零件检测,以便及时修正表。表5－3为型芯正面数控加工工序卡。

表 5－3　型芯正面数控加工工序卡

×××学院	机械加工工序卡片	产品名称	零件名称	零件图号
		分流罩	型芯	FLZXX－4

材料	材料名称	毛坯种类	毛坯尺寸/(mm×mm×mm)	零件重	每台件数	卡片编号	第 1 页
	P20	方料	120×82×54		1		共 1 页

加工工序图

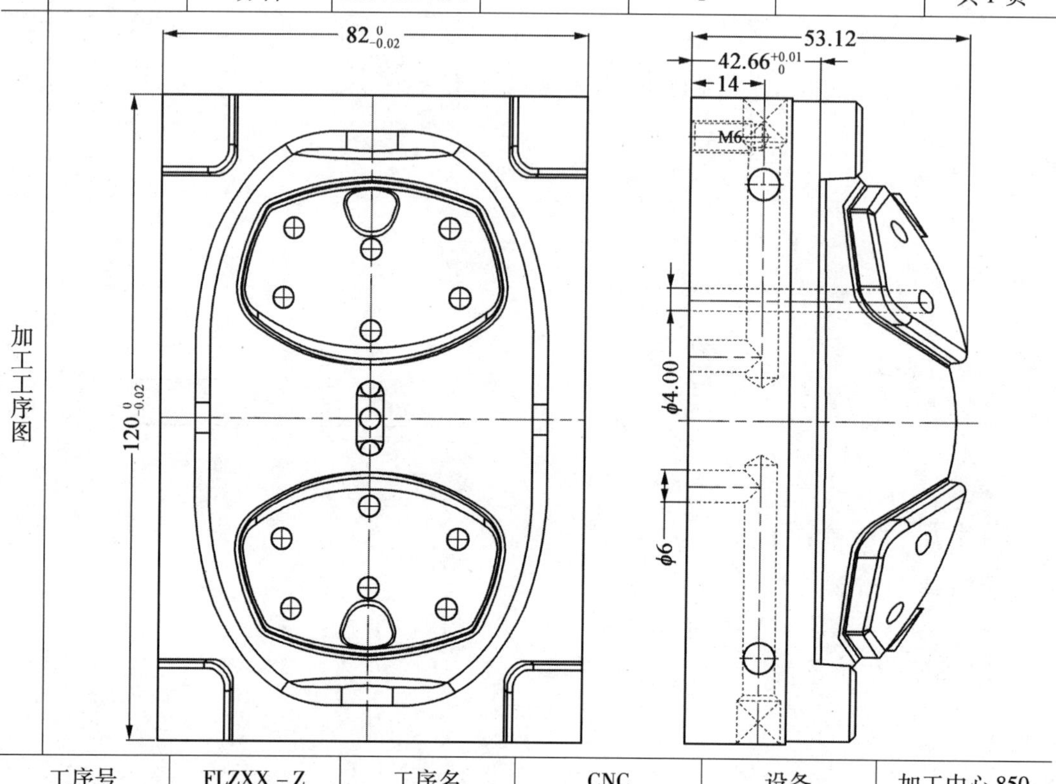

工序号	FLZXX－Z	工序名	CNC	设备	加工中心 850
夹具	平口钳	工量具	游标卡尺	刃具	

工步	工步内容及要求	刀具类型及大小	主轴转速/(r·min^{-1})	吃刀深度/mm	每刀吃刀深度/mm	进给量/(mm·min^{-1})	余量/mm	刀长/mm
1	粗加工	圆鼻刀 D16R0.8	2 000	29.3	0.4	1 500	0.3	40
2	清料粗加工	圆鼻刀 D8R0.5	3 000	29.5	0.3	1 500	0.3	40
3	清料半精加工	圆鼻刀 D4R0.5	3 500	29.5	0.15	1 000	0.3	30
4	底面精加工	圆鼻刀 D4R0.5	4 000	29.5	28.3	800	0.1	30
5	侧壁精加工	圆鼻刀 D4R0.5	4 000	29.5	0.1	1 200	0.1	30
6	曲面半精加工	球刀 R3	3 500	29.5	4.8	1 600	0.1	30
7	曲面半精加工	球刀 R3	3 500	25.5	0.2	1 600	0.1	35
8	清根半精加工	球刀 R2	4 000	25.3	0.2	1 200	0.1	35
9	清根半精加工	球刀 R1	4 000	24.7	0.1	800	0.1	35

续表5－3

工步	工步内容及要求	刀具类型及大小	主轴转速/($r \cdot min^{-1}$)	吃刀深度/mm	每刀吃刀深度/mm	进给量/($mm \cdot min^{-1}$)	余量/mm	刀长/mm
10	底面精加工	圆鼻刀 D4R0.5	4 000	29.3	28.3	800	0	35
11	侧壁精加工	圆鼻刀 D4R0.5	4 000	29.3	0.1	1 200	0	35
12	曲面精加工	球刀 R3	3 500	29.5	0.25	1 600	0	35
13	曲面精加工	球刀 R3	3 500	25.5	0.25	1 600	0	35
14	流道精加工	球刀 R3	3 500	5.8	0.1	800	0	35
15	清根精加工	球刀 R2	4 000	25.3	0.15	1 500	0	35
16	清根精加工	球刀 R1	4 000	24.7	0.1	800	0	35
17	清根精加工	球刀 R0.5	4 000	24.2	0.05	300	0	35
18	侧壁精加工	平铣刀 D10	3 500	34.5	34.5	800	0	50

工艺编制		学号		审定		会签	
工时定额		校核		执行时间		批准	

3. **定模板加工**

材料:45#

毛坯尺寸:200 mm×200 mm×70 mm(精料)

数量:1件

正面加工:(1)钻避空角;(2)开框;(3)钻水孔及密封槽;(4)倒角

反面加工:钻螺钉过孔,浇口套孔

侧面加工:钻水孔

每完成一个面的加工后都应做零件检测,以便及时修正。表5－4与表5－5为定模板正、反面数控加工工序卡。

表 5－4　定模板正面数控加工工序卡

×××学院	机械加工工序卡片	产品名称	零件名称	零件图号
		分流罩	定模板	FLZDMB－2

材料	材料名称	毛坯种类	毛坯尺寸/(mm×mm×mm)	零件重	每台件数	卡片编号	第 1 页
	45#	方料	200×200×70		1		共 1 页

加工工序图

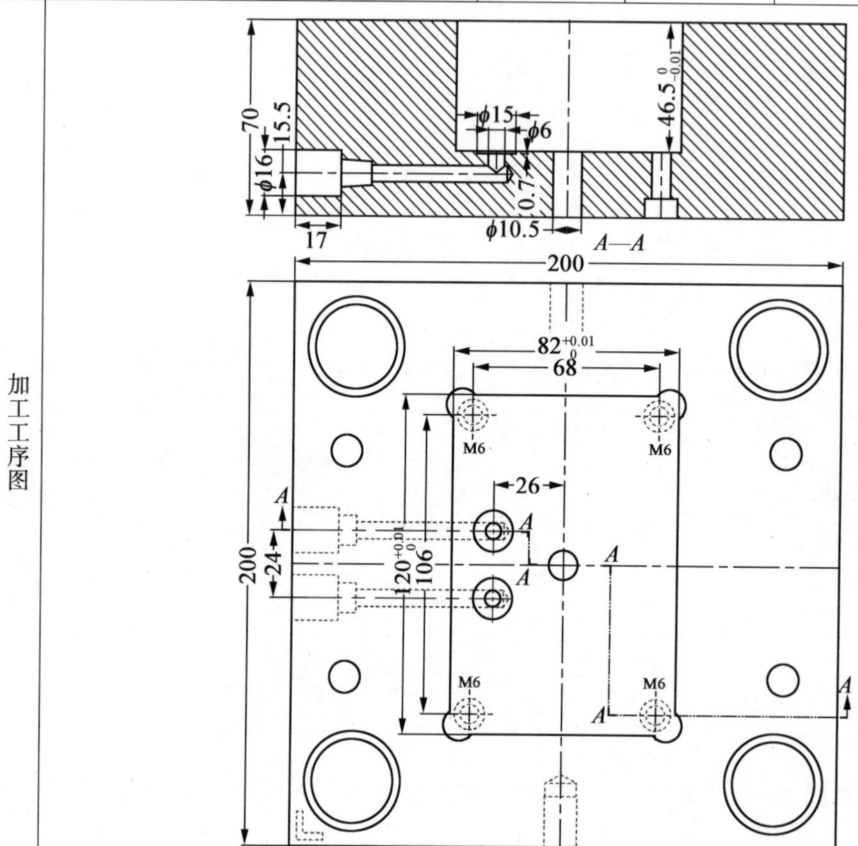

工序号	FLZDMB－Z	工序名	CNC	设备	加工中心 850
夹具	平口钳	工量具	游标卡尺	刃具	

工步	工步内容及要求	刀具类型及大小	主轴转速/(r·min^{-1})	吃刀深度/mm	每刀吃刀深度/mm	进给量/(mm·min^{-1})	余量/mm	刀长/mm
1	中心钻	中心钻 D8	1 000	2	/	80	0	55
2	钻 D10 避空角	D10	600	51	3	60	0	70
3	开粗	圆鼻刀 D16R0.8	2 000	46.5	0.4	1 600	0.3	60
4	清料	圆鼻刀 D10R0.5	3 500	46.5	0.3	1 600	0.3	60
5	半精底面	圆鼻刀 D10R0.5	3 500	46.5	46.5	1 000	0.1	60
6	半精侧壁	圆鼻刀 D10R0.5	3 500	46.5	10	800	0.1	60
7	精铣底面	平底刀 D10	3 500	46.5	46.5	1 000	0	60

续表 5－4

工步	工步内容及要求	刀具类型及大小	主轴转速/(r·min⁻¹)	吃刀深度/mm	每刀吃刀深度/mm	进给量/(mm·min⁻¹)	余量/mm	刀长/mm
8	精铣侧壁	平底刀 D10	3 500	46.5	10	800	0	60
9	倒角	倒角刀 D8	2 000	2	2	800	－0.5	60
10	中心钻	中心钻 D8	1 000	48.5	—	50	0	60
11	钻 D6 孔	钻头 D6	600	61.5	1	30	0	70
12	钻 D12 沉头孔	平底刀 D12	800	48	—	30	0	70
工艺编制		学号		审定		会签		
工时定额		校核		执行时间		批准		

表 5－5　定模板反面数控加工工序卡

×××学院		机械加工工序卡片	产品名称		零件名称		零件图号
			分流罩		定模板		FLZDMB－2
材料	材料名称	毛坯种类	毛坯尺寸/(mm×mm×mm)	零件重	每台件数	卡片编号	第 1 页
	45#	方料	200×200×70		1		共 1 页

加工工序图

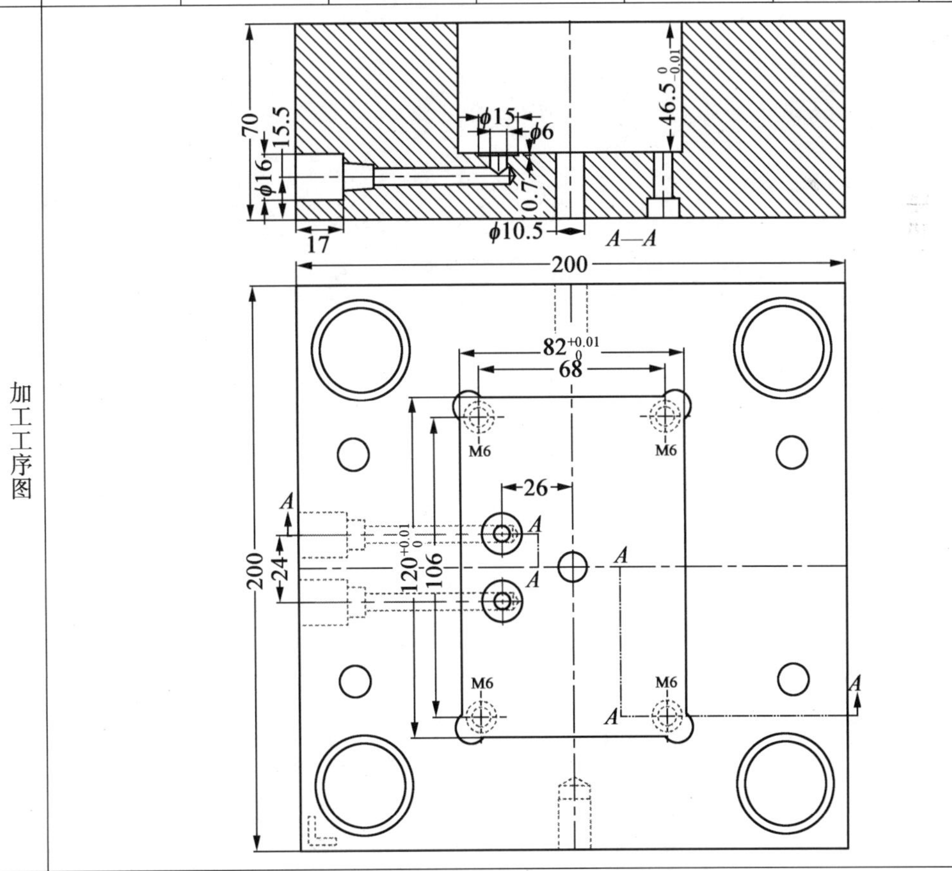

续表 5 – 5

工序号	FLZDMB – F	工序名	CNC	设备	加工中心 850
夹具	平口钳	工量具	游标卡尺	刀具	

工步	工步内容及要求	刀具类型及大小	主轴转速/(r·min^{-1})	吃刀深度/mm	每刀吃刀深度/mm	进给量/(mm·min^{-1})	余量/mm	刀长/mm
1	中心钻	中心钻 D8	1 000	2	/	80	0	30
2	钻 M6 螺钉过孔	钻头 D7	600	30	2	30	0	70
3	钻 M6 螺钉沉头孔	平底刀 D12	800	7	2	60	0	40
4	钻 D10.5 唧嘴过孔	钻头 D10.5	700	30	3	70	0	70
5	倒角	倒角刀 D8	2 000	2	2	800	–0.5	30

工艺编制		学号		审定		会签	
工时定额		校核		执行时间		批准	

4. 动模板加工

材料:45#

毛坯尺寸:200 mm × 200 mm × 40 mm(精料)

数量:1 件

正面加工:(1)钻避空角; (2)开框;(3)钻水孔及密封槽

反面加工:(1)钻螺丝过孔,顶针孔;(2)加工弹簧孔

侧面加工:钻水孔

每完成一个面的加工后都应做零件检测,以便及时修正。表 5 – 6 与表 5 – 7 为动模板正、反面数控加工工序卡。

表5-6　动模板正面数控加工工序卡

×××学院	机械加工工序卡片	产品名称	零件名称	零件图号
		分流罩	动模板	FLZDMB-5

材料	材料名称	毛坯种类	毛坯尺寸/(mm×mm×mm)	零件重	每台件数	卡片编号	第1页
	45#	方料	200×200×40		1		共1页

加工工序图

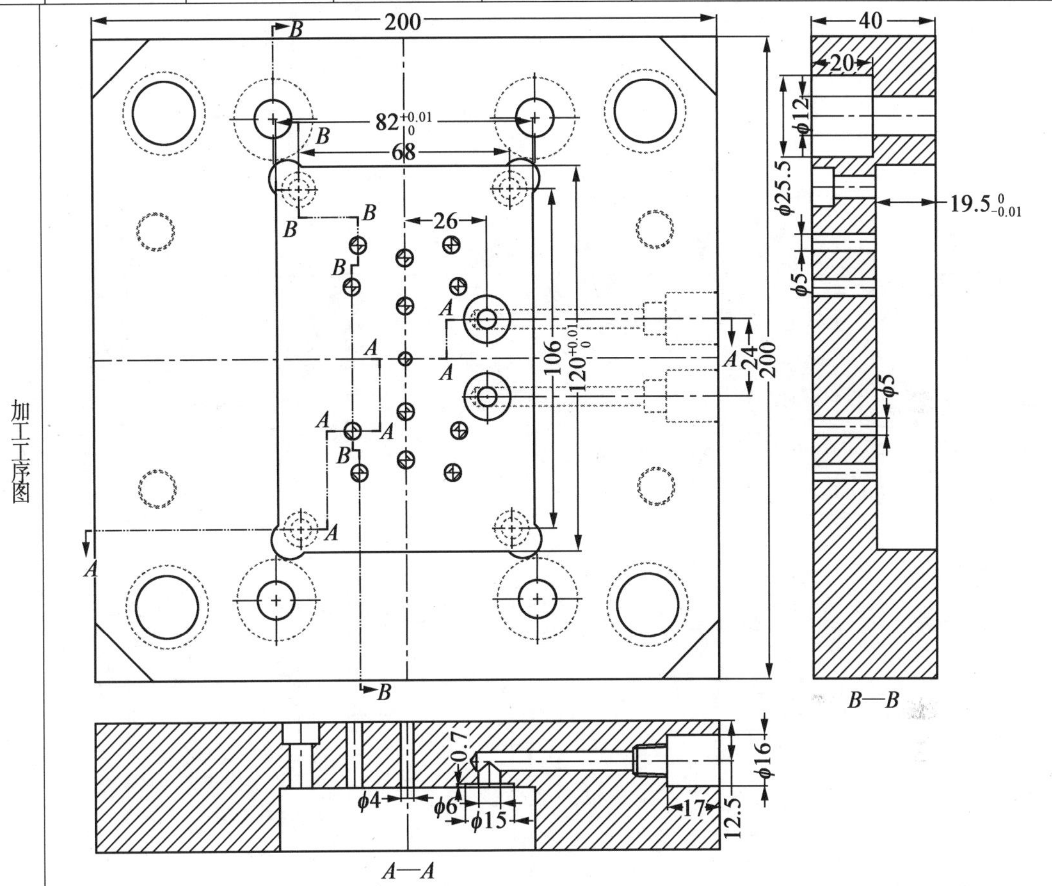

工序号	FLZDMB-Z	工序名	CNC	设备	加工中心850
夹具	平口钳	工量具	游标卡尺	刃具	

工步	工步内容及要求	刀具类型及大小	主轴转速/(r·min⁻¹)	吃刀深度/mm	每刀吃刀深度/mm	进给量/(mm·min⁻¹)	余量/mm	刀长/mm
1	开框	鼻刀D16R0.8	2 000	19.5	0.4	1 600	0.3	40
2	清角	鼻刀D10R0.5	3 500	19.5	0.3	1 600	0.3	40
3	半精底面	鼻刀D10R0.5	3 500	19.5	19.5	1 000	0.1	40
4	半精侧壁	鼻刀D10R0.5	3 500	19.5	10	800	0.1	40
5	精铣底面	平底刀D10	3 500	19.5	19.5	1 000	0	40
6	精铣侧壁	平底刀D10	3 500	19.5	10	800	0	30
7	倒角	倒角刀D8	2 000	2	2	800	0	30

续表 5 – 6

工步	工步内容及要求	刀具类型及大小	主轴转速/(r · min^{-1})	吃刀深度/mm	每刀吃刀深度/mm	进给量/(mm · min^{-1})	余量/mm	刀长/mm
8	中心钻	中心钻 D8	1 000	21.5	/	50	0	30
9	钻 D6 孔	钻头 D6	600	34.5	1	30	0	50
10	精铣边角	平底刀 D12	3 500	5	0.2	1 500	0	40
11	钻 D12 沉头孔	平底刀 D12	800	21	/	30	0	40

工艺编制		学号		审定		会签	
工时定额		校核		执行时间		批准	

表 5 – 7　动模板反面数控加工工序卡

×××学院	机械加工工序卡片	产品名称	零件名称	零件图号
		分流罩	动模板	FLZDMB – 5

材料	材料名称	毛坯种类	毛坯尺寸/(mm × mm × mm)	零件重	每台件数	卡片编号	第 1 页
	45#	方料	200 × 200 × 40		1		共 1 页

加工工序图

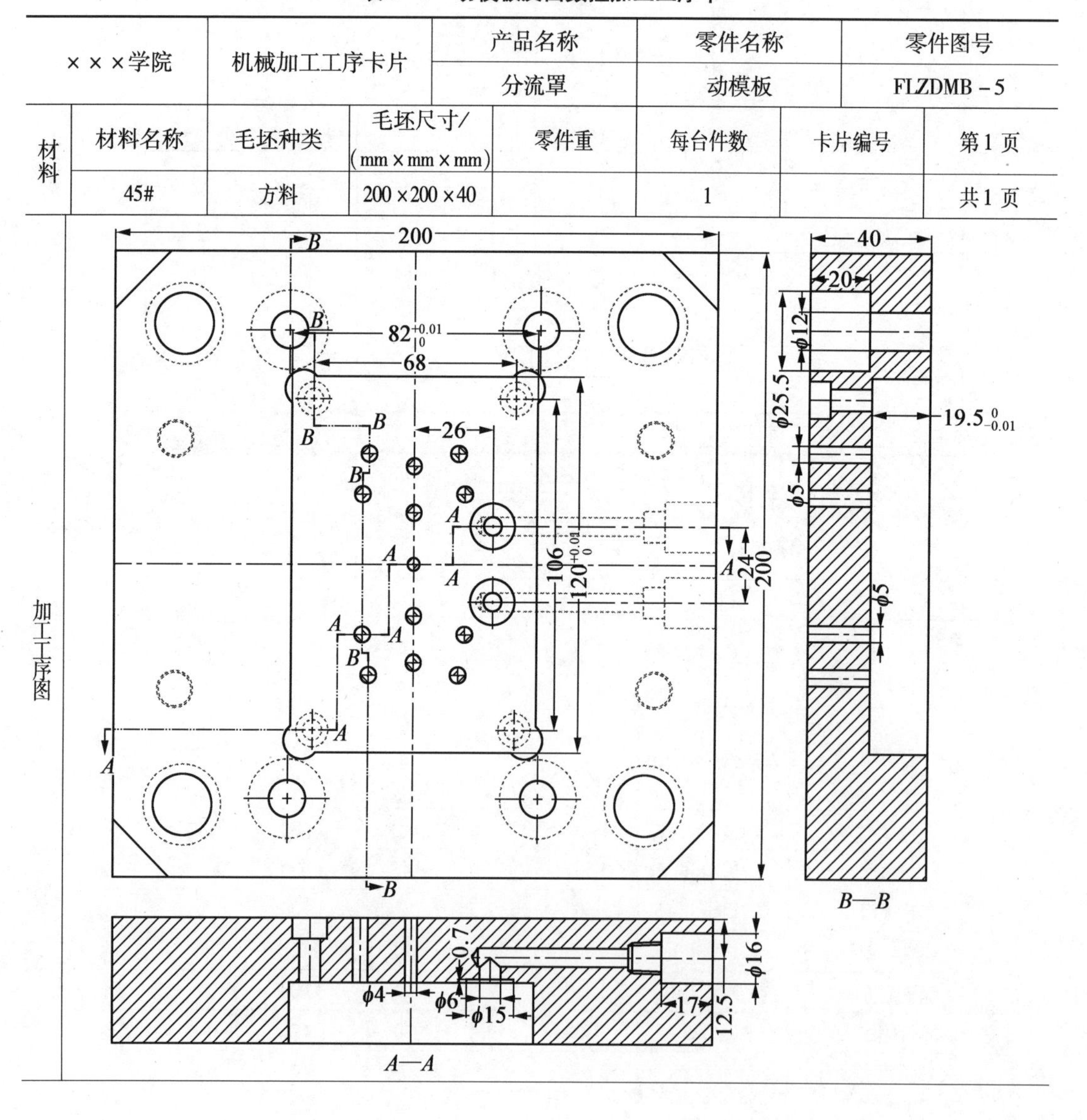

续表5-7

<table>
<tr><td>工序号</td><td colspan="2">FLZDMB-F</td><td>工序名</td><td colspan="2">CNC</td><td>设备</td><td colspan="3">加工中心850</td></tr>
<tr><td>夹具</td><td colspan="2">平口钳</td><td>工量具</td><td colspan="2">游标卡尺</td><td>刃具</td><td colspan="3"></td></tr>
<tr><td>工步</td><td colspan="2">工步内容及要求</td><td>刀具类型及大小</td><td>主轴转速/(r·min^{-1})</td><td>吃刀深度/mm</td><td>每刀吃刀深度/mm</td><td>进给量/(mm·min^{-1})</td><td>余量/mm</td><td>刀长/mm</td></tr>
<tr><td>1</td><td colspan="2">中心钻</td><td>中心钻D8</td><td>1 000</td><td>2</td><td>/</td><td>100</td><td>0</td><td>30</td></tr>
<tr><td>2</td><td colspan="2">钻M6螺钉过孔</td><td>钻头D7</td><td>600</td><td>25</td><td>2</td><td>60</td><td>0</td><td>60</td></tr>
<tr><td>3</td><td colspan="2">钻顶针过孔</td><td>钻头D5</td><td>600</td><td>25</td><td>1</td><td>40</td><td>0</td><td>55</td></tr>
<tr><td>4</td><td colspan="2">钻D6孔</td><td>钻头D6</td><td>600</td><td>25</td><td>1</td><td>40</td><td>0</td><td>65</td></tr>
<tr><td>5</td><td colspan="2">钻M6螺钉沉头孔</td><td>平底刀D12</td><td>800</td><td>7</td><td>2</td><td>60</td><td>0</td><td>50</td></tr>
<tr><td>6</td><td colspan="2">加工弹簧沉头孔</td><td>圆鼻刀D12R1</td><td>2 300</td><td>20</td><td>0.4</td><td>1 600</td><td>0</td><td>50</td></tr>
<tr><td>7</td><td colspan="2">倒角</td><td>倒角刀D8</td><td>2 000</td><td>2</td><td>2</td><td>800</td><td>-0.5</td><td>30</td></tr>
<tr><td>工艺编制</td><td></td><td>学号</td><td></td><td>审定</td><td></td><td>会签</td><td colspan="3"></td></tr>
<tr><td>工时定额</td><td></td><td>校核</td><td></td><td>执行时间</td><td></td><td>批准</td><td colspan="3"></td></tr>
</table>

注:推杆固定定模固定板,推杆垫板,动、定模固定板加工请参考加工工艺卡。

5.4.2 模具装配

1. 定模装配

(1)检查定模仁腔体的表面部分以及运水孔末端的防漏水螺钉是否安装正确。

(2)定模框底装入密封圈,把定模仁按照基准角(标识)装进定模框,锁紧螺钉,检查进、出水路的水嘴是否安装正确。

(3)模具定模固定板按照基准角贴平定模板,装入定位圈和浇口套,注意浇口套的定位销位置,再检查出胶口是否和定模仁方向一致,锁紧定模固定板螺钉和定位圈螺钉。

(4)装模时检查每个零部件是否黏有铁屑粉尘等,可用风枪吹或碎布抹干净。

(5)定模安装完毕,然后测试水路是否畅通,是否有漏水现象,装配图如图5-28所示。

2. 动模装配

(1)检查动模仁腔体的表面部分以运水孔末端的防漏水螺钉是否安装正确。

(2)动模框底装入密封圈,并装上导柱,再将动模仁按照基准角(标识)装进动模框,锁紧螺钉,检查进出水路的水嘴是否安装正确。

(3)把推杆固定板按照基准角平衡动模板,装上回针,弹簧装在回针上,依次把顶针和水口针装上。

(4)推杆垫板贴平推杆固定板,锁紧螺钉。

(5)在推杆垫板上装上垃圾钉,再装上模脚并按照基准角与动模板对正。

(6)注意模脚的外边和动模板持平。

(7)动模安装完毕后,测试水路是否畅通,是否有漏水现象,装配图如图5-29所示。

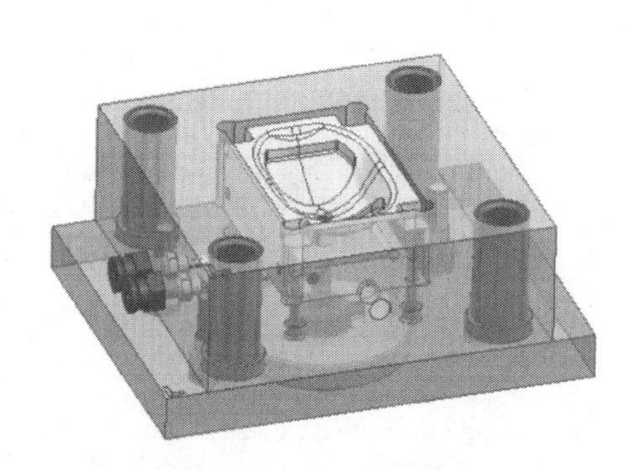

图 5－28　定模装配图

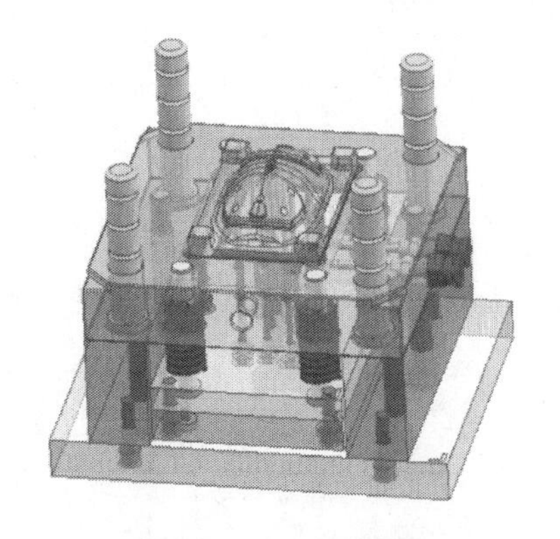

图 5－29　动模装配图

3. 模具总装配(图 5－30)

(1)在动、定模合模之前,检查顶出是否正常。

(2)运动零件(回针、弹簧及导柱)涂上黄油增加润滑。

(3)前、后模仁喷上洗模剂清洗干净,再在模仁上喷上一层薄薄的防锈剂。

(4)M12 吊环锁上,整套模具装配完成,等待试模。

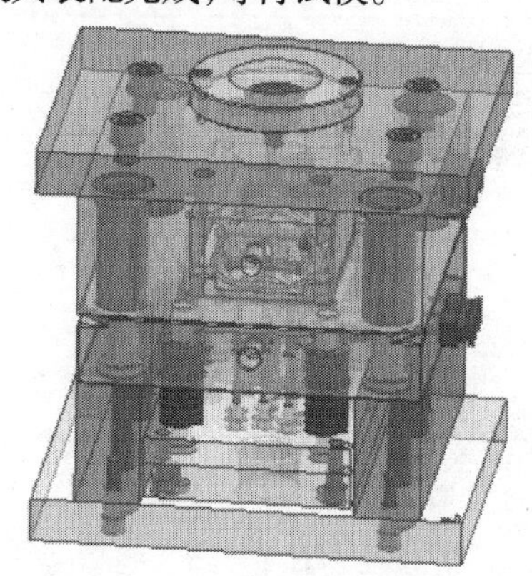

图 5－30　模具总装图

4. 试模与验收

试模与验收请参考项目 1 中的试模,因知识点一致,所以此处不再赘述。

【拓展知识 5】

拓展知识 5－1　潜浇口的设计参数

潜浇口是模具上较常用的一种进胶方式,其最大特点是开模的时候可以自动断胶,可以实现产品自动化生产。潜浇口一般分为 4 种类型,除了本章中介绍的顶针潜伏之外,还有前模潜伏、后模潜伏、牛角潜伏。

1. 前模潜伏

(1)前模潜伏指潜伏浇口设计在定模仁上。在开模的时候,产品与水口料均留在动模上,通过模仁上的利角切断水口料使之与产品分离,当模具继续打开,通过水口料的变形,从定模上脱落,如图5-31所示。

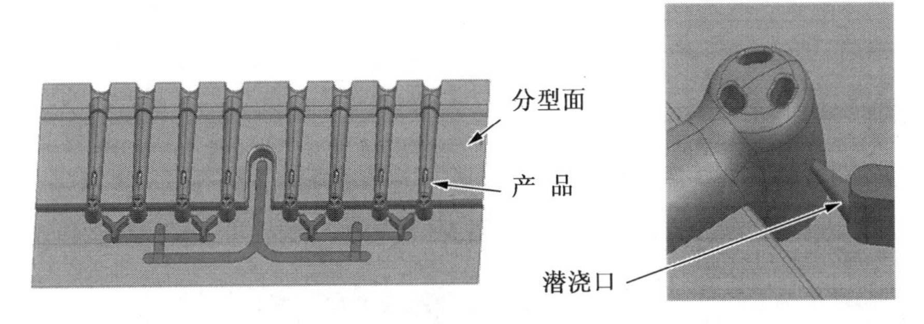

图5-31　前模潜伏在工业产品中的应用

(2)前模潜伏浇口的设计参数,如图5-32所示。

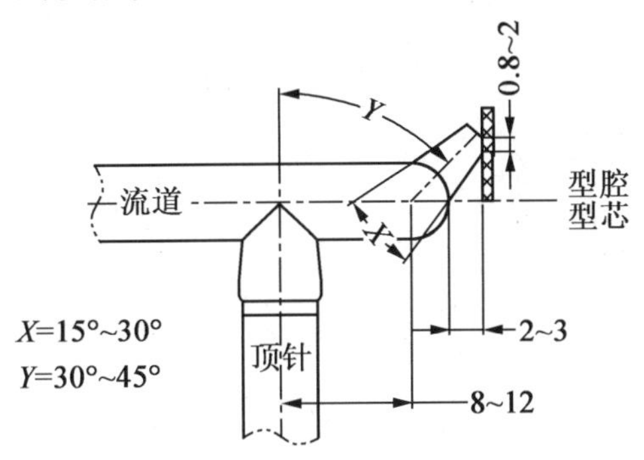

图5-32　前模潜伏浇口设计参数

2. 后模潜伏

(1)后模潜伏指潜伏浇口设计在动模仁上。在开模的时候,产品与水口料均留在动模上,顶出时,通过模仁上的利角切断水口料,从而达到顶出后,水口料与产品分离的目的,如图5-33所示。

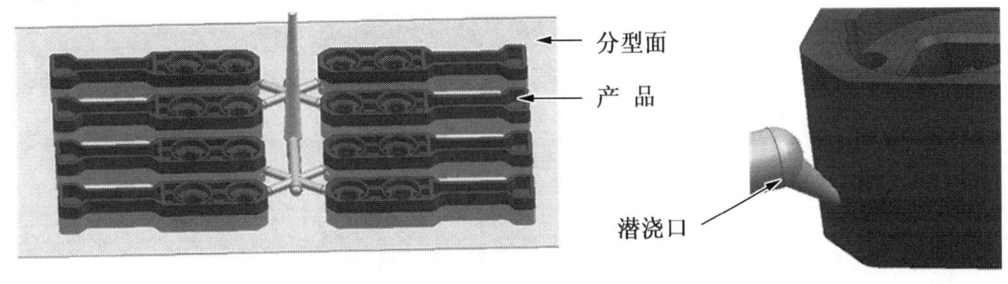

图5-33　后模潜伏在工业产品中的应用

(2)后模潜伏浇口的设计参数,如图 5 – 34 所示。

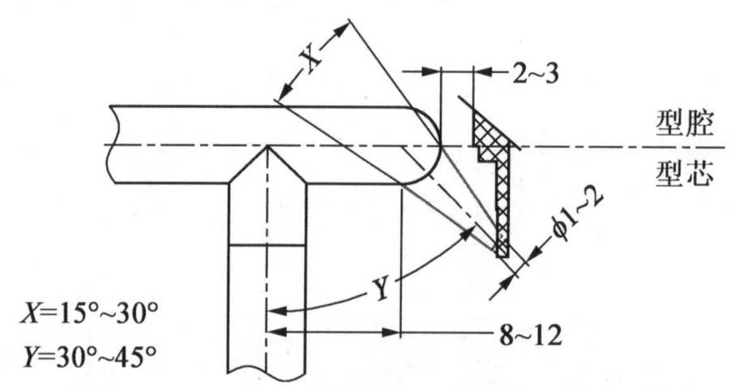

图 5 – 34　后模潜伏浇口设计参数

3. 牛角潜伏

(1)牛角潜伏指潜伏浇口的形状像牛角一样。在开模的时候,产品与水口料均留在动模上,顶出时,通过推杆强行将水口料拉断,然后通过塑料的变形强行将牛角中的水口料拉出,如图 5 – 35 所示。

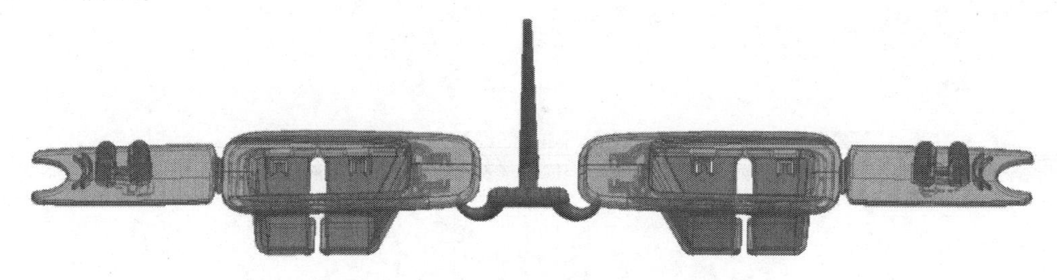

图 5 – 35　牛角潜伏在工业产品中的应用

(2)为了方便牛角浇口的加工,一般是采用镶拼的方式,如图 5 – 36 所示。

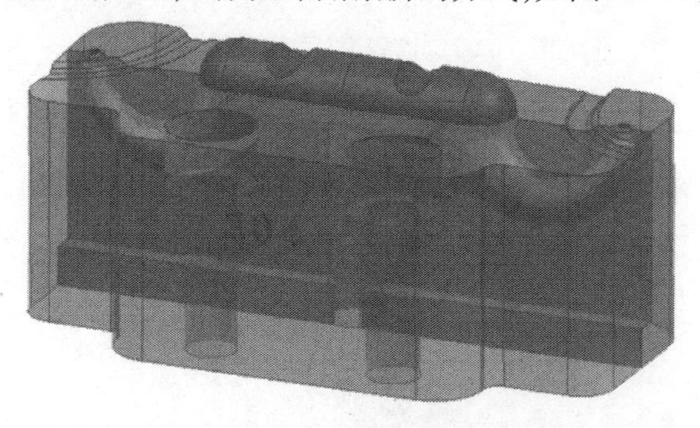

图 5 – 36　牛角镶件

(3)牛角潜伏浇口的设计参数,如图 5 – 37 所示。

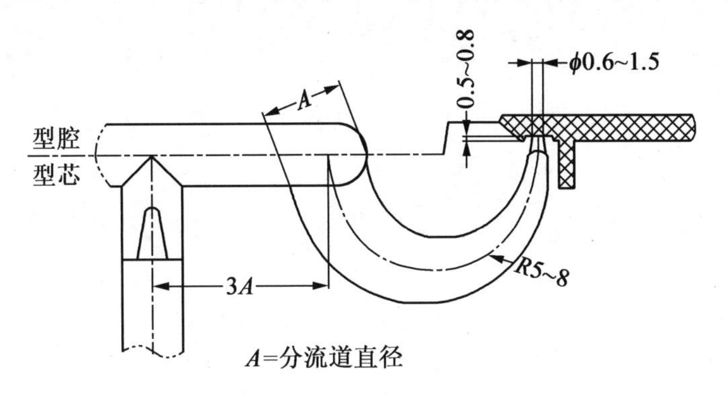

图5-37　牛角浇口参数

附　　录

附表 1　塑料侧面蚀纹深度与脱模斜度对照

编号	蚀纹深度/in	最小脱模斜度/(°)	编号	蚀纹深度/in	最小脱模斜度/(°)
MT－11000	0.000 4	1.5	MT－11200	0.003	4.5
MT－11010	0.001	2.5	MT－11205	0.002 5	4
MT－11020	0.001 5	3	MT－11210	0.003 5	5.5
MT－11030	0.002	4	MT－11215	0.004 5	6.5
MT－11040	0.003	5	MT－11220	0.005	7.5
MT－11050	0.004 5	6.5	MT－11225	0.004 5	6.5
MT－11060	0.003	5.5	MT－11230	0.002 5	4
MT－11070	0.003	5.5	MT－11235	0.004	6
MT－11080	0.002	4	MT－11240	0.001 5	2.5
MT－11090	0.003 5	5.5	MT－11245	0.002	3
MT－11100	0.006	9	MT－11250	0.002 5	4
MT－11110	0.002 5	4.5	MT－11255	0.002	3
MT－11120	0.002	4	MT－11260	0.004	6
MT－11130	0.002 5	4.5	MT－11265	0.005	7
MT－11140	0.002 5	4.5	MT－11270	0.004	6
MT－11150	0.002 75	5	MT－11275	0.003 5	5
MT－11160	0.004	6.5	MT－11280	0.003 5	8

注:1 in＝25.4 m

附表 2　部分 XS－Z 和 XS－ZY 系列注射机主要技术参数

项目	型号						
	XS－Z 30/25	XS－Z 60/50	XS－ZY 60/40	XS－ZY 125/90	XS－ZY 250/180	XS－ZY 250/160	XS－ZY 350/250
螺杆直径/mm	30	40	35	42	50	50	55
注射容量/cm^3	30	60	60	125	250	250	350
注射质量/g	27	55	55	114	228	228	320
注射压力/MPa	116	120	135	116	147	127	107
注射速率/($g \cdot s^{-1}$)	38	60	70	72	114	134	145
塑化能力/($kg \cdot h^{-1}$)	13	20	24	35	55	55	70
注射方式	柱塞式	柱塞式	螺杆式	螺杆式	螺杆式	螺杆式	螺杆式
锁模力/kN	250	500	400	900	1 800	1 600	2 500
移模行程/mm	160	180	270	300	500	350	260
拉杆间距/mm	235	190×300	330×300	260×290	295×373	370×370	290×368
最大模厚/mm	180	200	250	300	350	400	400
最小模厚/mm	60	70	150	200	200	200	170
合模方式	肘杆	肘杆	液压	肘杆	液压	肘杆	肘杆
顶出行程/mm	140	160	70	180	90	220	240
顶出力/kN	12	15	12	15	28	30	35
定位孔径/mm	55	55	80	100	100	100	125
喷嘴移出量/mm	10	10	20	20	20	20	20
喷嘴球半径/mm	10	10	10	10	18	18	18
系统压力/MPa	6	6	14.2	6	6	6.8	6
电动机功率/kW	5.5	11	15	15	24	39	24
加热功率/kW	2.2	2.7	4.7	5	9.8	6.7	10
外形尺寸 $L \times W \times H$ /(m×m×m)	2.4×0.8×1.5	3.5×0.9×1.6	3.3×0.9×1.6	3.4×0.8×1.6	4.7×1×4.5	5×1.3×1.9	4.7×4×1.8
质量/t	1	2	3	3.5	4.5	6	7

附表3　塑料及树脂缩写中英文对照表

缩写代号	中文化学名	英文名
ABS	丙烯腈-丁二烯-苯乙烯共聚物	Acrylonitrile – Butadiene – Styrene Copolymer
EP	环氧树脂	Epoxide Resin
PA	聚酰胺	Polyamide
PA6	尼龙6,聚己内酰胺及纤维	Pa from Caprolactam(DIN,ISO)
PA66	尼龙66,聚己二酰己二胺及纤维	PA from Hexamothylene Diamine and Adipic Acid
PA1010	尼龙1010,聚癸二酰癸二胺及纤维	PA from Sebacicdiamine and Sebacic Acid
PAA	聚丙烯酸	Poly(Acrylic Acid)
PC	聚碳酸酯	Polycarbonate
PE	聚乙烯	Polyethylene
PF	酚醛树脂	Phenol – Formaldehyde Resin
PF	酚醛树脂	Phenol – Formaldehyde Resin
POM	聚甲醛	Polyformaldehyde(Polyoxymethylene)
PMMA	聚甲基丙烯酸甲酯	Poly(Methyl Methacrylate)
PP	聚丙烯	Polypropylene
PPC	氯化聚丙烯	Chlorinated Polypropylene
PPO	聚苯醚(聚2,6-二甲基苯醚),聚苯撑氧	Poly(Phenylene Oxide)
PPS	聚苯硫醚	Poly(Phenylene Sulfide)
PS	聚苯乙烯	Polystyrene
PSU	聚砜	Polysulfone
PTFE	聚四氟乙烯	Poly(tetrafluoroethylene)
PVC	聚氯乙烯	Poly(Vinyl Chloride)

参考文献

[1] 张维合. 注塑模具设计实用手册[M]. 2 版. 北京:化学工业出版社, 2019.

[2] 石世铫. 注塑模具设计与制造禁忌[M]. 北京:化学工业出版社,2016.

[3] 杨永顺. 塑料成型工艺与模具设计[M]. 北京:机械工业出版社,2011.

[4] 赵龙志. 现代注塑模具设计实用技术手册[M]. 北京:机械工业出版社,2013.

[5] 刘航. 模具制造技术[M]. 北京:机械工业出版社,2011.